Ingenieurbaukunst in Deutschland
Jahrbuch 2001

Herausgegeben von der Bundesingenieurkammer

02000715 6

JUNIUS

Erdacht vom Visionär Ron Dennis.

Geplant vom Querdenker Lord Norman Foster.

Verwirklicht von einem Expertenteam mit SCHÜCO.

 Damit eine Vision Wirklichkeit wird, braucht es Innovationen, die für Machbarkeit sorgen. Deshalb wurde für Paragon, das neue Headquarter der TAG McLaren-Gruppe, ein hochkarätiges Team gebildet, das diese Innovationen umsetzt. SCHÜCO ist Teil dieses Teams und hat mit speziellen Entwicklungen und großer Erfahrung dazu beigetragen, dass sogar ausgefallenste Ideen realisiert werden. Vielleicht bald auch bei Ihrem eigenen Projekt. Mehr Informationen unter www.schueco.net oder Tel. 05 21/7 83-204.

Werden wir krank, weil die Protein-Post nicht ankommt?

Die Gentherapie könnte ein wichtiger Schritt zur Heilung vieler Krankheiten sein. Die Techniker Krankenkasse sprach mit **Prof. Dr. Günter Blobel von der Rockefeller University New York**, der für seine Signaltheorie 1999 den Nobelpreis für Medizin erhielt.

TK: Ihre Signaltheorie beschäftigt sich mit den Transportmechanismen von Eiweißen.
Blobel: Genau. Manche Proteine – oder Eiweiße – müssen durch eine Membran hindurch. Dafür haben sie einen oder mehrere Adresszettel. Wenn diese nicht richtig sind, kann es passieren, dass dieses Protein nicht zur richtigen Adresse gesandt wird.

TK: Wie kommt es dazu, dass Adressen falsch geschrieben werden?
Blobel: Vereinfacht gesagt, durch eine Genveränderung. Dadurch wird beispielsweise nicht die Aminosäure 19, sondern die Aminosäure 5 verwendet. Das Protein hat dann nicht die richtigen Instruktionen, wohin es gehen soll.

TK: Können falsche Adressen auf Proteinen für Krankheiten verantwortlich gemacht werden?
Blobel: Hier ist die Forschung noch am Anfang. Wir wissen, dass in 75 Prozent aller Mukoviszidosefälle das Protein eine einzige veränderte Aminosäure hat und so nicht an die richtige Stelle gelangen kann. Bei anderen Krankheiten hat man ebenfalls entdeckt, dass diese Adresszettel nicht richtig funktionieren. Falsche Adresszettel sind jedoch nur eine von vielen Ursachen, die zum gleichen Krankheitsbild führen können.

TK: Ist die Wissenschaft schon so weit, dass sie solche Adresszettel nachbilden kann, um dem Protein den richtigen Weg zu weisen?
Blobel: Theoretisch ist das durch die Gentherapie möglich. Man könnte ein Gen benutzen, das diese Veränderung nicht hat. Das so gebildete Protein würde die Veränderung dann auch nicht mehr haben. Die Gentherapie steht aber erst am Anfang der Entwicklung.

Das vollständige Gespräch mit Prof. Dr. Günter Blobel sowie Informationen über die Leistungen der TK finden Sie unter **www.tk-online.de**.
TK-Servicenummer: 01802-858585
(6 Cent/12 Pf pro Anruf)

Techniker Krankenkasse
Gesund in die Zukunft.

Gut bedacht.
Ein echter Lichtblick…

…durch das Dach
des Stadions
„ArenaAufSchalke"
in Gelsenkirchen

Die jahrzehntelange Erfahrung mit dem Werkstoff Stahl und die stete Integration der jeweils aktuellsten Technologien brachten den entscheidenden Vorsprung. Vergleichbares Know-how bieten weltweit nur wenige Unternehmen.

Gut, dass wir dazu gehören.

Krupp Stahlbau Hannover

Ein Unternehmen von
ThyssenKrupp Technologies

Stahlbau und Schlosserei
Anlagenbau/Montage
Edelstahlverarbeitung
Komplettbau

Wir danken dem Verschönerungsverein Stuttgart für den interessanten und außergewöhnlichen Auftrag zur Erstellung des Killesbergturmes sowie für die gute Zusammenarbeit bei diesem Projekt.

E. Roleff GmbH & Co KG · Fritz-Müller-Straße 134/1 · 73730 Esslingen · Telefon (07 11) 3 16 29-0 · Telefax (07 11) 3 16 29-11

BERUFSHAFTPFLICHT

Wir garantieren Ihnen 6mal längere Nachhaftung als es normalerweise üblich ist. So sind Sie als Architekt, Beratender Ingenieur oder Bauingenieur vor den Folgen eventueller Planungsfehler bestens geschützt. Und das günstiger als Sie denken. **Infotelefon zum Ortstarif: (0180) 22 32 180** oder **www.vhv.de**.

Länger ist sicherer: 30 Jahre Nachhaftung.

[Gut aufgehoben]

VHV Versicherungen · Constantinstraße 40 · 30177 Hannover

if you can **dream** it we can **make** it

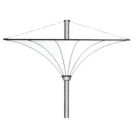

Koch Membranen GmbH & Co. KG Kunststofftechnologie
Nordstraße 1 • D - 83253 Rimsting / Chiemsee

Koch Membranen
Textilbau • Dachsysteme

Tel.: +49 8051 / 69 09-0 • Fax: +49 8051 / 69 09-19
E-Mail: info@kochmembranen.de
www.kochmembranen.com

MINDESTENS HALTBAR BIS: DEZ. 2100.

Massivbau mit Beton. Es lohnt sich, darüber nachzudenken.

Mehr Information zum Thema „Bauen mit Beton":
InformationsZentrum Beton, Tel. 0221/3765 6-0 oder Fax -49, E-Mail IZB@BDZement.de, http://www.BDZement.de

Beton

Junius Verlag GmbH
Stresemannstraße 375
22761 Hamburg
www.junius-verlag.de

Copyright 2001 by Junius Verlag GmbH
Alle Rechte vorbehalten

Herausgeber:
Bundesingenieurkammer

Konzept und Redaktion: Dr. Ullrich Schwarz
Redaktionsassistenz: Claas Gefroi und Stephan Feige
Beirat: Prof. Dr. Jörg Schlaich, Dr. Karl-H. Schwinn,
Prof. Dr. Fritz Wenzel

Die in diesem Jahrbuch erscheinenden namentlich
gekennzeichneten Beiträge geben lediglich die Meinung
der Autoren und nicht die Meinung des Herausgebers,
der Redaktion oder des Beirates wieder.

Gestaltung:
QART Büro für Gestaltung, Hamburg
www.qart.de
Satz:
Junius Verlag GmbH
Titelbild:
Trump Tower Stuttgart, Detail Knotenpunkt des Exo-Skeletons im Zwischenbereich der zweischaligen Fassade
Entwurf: Ingenieure: Werner Sobek Ingenieure, Stuttgart;
Architekten: Murphy/Jahn, Chicago

Anzeigen:
360° communication + sales + new media services
Helge Freudenblum
Bei den Mühren 70
20457 Hamburg
040-376 000-0
welcome@360unlimited.com

Lithographie, Druck und Bindung:
Druckhaus Dresden GmbH, Dresden
Papier: Maximago, 135 g, Igepa, Queis
Printed in Germany
ISBN 3-88506-513-4
1. Auflage Dezember 2001

Die Deutsche Bibliothek - Cip-Einheitsaufnahme
Ingenieurbaukunst-Jahrbuch ... /
Bundesingenieurkammer (Hg.). - 2001-. - Hamburg : Junius

12	Editorial Karl H. Schwinn	98	Die Himmelsleiter für das EXPO-Faust-Projekt Till Briegleb
13	Grußwort Kurt Bodewig	100	Wasserstraßenkreuz Magdeburg Georg Küffner

Projekte

- 14 — Messepavillon der Audi AG — A.R./F.P./Bauwelt
- 18 — New Urban Entertainment Center in Guadalajara (Mexiko) — Peter Cachola Schmal
- 24 — Sanierung Uranbergbau Wismut, Erzgebirge — Hans Dieter Sauer
- 32 — Die El-Ferdan-Brücke über den Sueskanal — Bernd Binder/Ulrich Weyer
- 38 — Die Philologische Bibliothek der FU Berlin — Falk Jaeger
- 42 — Das Elbeentlastungsprogramm — Gerd Eich
- 48 — Lichtplanung Fünf Höfe, München — Ursula Baus
- 52 — Wasserüberleitung Donau-Main — Hans Dieter Sauer
- 58 — Die CargoLifter-Werfthalle in Brand/Niederlausitz — Sebastian Redecke
- 62 — TESLA. Der künftige Nabel der Teilchenphysik — Georg Küffner
- 68 — Autobahnbrücke über die Saale bei Beesedau — Friedrich Grimm
- 72 — Bodensanierung in Hamburg-Bergedorf — Angelika Hillmer
- 76 — Sanierung der Ennepetalsperre — Peter Rißler
- 82 — Der Tiergarten-Tunnel in Berlin — Georg Küffner
- 88 — Killesbergturm Stuttgart — Amber Sayah
- 90 — Sozialer Geschosswohnungsbau als Passivhaus in Kassel — Wolfgang Feist
- 94 — Toskana Therme in Bad Sulza — Wolfgang Bachmann

Essays

- 106 — »I'm sorry, Dave, I'm afraid I can't do that« — Stephan Vladimir Bugaj
- 112 — Von Tugend, Verantwortung und Qualität – Rede gegen das Verschwinden des Ingenieurs — Werner Lorenz
- 122 — Ingenieurrationaliät – Bauingenieure als »Techniker« oder Professionals — Hanns-Peter Ekardt

Porträts

- 126 — Den Daten Flügel verleihen. *Die Ingenieure Fischer und Friedrich* — Kaye Geipel
- 134 — Ulrich Müther. *Landbaumeister aus Binz* — Wilfried Dechau
- 142 — Symbiose. *Ingenieur Jörg Schlaich, Architekt Volkwin Marg* — Wilfried Dechau
- 150 — Gelassenheit als Programm. *Ingenieur Kurt Stepan, Architekt Thomas Herzog* — José Luis Moro
- 158 — Solidargemeinschaft neuen Denkens. *Ingenieur Stefan Polónyi, Architekt Claude Vasconi* — Lore Ditzen
- 168 — Entmaterialisierung denken und konzipieren. *Ingenieur Werner Sobek, Architekt Helmut Jahn* — Werner Blaser/Frank Heinlein

Forschung

- 178 — Die Sanierung des Schweriner Schlosses — Jürgen Haller/Rudolf Käpplein
- 186 — Lebenszyklusanalyse von gebauter Umwelt. *Lebenszyklusbetrachtung: neue Planungsleistung oder Wiederentdeckung alter Tugenden?* — Niklaus Kohler/Martina Klingele
- 192 — Neue Entwicklungen im Leichtbau: Adaptive Tragwerke — Werner Sobek/Patrick Teuffel
- 200 — Autoren und Fotografen

Editorial

Die sieben Weltwunder der Antike sind den Menschen noch heute ein Begriff. Dabei wissen nur wenige, dass es ein Ingenieur namens Philon von Byzanz war, der sie benannt und beschrieben hat. Dass es sich bei den Weltwundern in erster Linie um ingenieurtechnische Meisterleistungen handelt, zeigt deutlich, mit welchem Stolz die Ingenieure von alters her auf die Leistungen ihres Berufsstands geblickt haben.

Welche herausragende Rolle Baukunst in der heutigen Gesellschaft spielt, wird eindrucksvoll auch durch die grafische Gestaltung der neuen europäischen Währung belegt. Auf den Euro-Banknoten werden künftig stilisierte Brücken millionenfach vom Können europäischer Ingenieure und Architekten künden. Dass sich die Staats- und Regierungschefs der Euro-Staaten gerade für diese Symbole entschieden haben, zeigt, dass Architektur und Ingenieurbaukunst im zusammenwachsenden Europa von großer kultureller und identitätsstiftender Bedeutung sind.

Die Ingenieure leisten mit ihrer Arbeit und ihrer Kreativität einen wesentlichen Beitrag zur Gestaltung unserer gebauten Umwelt. Das deutsche Ingenieurwesen genießt weltweit einen ausgezeichneten Ruf, und viele internationale »Star-Architekten« arbeiten mit deutschen Ingenieurbüros zusammen.

Mit dem *Jahrbuch Ingenieurbaukunst in Deutschland* würdigt die Bundesingenieurkammer herausragende Ingenieurleistungen und will sie einem breiten Publikum über den Tag hinaus bekannt machen. Das Jahrbuch steht außerdem im Zeichen der »Initiative Architektur und Baukultur«, die sich in hervorragender Weise bemüht, die Bedeutung von Baukultur zu würdigen und kreative Impulse für deren weitere Entwicklung zu geben. Die Bundesingenieurkammer und die Ingenieurkammern der Länder bekennen sich zu den Zielen dieser vom Bundesministerium für Verkehr, Bau- und Wohnungswesen ins Leben gerufenen Initiative und setzen sich dafür ein, dass die Leistungen der Ingenieure ihre verdiente gesellschaftliche Anerkennung finden.

Gerade für die Bauingenieure ist die öffentliche Debatte über Baukultur von besonderem Wert, denn in der Regel sind die Leistungen der Ingenieure in der Öffentlichkeit zu wenig bekannt. Dass gleichberechtigt neben dem Architekten der Ingenieur steht, ist eine Tatsache, die mehr Beachtung finden muss. Dabei sind doch die Berufe des Ingenieurs und des Architekten Zweige vom gleichen Stamm, und ihr konzeptioneller und kreativer Anteil an einem Projekt ist durchaus ebenbürtig. Oft sind es erst die kreativen Leistungen der Ingenieure, die eine gewagte Architektur ermöglichen.

Das vorliegende *Jahrbuch Ingenieurbaukunst in Deutschland* beweist eindrucksvoll, dass von Ingenieurbauten eine besondere Faszination ausgeht. Die Beiträge zeigen das breite Spektrum der Leistungen der Ingenieure bei der Gestaltung unserer Umwelt – vom Hochbau über den Brücken- und Straßenbau, den Wasserbau bis hin zur Sanierung von Altlasten – mit einem Wort den Beitrag der Ingenieure zur Baukultur.

Das *Jahrbuch Ingenieurbaukunst in Deutschland* soll zum einen anhand der ausgewählten Projekte diesen Beitrag der Ingenieure zur Baukultur aufzeigen, zum anderen aber auch Raum geben für die kritische Auseinandersetzung mit den Leistungen der Ingenieure und der zukünftigen Entwicklung des Berufsstandes, auch und gerade im Hinblick darauf, dass sich wieder mehr junge Menschen für den so faszinierenden Beruf des Bauingenieurs entscheiden.

Dr.-Ing. Karl H. Schwinn
Präsident der Bundesingenieurkammer

Grußwort

Der Beitrag der Ingenieure zur Baukultur muss besondere Aufmerksamkeit finden. Zu Unrecht verbindet die Öffentlichkeit unsere gebaute Umwelt meist mit dem Begriff Architektur, seltener mit den oft bemerkenswerten Leistungen der Ingenieure. Um es deutlich zu sagen: Ingenieurbaukunst steht der unserer Architekten und deren Innovationspotenzialen keineswegs nach. Ich gehe noch einen Schritt weiter: Mehr denn je muss das Bauen heute eine Gemeinschaftsleistung aller an der Bauwerkserstellung Beteiligten sein. Denn nur die fruchtbare Zusammenarbeit der einzelnen Fachdisziplinen führt ein Gesamtwerk zum Erfolg. Kooperation ist nicht nur sinnvoll, sondern zwingende Voraussetzung, um den Auswirkungen der Globalisierung, den verschärften Wettbewerbsbedingungen, den Herausforderungen zur Bewältigung unserer Zukunftsprobleme begegnen zu können.

Es gibt in unserem Lande viele herausragende Bauwerke. Aber die gesamte bebaute Umwelt besteht eben nicht nur aus Häusern, sondern auch aus Straßen, Brücken und Plätzen, aus Gebäuden, die dem Anspruch auf Nachhaltigkeit gerecht werden müssen, also auch dem auf Sicherung der Zukunft künftiger Generationen. Dies ist ein sehr weites Feld besonders auch für Ingenieure. Das erfordert innovative Kraft, sie bildet den Kern der eher technischen Aufgaben dieses Berufszweiges.

Die Initiative »Architektur und Baukultur« hat dies nicht übersehen, wie die Bestandsaufnahme der Baukultur in Deutschland zeigen wird. Rund 460 Mrd. DM werden jährlich in Deutschland in Bauleistungen investiert. Und dabei geht es nicht nur um »Highlights« der Architektur, sondern vor allem auch um Alltagsarchitektur von Mietwohnungen und Reihenhäusern, um Bürogebäude, Tankstellen, Kaufhäuser und Bahnhöfe, nicht zuletzt auch um Autobahnen. So ist die Kreativität von Architekten und Ingenieuren gleichermaßen gefragt, wenn es um die Frage geht, wie das innerstädtische Wohnen belebt und eine nachhaltige Akzeptanz erreicht werden kann. Dies ist nur eine von vielen Fragestellungen, die sich auftun, wenn wir mit den problematischen Veränderungen in den Großstädten fertig werden wollen. Natürlich geht es auch um die kulturelle und ästhetische Qualität von Städten, und hier nimmt der öffentliche Bauherr seine Vorbildfunktion wahr. Aber neben die Ästhetik, neben die Gestalt und Form tritt auch der Gebrauchswert für den Nutzer, der maßgeblich beachtet werden muss, tritt die Funktionsfähigkeit im Gebäudebetrieb, treten die Kosten, tritt der Verbrauch an Energie, an natürlichen Ressourcen sowie die notwendige Nachhaltigkeit einer Gesamtlösung.

Der Bund wird sich weiter an die Grundsätze der Trennung von Planung und Ausführung sowie die Vergabe im Leistungswettbewerb halten. Planung und Ausführung von Bundesbauten werden weiterhin nach strengen Qualitätsgrundsätzen erfolgen. Zugleich möchte er aber auch von der Entwicklung im privaten Bereich lernen, wofür die Initiative »Architektur und Baukultur« durchaus hilfreich sein kann. Qualitätsgrundsätze – darüber besteht sicher weitgehend Einigkeit – sind Forderungen, die über den öffentlichen Bereich hinaus für den gesamten Baubereich gelten müssen. Auch der »Ingenieur-Eid« ist letztlich eine freiwillige Garantieerklärung für Qualität.

Die Qualität unserer Bau- und Planungsleistungen hat bereits ein beachtliches Niveau. Aber mit diesem Pfund müssen wir wuchern, denn Stillstand ist Rückschritt. Die Anforderungen an unsere baulichen Leistungen verändern sich permanent, der Anspruch an eine weitgefächerte Kompetenz der Planenden und Bauenden steigt entsprechend den neuen Qualifizierungszielen: Dazu zählt die Mehrfachkompetenz in Wirtschaft und Management, aber auch die Fähigkeit zum interdisziplinär arbeitenden Generalisten und zur Kooperation zwischen verschiedenen Fachdisziplinen. Hinter all dem stehen die Losungsworte: Ausbildung, Qualifizierung und Nachwuchsförderung.

Das *Jahrbuch Ingenieurbaukunst in Deutschland* zeigt anhand vieler Beispiele, zu welch außergewöhnlichen Leistungen das Ingenieurwesen fähig ist. Die Politik setzt darauf, dass zur Lösung baulicher Probleme im weitesten Sinne auch immer wieder neue Lösungen angeboten, neue Wege aufgezeigt werden.

Kurt Bodewig
Bundesminister für Verkehr, Bau- und Wohnungswesen

Messepavillon der Audi AG

Reine Produktpräsentation war der Audi AG bei ihrem neuen Messestand nicht genug. Gemeinsam mit den Düsseldorfern Architekten Ingenhoven, Overdiek und Partner und der KMS Werbeagentur aus München entstand die Idee, dem Besucher eine »Erlebniswelt« aus Bildern und Klängen zu bieten. Resultat dieser Überlegungen ist eine sechs Meter hohe, dreidimensional gekrümmte Konstruktion aus Edelstahlrohren, Seilnetzen und vor allem Glas: der »Loop«. Diese semitransparente Haut umschließt den Ausstellungsstand und teilt ihn in einen Innen- und einen Außenbereich auf. Fünf Einbuchtungen definieren unterschiedliche Räume. Im Loop werden auf der leicht geneigten Bodenfläche die Fahrzeuge gezeigt, der Raum außerhalb der Hülle ist der Technik und dem Service vorbehalten. Unterschiedliche Grade von Transparenz schaffen wechselnde Blickbezüge zwischen den einzelnen Zonen.

Auf die Innenwände des Loop werden Filme projiziert, die auf abstrakte Weise mit Formen, Farben und Bewegungen im zeitlichen Wechsel unterschiedliche Stimmungen und Eindrücke erzeugen sollen. Sie werden durch einfache Klangcollagen untermalt.

Konstruktion und Montage
Der Loop wird trotz seiner Größe und komplexen Struktur in sechs bis neun Tagen aufgebaut. Ermöglicht wird dies durch ausgefeilte Logistik und eine Detailplanung, die nicht nur gestalterische Aspekte berücksichtigt, sondern auch sehr eng auf den Ablauf der Montage abgestimmt ist. Die Konstruktion besteht aus wenigen Komponenten, die in einzelnen Stufen zusammengefügt werden und so den Aufbau in geschlossenen Arbeitsschritten erlauben.

Zunächst wird die primäre Tragstruktur aufgestellt. Sie besteht aus räumlich gebogenen, diagonal gestellten Edelstahlrohren mit einem Durchmesser von 48,3 Millimetern und einer Wandstärke von vier Millimetern. Diese Rohre verlaufen in zwei Ebenen und werden in ihrem Kreuzungspunkt durch eine Klemme unverschiebbar miteinander verbunden. Im Fußpunkt sind sie in einer Fundamentkonstruktion aus Stahlprofilen eingespannt, am Kopfpunkt durch ein oberes Randrohr gehalten. Zur weiteren Stabilisierung dieses Skeletts werden die Kreuzungspunkte durch horizontal verlaufende, vier Millimeter starke Edelstahlspannseile verbunden. Damit ist die Primärkonstruktion geschlossen und stabilisiert.

Objekt
Messepavillon der Audi AG
Standort
Automobilmessen in Frankfurt, Tokio, Paris, Genf, Detroit
Bauzeit
Planung: Dezember 1998 bis August 1999
Aufbau: sechs bis neun Tage (je nach Größe)
Bauherr
Audi AG Internationale Messen und Corporate Design, Ingolstadt
Ingenieure und Architekten
Tragwerksplanung: Werner Sobek Ingenieure, Stuttgart
Lichtplanung: Werning Tropp und Partner, Feldafing
Architekten: Ingenhoven Overdiek und Partner, Düsseldorf
Herstellung der Edelstahlrohre des Loop: Firma Schumacher, Filderstadt-Harthausen

1. Die Tragstruktur

2. Rohrkreuzung mit Klemmknoten und Abspannseilen

3. Blick vom Innenbereich des Messestandes durch eine der Eingangsöffnungen nach außen

Anschließend werden an den Rohrkreuzungen Klemmknoten und Abspannseile befestigt. Daran ist ein Seilnetz mit rund vierzig Zentimeter großen, rautenförmigen Maschen aus drei Millimeter starken Edelstahlseilen in geringem Abstand vor die Primärkonstruktion gespannt. Diese Sekundärkonstruktion dient als eigentliche Halterung für die Glasfläche des Loop. Das Seilnetz folgt in seiner Geometrie der Primärkonstruktion, ist jedoch feiner unterteilt. Die einzelnen Seile sind in ihren Kreuzungspunkten durch Netzknoten verknüpft. Auf diesen Knotenpunkten sitzen EPDM-Formteile zur Aufnahme der dreieckigen Scheiben aus Sicherheitsglas. Die Gläser werden an ihren Spitzen eingeklipst, ausgerichtet und durch einen Klemmteller dauerhaft gesichert. Jeder Klemmknoten fasst sechs Scheiben und hat unter Berücksichtigung aller erforderlichen Toleranzen einen Durchmesser von nur fünf Zentimetern. Für die 1800 Quadratmeter große Fläche sind 12 000 Glasdreiecke in 3000 unterschiedlichen Glasformaten erforderlich. Sie sind teils satiniert, teils transparent.

Biegevorgang
Die Rohre der Primärkonstruktion haben einen komplexen, dreidimensionalen Krümmungsverlauf. Eine geometriegetreue Biegung ist jedoch nur mit unverhältnismäßig hohem Aufwand realisierbar und teilweise sogar unmöglich. Um den Biegevorgang für die Produktion zu vereinfachen, werden deshalb einzelne Stababschnitte definiert. Der erforderliche Drehwinkel wird abschnittsweise mit einer Hilfskonstruktion am Stabende abgenommen und der Stab während des Biegens beim Übergang in den nächsten Biegeabschnitt zur Stabachse verdreht. Die entstehende Biegekurve des Gesamtrohrs folgt nicht genau der mathematischen Vorgabe. Für die Stimmigkeit der Gesamtstruktur ist es aber ausreichend, wenn die Kreuzungspunkte der Rohrkonstruktion an der richtigen Stelle sitzen, da dort das Seilnetz mit den Scheiben befestigt wird.

Nach dem Auslaufen aus der Biegewalze wird das Rohr auf fahrbare Hilfsabstützungen gelegt, um nicht durch Eigengewicht verformt zu werden. Abschließend wird der Krümmungsverlauf mit einer Lehre überprüft.

Der wiederverwendbare Messestand war 1999 auf der 58. Internationalen Automobilausstellung (IAA) in Frankfurt sowie anschließend auf Ausstellungen in Tokio, Paris, Genf und Detroit zu sehen.
A.R./F.P./Bauwelt

1

1. Isometrie der Tragstruktur
2. Ansicht von außen
3. Ansicht von innen

New Urban Entertainment Center in Guadalajara (Mexiko)

»Es ist groß, es ist ambitioniert, und es liegt südlich der Grenze. Deshalb denken eine Menge Leute, dass nie etwas daraus werden wird.« So leitete der Chefredakteur des amerikanischen *Architectural Record* etwas skeptisch seine Berichterstattung über die architektonischen Phantasien des Unternehmers Jorge Vergara ein, die in der zweitgrößten Stadt Mexikos, in Guadalajara, realisiert werden sollen. Mit Gesundheitsgetränken hatte Vergaras Konzern, die Grupo Omnilife, ein Imperium aufgebaut. Die Zahl der Verkaufsagenten wuchs derart, dass für Mitarbeitertagungen auf nordamerikanische Kongresszentren ausgewichen werden musste, da in Mexiko keine existierten. Eine Marktlücke, fand Vergara, und beschloss, auch als Investor tätig zu werden. Er besuchte persönlich im Laufe des Jahres 1997 dreißig internationale Architekturbüros aus der ersten Liga. Mit einigen ergaben sich Zusammenarbeiten, andere sagten gleich ab (so Frank O. Gehry, Bernard Tschumi und Peter Eisenman). Steven Holl stieg inzwischen aus. Gemeinsam entwickelte die heterogen zusammengesetzte Gruppe seit 1998 in einem sehr kooperativen Verfahren einen Masterplan (nachdem Rem Koolhaas als Masterplaner entnervt aufgegeben hatte) und schob dabei die Einzelprojekte wie Schachfiguren über das Grundstück am Westrand von Guadalajara. »Wir werden Ihnen die Freiheit geben, Dinge zu machen die sie nie in den Staaten oder in Europa machen könnten«, beschreibt der Bauherr seine Einstellung, »wilde, verrückte Dinge.«

Das heute unbebaute 240 Hektar große Areal am Fuß eines Naturschutzgebietes soll im derzeitigen Stadium der Planung von einem großen See gerahmt werden, der als Wasserrückhaltebecken für die Regenzeit ausgelegt ist. Ein Hotel von Zaha Hadid soll auf der östlichen, der Stadtseite auf den neuen kommerzielle Stadtteil JVC Culture Convention and Business Center hinweisen. Eine Ringautobahn wird am kreisrunden Kongress-UFO von TEN Arquitectos am Westrand vorbei durch öffentliche Parkanlagen auf den Bürokomplex von Jean Nouvel zuführen, der neuen Zentrale von Omnilife. Nördlich davon werden gigantische Brückenkonstruktionen auf das Messegelände von Carme Piños führen, in den See hinein eine Hahnenkampfarena von Thom Mayne/Morphosis. Der südliche Rand wird von einem gigantischen Amphitheater von Tod Williams und Billie Tsien und einer Universität von Daniel Libeskind eingefasst werden. Eine Kindermuseumsinsel im See von Altmeister Philip Johnson und ein Museum für Gegenwartskunst von Toyo Ito führen schließlich zum Zentrum der Anlage, dem obligatorischen Urban Entertainment Center von Coop Himmelb(l)au und Bollinger + Grohmann. Die geplanten Investitionskosten für das gesamte Projekt liegen bei über 400 Mio. US Dollars.

Seit dem UFA-Kino in Dresden, 1998 fertig gestellt, arbeitet das durch seine dekonstruktivistischen Arbeiten berühmt gewordene österreichische Team um Wolf D. Prix und Helmut Swiczinsky gerne mit dem örtlichen Professorenkollegen Klaus Bollinger von der Wiener Hochschule für Angewandte Kunst zusammen. Die Tragwerksplaner Bollinger + Grohmann mit Büros in Wien und Frankfurt am Main haben sich als Spezialisten für ungewöhnliche Herausforderungen erwiesen. Ihr Portfolio reicht von Berliner Projekten wie Schneider + Schumachers Infobox, der österreichischen Botschaft von Hans Hollein oder Zaha Hadids und HPPs Spittelmarkt-Hochhaus über realisierte Forschungsarbeiten wie ABBs und Bernhard Frankens Blobpavillons für BMW bis hin zum Tetraeder »Emscherblick« von Wolfgang Christ. Derzeit in der Planung befinden sich u.a. der neue Gehry in Herford und Peter Cooks Quallengebilde in Graz. Mit den Himmelb(l)auen wurden im Sommer 2001 wieder zwei spektakuläre Wettbewerbe gewonnen, das Musée des Confluences in Lyon und das BMW Clean Energy Center am Olympiapark München.

Doch das JVC New Urban Entertainment Center schlägt durch seine Dimension mit einer Grundfläche von 280 auf 240 Metern und seiner Nutzfläche von 75 000 Quadratmetern plus einer viergeschossigen Tiefgarage von fast 50 000 Quadratmeter Grundfläche alles bisher Erlebte, wenn es denn tatsächlich kommt. Vieles deutet daraufhin. So berichtet der Projektleiter von Bollinger + Grohmann, Johannes Liess, von der Grundsteinlegung im Februar 2001, während der eine enorme mexikanische Flagge von vier Tonnen Gewicht gehisst wurde. Baulich ist außer dem einhundert Meter hohen Fahnenmast bisher noch nichts zu sehen, obwohl die ersten Zeitpläne von einem Baubeginn in 1999 ausgingen. Derzeit soll der Bau Ende dieses Jahres begonnen und im Jahre 2005 fertig gestellt werden. Für das Team Coop Himmelb(l)au und Bollinger +

Objekt
JVC New Urban Entertainment Center
Standort
Guadalajara, Mexiko
Bauzeit
Planungsbeginn 1999, weiterhin in der Planungsphase
Bauherr
Omnitrition de Mexico
Ingenieure und Architekten
Tragwerksplaner: Bollinger + Grohmann, Ingenieurbüro für Bauwesen, Frankfurt am Main
Bauphysiker: Dr. Pfeiler GmbH, Graz
Haustechniker: Pickl & Partner, Graz
Architekten: COOP Himmelb(l)au, Prix & Swiczinsky GmbH, Wien
Architekten vor Ort: Ave Arquitectos, Mexico D.F.

1

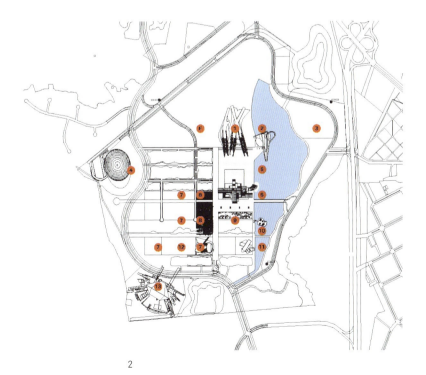

2

1. Die sechzig Meter auskragende »Cloud«

2. Lageplan
F: Fair Ground
1: Event Bridges
2: Palenque
3: Hotel
4: Convention Center
5: Shopping
6: Entertainment Center
7: Park
8: Omnilife Office
9: Museum of Contemporary Art
10: Children's World
11: University
12: Service Building Club
13: Amphitheater

Grohmann ist der Großteil der Arbeit bereits getan. Die Dependance »Himmelblau Mex S.A. de C.V.« wurde als partnerschaftlicher Zusammenschluss der europäischen Architekten und Ingenieure gegründet, ein Großteil der Mitarbeiter sind Mexikaner.

Um eine optimale Übernahme durch die örtlichen Partnerarchitekten und -ingenieure zu gewährleisten, haben diese von Anfang an – von der Entwurfsphase über die Baueingabeplanung – im örtlichen Büro mitgearbeitet, demnächst werden gemeinsam die Ausführungsplanungen erarbeitet. Ausschreibung und Vergabe wird in mexikanische Hände übergehen, die »künstlerische Oberleitung« bei den Europäern bleiben. Die Zusammenarbeit von Architekten und Ingenieuren in einem gemeinsamen Büro sei, so Klaus Bollinger, eine so gute Erfahrung gewesen, dass man diese auch gerne nach Deutschland exportieren würde. Der direkte Informationsaustausch hätte Missverständnisse erst gar nicht aufkommen lassen. Das Gefühl einer geistigen oder technischen Überlegenheit gegenüber der örtlichen Planungskultur sei bald einer realistischeren Einschätzung gewichen, so Johannes Liess. Mit dem gleichen AutoCAD-Programm sei der Workflow sofort in Gang gekommen, nur die englische, deutsche und mexikanische Version von »Word« erwiesen sich als nicht kompatibel und mussten auf englischer Grundlage neu installiert werden.

Dass Personalkosten im Verhältnis zu Materialkosten auf mexikanischen Baustellen erheblich günstiger sind, hatte Auswirkungen auf die gesamte konstruktive Planung. Statt mit massiven Flachdecken wird mit ortsüblichen »Waffeldecken« geplant, in denen einbetonierte Styroporklötze für Materialeinsparung und Gewichtsreduzierung sorgen. Anstatt in Werkstattvorfertigung und -montage wird der gesamte Stahlbau vor Ort geschweißt werden, also entfallen alle Schraubverbindungen und Transportüberlegungen. Zusammengesetzte Profile seien als Folge die Norm und nicht die Ausnahme. Beton wird vor Ort gegossen – komplexe Schalungen sind eine Selbstverständlichkeit. Die Fertigkeiten der mexikanischen Schreiner sind uns durch Felix Candelas gewagte Konstruktionen in den Fünfzigerjahren noch gut in Erinnerung.

Bei der Entwurfsentwicklung des gigantischen Komplexes spielten Erkenntnisse über das lokale Klima eine entscheidende Rolle. Anfangs wurde das Raumprogramm Großkino, Einkaufszentrum, Gastronomie und Sportklub

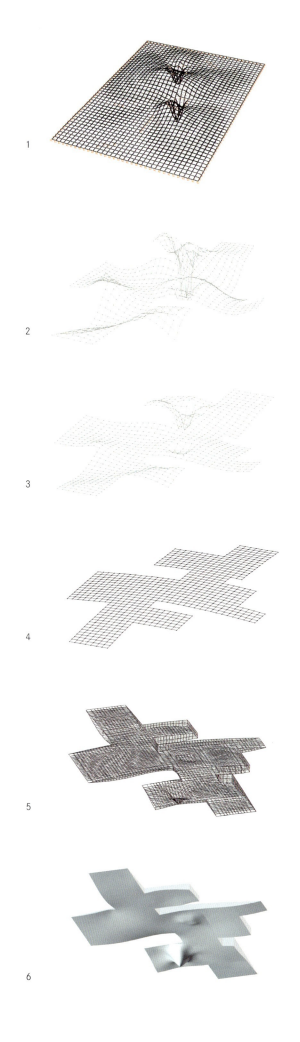

1

2

3

4

5

6

New Urban Entertainment Center in Guadalajara (Mexiko)

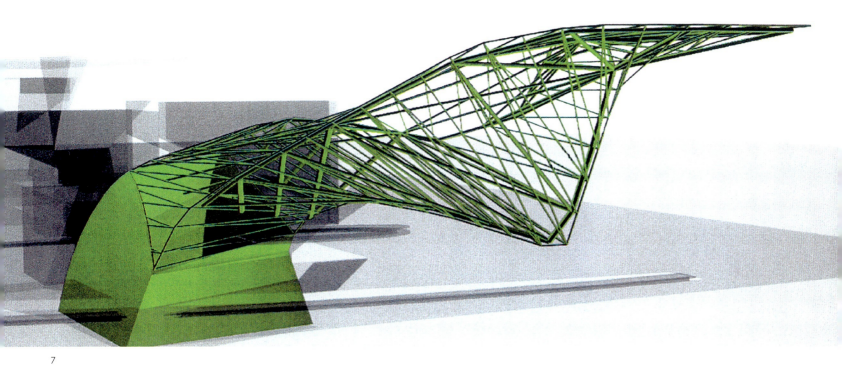

7

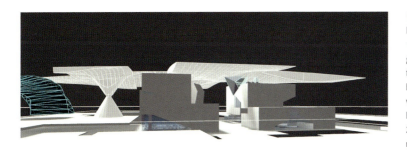

8

1.-6. Entwicklung der Dachform
1. Mit dem Stabwerksprogramm simulierte Gravitationskräfte der Kinoblöcke, Skulpturen etc verformen die untere Rasterschicht.
2. Aus dem verformten rechteckigen Grundriss wird der erforderliche Grundriss ausgeschnitten.
3. Die durch die Gravitationskräfte entstandenen Verformungen werden im Stabwerksprogramm abgeschwächt. Die statischen Eigenschaften der Geometrie werden optimiert.

4. Draufsicht der oberen bereits gewölbten Dachschicht
5. Beide Dachlagen zu einem Körper zusammengeführt
6. Im CAD-Programm wird dem Dachkörper eine Oberfläche zugewiesen.

7. Die Stahlkonstruktion der »Cloud«

8. Darstellung der Gebäudevolumina

in einzelne Baukörper portioniert, die inmitten einer großen Plaza stecken und von einem großen luftigen Dach in 27 Meter Höhe überspannt werden. Ganz in mitteleuropäischer Haltung war dieses Dach von den Tragwerksplanern als ebenes, lamellenartiges Stahlgitterraster konzipiert, das für ein dramatisches Licht- und Schattenspiel sorgen sollte. Angesichts der realen Hitze und dem Bestreben der Einheimischen, sich eher im Schatten als in der Sonne aufzuhalten, findet das öffentliche Leben heutzutage in gekühlten Mega-Malls statt. Einen großen öffentlichen Platz gibt es nicht. Der Entwurf des Dachs wurde von den Ingenieuren in Mexiko in einem plastischen, digitalen Modellierprozess mit Hilfe eines Stabwerkprogramms verformt, das für statische Dimensionierungen von Fachwerken verwendet wird; wobei Gravitationskräfte, die den Dimensionen der darunter liegenden Baukörper entsprechen, eingesetzt wurden. Das Ergebnis ist weicher und landschaftlicher geformt – eher schattenspendend als lichtdurchlässig. Dadurch erhöhte sich der Kontrast zu den Betonkuben der Baukörper. Die zunächst expressiven, skulpturalen Sonderelemente, gedacht als Stützen des Dachrasters, wuchsen schließlich mit der Dachlandschaft zu einem räumlich ausgreifenden, zweilagigen Raumfachwerk zusammen. Entgegen der in Deutschland erprobten Biegung durch CNC-gesteuerte Rollen wird man Polygonzüge vor Ort schweißen, das ist bei den großen Radien und einer Distanz zwischen Boden und Dach von vierzig Metern optisch vertretbar. Bei den engen Radien und extremen Verformungen muss noch im Vorfeld ein Weg gefunden werden, um zufrieden stellende Resultate zu erreichen. Die reichen Erfahrungen von Bollinger + Grohmann mit der Entstehung und Konstruktion der blobartigen Gebilde für BMW fanden hier ihren Niederschlag.

Obwohl das definitive Raumprogramm und damit der eigentliche Daseinszweck fehlt, kann gestalterisch auf das spektakulärste Element, den begehbaren Erlebnisraum »Cloud«, nicht verzichtet werden. Bei diesem handelt es sich um eine Glas-Stahlkonstruktion, die aus dem Betonsockel sechzig Meter über den See hinausragen soll. Ursprünglich als geschlossener kristalliner Glaskörper konzipiert, wurde die Hülle aufgrund des Klimas und der hohen Wärmelast im Planungsprozess verändert. Schuppenartig angebrachte Glasscheiben sollen für eine Durchlüftung sorgen.

Die Kinokuben erstrecken sich zum größten Teil unter das Platzniveau, großzügige Treppenebenen und Plateaus führen zu einem abgesenkten Platz unter dem Schattendach, mit direktem Zugang zu den Eingängen der Kinos, unterirdischen Einkaufsmalls und Tiefgaragen. Die mexikanischen Stufenpyramiden mit ihren begehbaren Dachebenen und ihrer Körperhaftigkeit standen typologisch Modell. Da das Dach wasserdurchlässig ist, muss mit einer enormen Menge an schlagartig anfallendem Regenwasser gerechnet werden, das erst langsam wieder abfließen kann. Ein wesentlicher Aspekt, der im fernen Europa so nicht berücksichtigt wurde. Inzwischen sind die Plateaus und Treppenanlagen so gestaltet, dass ein guter Teil sich nach einem Regen in Teiche und Seen (»stone tanks«) verwandeln kann, ein Zustand ähnlich dem »aqua alta« in Venedig, wobei die notwendigen Verkehrsflächen gesichert bleiben.

Peter Cachola Schmal

Mitten im Entertainment:
Die Plaza des riesigen
Komplexes

Sanierung Uranbergbau Wismut, Erzgebirge

Mit dem Fall der Berliner Mauer und der Öffnung der innerdeutschen Grenze wurde auch das ganze Ausmaß der Umweltschäden in der damaligen DDR offenbar. Besonders groß war der Schock über ein Desaster, von dem im Westen bis dahin so gut wie nichts bekannt war. Vier Jahrzehnte Uranabbau hatten im Erzgebirge und seinem Vorland schwere Verwüstungen angerichtet. Riesige Abraumhalden bedeckten insgesamt 15 Quadratkilometer Land, in harmlos aussehenden Teichen lagerten 150 Mio. Kubikmeter radioaktiver Schlamm und durch das Trockenhalten der Bergwerke war der Wasserhaushalt ganzer Regionen aus dem Lot geraten. Diese Tatsachen waren schlimm genug, doch bei dem Reizwort Radioaktivität ging vielfach das Urteilsvermögen verloren. Vom »Tschernobyl der DDR« war die Rede, und selbst Zeitungen wie die *Süddeutsche* und die *Zeit* ergingen sich in Schreckensszenarien.

Bei der ansässigen Bevölkerung löste das starke Ängste aus, zumal man sie vorher weitgehend im Dunkeln gelassen hatte. Das deutsch-sowjetische Gemeinschaftsunternehmen Wismut, das den Uranabbau betrieben hatte, war im Geheimhaltungsstaat DDR besonders abgeschirmt gewesen.

Die wilden Spekulationen über die Strahlengefahr erwiesen sich jedoch als haltlos. So lieferte das Krebsregister der DDR keinerlei Hinweise auf eine erhöhte Krebsrate der Bevölkerung in der Region, und eine genaue Bestandsaufnahme der Umweltradioaktivität durch die Wismut und das Bundesamt für Strahlenschutz (BfS) zeigte, dass keineswegs ganze Landstriche kontaminiert waren. Eine Messkampagne, in deren Verlauf auf 34 »Verdachtsflächen« mit einer Gesamtfläche von 1500 Quadratkilometern, zu denen auch Bergbaustandorte aus früheren Epochen gehörten, Hunderttausende von Einzelmessungen vorgenommen wurden, ergab folgendes Bild. Außer dem eigentlichen Wismut-Gelände, den Schachtanlagen, Halden, Aufbereitungsfabriken und Schlammteichen von zusammen 37 Quadratkilometern, wiesen nur noch weitere vier Quadratkilometer erhöhte Strahlenwerte auf. Modellrechnungen der Strahlenschutzkommission (SSK) ergaben, dass die zusätzliche bergbaubedingte Dosis für alle Bevölkerungsgruppen unter dem Richtwert von ein Millisievert pro Jahr (mSv/a) liegt. Sie ist damit als unbedenklich anzusehen, weist doch die natürliche Strahlenexposition in Deutschland bei durchschnittlich 2,4 mSv/a eine Schwankungsbreite von ein bis zehn mSv/a auf.

Im August 1991 übergab die Wismut dem Wirtschaftsministerium einen tausend Seiten starken Bericht zu den erforderlichen Sanierungsmaßnahmen. Auf dieser Grundlage wurde von der Bundesregierung für einen Zeitraum von etwa zwanzig Jahren eine Summe von 13 Mrd. DM bereitgestellt. Davon sind bis jetzt sieben Mrd. DM ausgegeben worden. Das Arbeitsprogramm umfasst vier große Komplexe: die Flutung der Bergwerke, die Stabilisierung und Abdeckung der Halden, die Verwahrung der radioaktiven Schlammteiche sowie die Sanierung von Fabrikgelände. Das Endziel der Sanierung ist ein Zustand, in dem das gesamte Wismut-Gelände wieder frei zugänglich ist und die Kommunen uneingeschränkt ihre Planungshoheit ausüben können.

Der schwierigste Sanierungsfall

Die Stilllegung und Flutung der Uranbergwerke unterscheidet sich nicht wesentlich von dem Vorgehen bei anderen Gruben. Es gibt allerdings eine große Ausnahme: den Betrieb Königstein nahe der gleichnamigen Festung südöstlich von Pirna an der Elbe. Wegen des dort praktizierten »chemischen Bergbaus«, weltweit eine einmalige Methode, ist er eines der schwierigsten Sanierungsobjekte. Der Abbau der Lagerstätte, die sich in 250 bis 280 Meter Tiefe in der untersten von vier schräg einfallenden Sandsteinschichten befindet, begann 1967 auf konventionelle bergmännische Weise, wurde aber wegen der geringen Erzgehalte in den Achtzigerjahren komplett auf Laugung mit Schwefelsäure umgestellt. Dazu wurden große Gesteinspakete, die Abmessungen von 40 x 40 bis zu 200 x 200 Meter und Schichtdicken von vier bis zwölf Metern hatten, entweder durch Sprengungen aufgelockert oder mit Bohrlöchern perforiert. Diese derart vorbereiteten »Magazine« wurden mit 0,2-prozentiger Schwefelsäure beschickt. Sie sickerte durch den porösen Sandstein und löste dabei das Uran heraus. Außerhalb der Magazine wurde die Lösung aufgefangen und zur Verarbeitung nach übertage gepumpt. Auf diese Weise kamen ca. fünfzig Mio. Tonnen Gestein in Kontakt mit Schwefelsäure. In dem Porenraum befinden sich immer noch zwei Mio. Kubikmeter stark saures Wasser, in dem statt der ursprünglichen hundert Milligramm nun

Objekt
Verwahrung der industriellen Absetzanlagen (IAA; radioaktive Schlammteiche)

Standort
Crossen mit den Anlagen Helmsdorf und Dänkritz Seelingstädt mit den Anlagen Culmitzsch und Trünzig

Bauzeit
Beginn der Maßnahmen: 1992; Teiche Dänkritz und Trünzig sind trockengelegt und erhalten Endabdeckung. Verwahrung der großen Anlagen Culmitzsch und Helmsdorf in zehn bis 15 Jahren abgeschlossen

Bauherr
Wismut GmbH (alleiniger Gesellschafter: Bundesrepublik Deutschland)

Ingenieure
Generalplanung: Brenk Systemplanung, Aachen
Geochemische Modellierung: Baugrund Dresden Ingenieurgesellschaft mbH, Dresden
Konsolidierung und Abdeckung: C&E Consulting- und Engineering GmbH, Chemnitz

Schieber-Wechselvorrichtung zum kontrollierten Flutungswasserablass in der Grube Königstein

fünfzig Gramm Feststoffe pro Liter gelöst sind. Die Urankonzentration, die sonst bei 0,2 mg/l liegt, erreicht Werte von mehreren hundert Milligramm. Neben erheblichen Mengen an Eisen, Aluminium, Zink und weiteren Stoffen enthält die Grube ein mobilisierbares Depot von 1200 Tonnen Uran, 110 Tonnen Arsen und zehn Tonnen Cadmium.

Bei einer üblichen Flutung würde der Schadstoffcocktail über eine geologische Störung in den darüber liegenden Grundwasserleiter aufsteigen. Das muss aber, wie Betriebsdirektor Lothar Rosenhahn betont, unbedingt verhindert werden. Schließlich werden aus diesem Reservoir eine Million Menschen mit Trinkwasser versorgt. Außerdem würde die Kontamination bis zur Elbe durchschlagen, deren kürzeste Entfernung zur Grube nur sechshundert Meter beträgt.

Es ist nicht ohne Ironie, dass die Abbaumethode, durch die das Problem entstanden ist, jetzt auch dessen Lösung liefert. Das Verfahren zum Sammeln der Sickerwässer aus einem Magazin wird nun für die Grube als Ganze eingesetzt. Auf dieser Grundlage entstand das Konzept der »gesteuerten Flutung mit offener Kontrollstrecke«. Dessen Kernstück ist ein Drainagesystem, das die unteren Bereiche des Grubengebäudes umschließt. Es besteht, wie Kurt Kusch, der Leiter der Sanierung untertage erläutert, aus einem Kranz von Tausenden von Bohrungen bis zu fünfzig Meter Länge, die den vierten Grundwasserleiter bis an die Sperrschicht zum dritten Grundwasserleiter durchdringen. Sie wirken als Sammler für das aus der Grube nach außen drückende Flutungswasser und verhindern so, dass es in das umgebende Grundwasser eindringt. Das gefasste Wasser wird über Schlauchverbindungen in Gerinne in den sogenannten »Kontrollstrecken« eingeleitet, gesammelt und nach übertage zur Wasseraufbereitungsanlage gepumpt. Bei den »Kontrollstrecken« handelt es sich um befahrbare Stollen mit einer Gesamtlänge von zwölf Kilometern, die gegen das zu flutende Grubengebäude durch »Flutungsdruckdämme« abgeriegelt sind. Vereinfacht gesagt, handelt es sich dabei um meterdicke Betonpropfen, die einem Druck von 23 bar standhalten können. Als zusätzliche Sicherung sind stählerne »Flutungsdammtore« eingebaut.

Die Flutung erfolgt schrittweise. Zunächst wurde von 1993 bis 1998 ein hydraulisch abgekapselter Teil der Grube von 25 Metern über Normalnull (NN) bis auf 40 Meter NN geflutet. Dieses großmaßstäbliche Experiment, bei dem acht Mio. Kubikmeter Gestein mit einem Hohlraumvolumen von 800 000 Kubikmetern unter Wasser gesetzt wurden, lieferte die hydrologischen und geochemischen Daten, um Modelle für den weiteren Flutungsverlauf entwickeln zu können. Auf dieser Grundlage wurde vom sächsischen Umweltministerium schließlich die Genehmigung für eine Flutung bis auf 140 Meter NN erteilt. Um 2005 wird diese Marke erreicht sein.

Im Laufe der Zeit soll die Grube durch den Grundwasserzustrom soweit ausgewaschen werden, dass keine Beeinträchtigung der Trinkwassergewinnung aus dem dritten Grundwasserleiter mehr zu befürchten ist. Die Probleme sind jedoch so komplex, dass trotz aufwändiger Modellierungen über den Ablauf dieses Prozesses lediglich ungefähre Aussagen möglich sind. Deshalb ist noch offen, ob und wie eine endgültige Flutung bis auf das natürliche Niveau bei 190 Meter NN erfolgt. Laut Direktor Rosenhahn werden drei Varianten geprüft: Fortsetzung der gesteuerten Flutung mit offener Kontrollstrecke; Flutung der Kontrollstrecke und Wasserförderung über Bohrlöcher; Begrenzung des Flutungsniveaus auf 140 Meter NN und Ableiten des Wassers durch einen Stollen zur Elbe.

Parallel dazu wird daran gearbeitet, von vornherein die Freisetzung von Schadstoffen aus der Grube zu reduzieren. Ein gemeinsam mit der TU Bergakademie Freiberg entwickeltes Verfahren zielt darauf ab, mittels Barium die Schadstoffe dauerhaft im Sandstein festzulegen. Eine andere Maßnahme sieht vor, offene Grubenstrecken mit Braunkohle und Eisenschrott zu verfüllen. Ein derartiges Gemisch bindet die Schadstoffe ebenfalls.

Berge versetzen

Da im ostdeutschen Uranbergbau Lagerstätten geringer Mächtigkeit bis in große Tiefen abgebaut wurden, mussten im Schnitt pro Tonne Uran zunächst einmal 2100 Tonnen Gestein gefördert werden. So entstanden im Laufe der Zeit 48 Abraumhalden mit einem Gesamtvolumen von 312 Mio. Kubikmetern. In der Umgebung von Ronneburg wuchsen sie in Form von Tafelbergen und Spitzkegeln zu regelrechten Wahrzeichen der Landschaft empor. Sie sollen bis auf wenige Ausnahmen in den ehemaligen Tagebau Lichtenberg umgelagert werden und den ehemals 84 Mio. Kubikmeter großen Hohlraum bis 2007 komplett auffüllen. Dazu ist eine Flotte von 22 mächtigen Muldenkippern im Einsatz, die täglich 40 000 Kubik-

Objekt
Flutung der Grube Königstein

Standort
Nahe der Festung Königstein bei Dresden

Bauzeit
von 1993 bis 1998 Experimentalflutung
seit Januar 2001 Hauptflutung, die ca. 2005 ein Niveau von 140 Meter NN erreichen soll.

Bauherr
Wismut GmbH (alleiniger Gesellschafter: Bundesrepublik Deutschland)

Ingenieure
Zur Vorbereitung der Flutung wurden 250 Studien erarbeitet, an denen fünfzig in- und ausländische Firmen beteiligt waren.
Prüfung und Genehmigung: Sächsisches Landesamt für Umwelt und Geologie sowie Bergamt Chemnitz

1

2

1. Drainagesystem für kontaminierte Grubenwässer

2. Blick in die Pumpstation

3. Grobschema der Sanierung des Laugungsbergwerkes Königstein

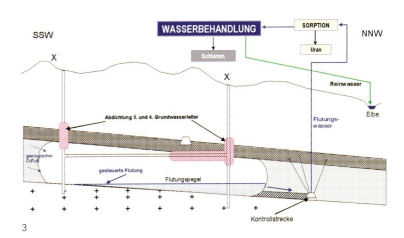

3

meter Erdreich bewegen. Um nach der Flutung die Freisetzung von Schadstoffen zu minimieren, wird Abraum mit hohem Säurebildungspotenzial in die tiefen sauerstofffreien Zonen unterhalb des künftigen Grundwasserspiegels eingelagert, während basisches säurekonsumierendes Material den Abschluss nahe der Oberfläche bildet.

In der Gemeinde Schlema, deren Gebiet zu einem Drittel mit Abraum bedeckt ist, bestanden wenig Möglichkeiten, Halden umzulagern. Sie werden deshalb weitgehend an Ort und Stelle saniert, d.h. neu konturiert und abgedeckt. Nach verschiedenen internationalen Studien lässt sich aber auf Dauer nicht verhindern, dass Niederschlagswasser eindringt. Wie sich das auf den Stoffaustrag auswirkt, ist derzeit noch schwer zu beurteilen. Neben den physikalisch-chemischen Prozessen spielen dabei auch Mikroorganismen eine Rolle. Beispielsweise können sulfatreduzierende Bakterien durch Nutzung von Radiumsulfat zur Mobilisierung von Radium beitragen.

Radioaktive Schlammteiche
Zur Extraktion des Urans wurde das Erz in den Aufbereitungsanlagen fein gemahlen und je nach Beschaffenheit mit Schwefelsäure oder alkalisch gelaugt. Das Endprodukt des Aufbereitungsprozesses war Uranoxid, das wegen seiner gelben Farbe auch »yellow cake« genannt wird. Die schlammigen Rückstände, die sogenannten Tailings, wurden über Rohrleitungen in Absetzbecken eingespült, im Sprachgebrauch der Wismut als Industrielle Absetzanlagen (IAA) bezeichnet. Mit einer Gesamtfläche von 570 Hektar und 150 Mio. Kubikmetern Inhalt sind es nicht nur die größten Deponien dieser Art überhaupt, sondern sie liegen dazu noch dicht neben menschlichen Siedlungen und befinden sich in einem feuchten Klima. Nach Einschätzung von Dr. Roland Hähne aus der Geschäftsführung von C&E Consulting und Engineering GmbH macht das ihre Sanierung zu einer weltweit einzigartigen Herausforderung; denn sonst lägen radioaktive Schlammteiche überwiegend in ariden, dünnbesiedelten Gebieten und trockneten von selbst aus. C&E ist eine der Firmen, die durch Ausgliederung von Unternehmensbereichen aus der Wismut entstanden ist. Sie kann ihr Know-how aus der Wismut-Sanierung mittlerweile auch international vermarkten.

In den Absetzbecken hat sich das Material nach Korngrößen separiert. An den Einspülstellen bildeten sich Sandstrände, der feine Schlamm hingegen setzte sich zur Beckenmitte hin ab. Der erste Sanierungsschritt ist die Entfernung des sogenannten »Freiwassers« über den Schlammschichten. Da es stark kontaminiert ist, kann es nur nach entsprechender Behandlung abgelassen werden. In der IAA Helmsdorf wurde dazu für 52 Mio. DM eine Reinigungsanlage installiert. In ihr werden nicht nur Uran und Radium abgeschieden, sondern, was nicht minder wichtig ist, auch Arsen. Durch eine zweistufige Fällung mit Eisenchlorid kann die Konzentration von über 100 mg/l auf unter 0,3 mg/l gedrückt werden. Seit 1995 sind über 10 Mio. Kubikmeter Wasser abgezogen und gereinigt in die Vorflut abgegeben worden. Dadurch sank der Wasserspiegel um acht Meter und die Wasserfläche schrumpfte auf weniger als ein Viertel.

Mit der Entfernung des freien Wassers ist es aber nicht getan. Auch der Schlamm muss entwässert und verfestigt werden. Dazu werden Matten und Geotextilien ausgelegt, auf die wiederum Material von einer Halde kommt, dass mit seinem Gewicht den Schlamm auspresst. Unterstützt wird dieser Prozess durch fünf Meter lange Dochte, die Wasser nach oben ziehen.

Laut Hähne passieren 80 Prozent der Setzung bereits im ersten Jahr, danach zieht sich die Konsolidierung aber in die Länge. Deshalb wird es schätzungsweise noch zehn bis 15 Jahre dauern, bevor die größten Schlammteiche endgültig verwahrt werden können. Da die Abdeckung auf Dauer stabil sein muss, kommt dafür ausschließlich natürliches Erdmaterial in Frage. Viele Überlegungen erfordert die Konturierung der Oberfläche. Sie muss so beschaffen sein, dass einerseits Regenwasser rasch ablaufen kann, damit die Sickerwasserrate niedrig bleibt, andererseits darf aber bei Unwettern auch keine Erosion einsetzen.

Hilfreiche Umweltsünden
Bei einer kleineren IAA, die sich nicht mehr im Besitz der Wismut befindet, steht die Sanierung bereits kurz vor dem Abschluss. Am südlichen Stadtrand von Dresden, in den Stadtteilen Coschütz und Gittersee war von 1950 bis 1962 die »Uranfabrik 95« in Betrieb. Zu ihren Altlasten gehören zwei Absetzanlagen mit einem Gesamtvolumen von 5 Mio. Kubikmeter, die in den Sechzigerjahren einfach mit Hausmüll und Kraftwerksasche überdeckt wurden. Doch diese zusätzlichen Umweltsünden erweisen sich im nachhinein als vorteilhaft für die Sanierung. Untersuchungen der geochemi-

1

2

3

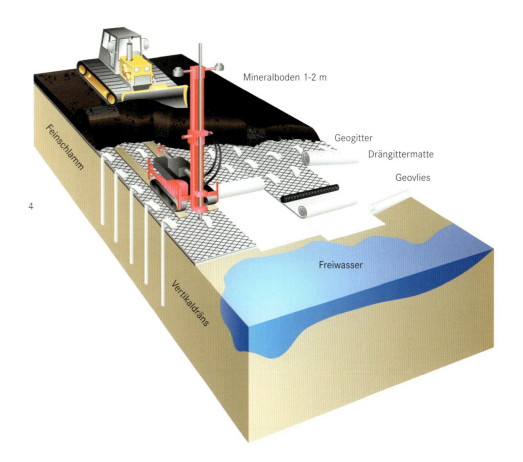

4

1. Im Luftfoto gut zu erkennen: die fortschreitende Abdeckung der Absetzanlagen Seelingstädt

2. Geotextilien zur Abdeckung

3. Abdeckarbeiten auf der Absetzanlage Helmsdorf

4. Prinzipdarstellung der Verwahrung einer Absetzanlage

schen Verhältnisse durch die Ingenieurgesellschaft Baugrund Dresden brachten das überraschende Ergebnis, dass die Kombination von Hausmüll und Asche die Schadstoffemissionen erheblich reduziert. Kohlendioxid (CO_2) aus der Müllverrottung plus Sickerwasser ergeben Kohlensäure (H_2CO_3), die ihrerseits in der calciumhaltigen Asche Calciumkarbonat ($CaCO_3$) bildet. Durch den $CaCO_3$-Eintrag wird in den Tailings die Säurebildung infolge der Verwitterung von Pyrit (FeS) soweit neutralisiert, dass kaum Schadstoffe in Lösung gehen.

Um diese Prozesse noch zu verstärken, wurden im Zuge der Sanierung, die Baugrund Dresden im Auftrag des Dresdner Umweltamtes federführend betreut, zusätzliche Pufferkapazitäten geschaffen. Die endgültige Oberflächenabdeckung wird so dimensioniert, dass die hydrologischen und chemischen Verhältnisse über lange Zeiträume stabil bleiben. Im Endergebnis werden die Absetzanlagen damit, so Frank Ohlendorf, Projektleiter bei Baugrund Dresden, in geologische Körper verwandelt, deren Gefahrenpotenzial nicht größer ist als das einer natürlichen Uranlagerstätte.

Umweltüberwachung

Die Wismut-Objekte und die Sanierungsmaßnahmen unterliegen einer umfassenden Umweltbeobachtung. An zahlreichen Stellen wird die Gewässergüte kontrolliert und an tausend Punkten in Tiefen von zwanzig bis fünfhundert Metern die Grundwasserqualität überwacht. Ebenso wird ständig die Konzentration von Radon, Schwebstaub und darin enthaltenen radioaktiven Partikeln in der Luft gemessen. Klaus Hinke, der Abteilungsleiter für Umweltschutz im Sanierungsbetrieb Ronneburg, hat besonders die Staubentwicklung durch den intensiven LKW-Verkehr im Auge und achtet darauf, dass sie durch den Einsatz von Sprühfahrzeugen niedrig bleibt.

Insgesamt zeigt die Umweltüberwachung, dass durch die Einstellung von Bergbau und Aufbereitung sowie durch die bisherigen Sanierungsmaßnahmen der Ausstoß und die Ausbreitung von radioaktiven und sonstigen Schadstoffen gegenüber dem ursprünglichen Zustand bis auf wenige Prozentpunkte zurückgegangen sind. Abgesehen von den unmittelbaren Hinterlassenschaften des Uranabbaus ist die Radioaktivität nur noch durch die natürlich gegebenen geologischen Bedingungen geprägt.

Die Wismut-Sanierung wird erst in ein bis zwei Jahrzehnten zum Abschluss kommen, aber es lässt sich jetzt schon sagen, dass die Gefahr, dass die ökologische Erblast aus der Zeit des Kalten Krieges die Zukunft einer ganzen Region verdunkelt, gebannt ist. Besonders augenfällig wird das an zwei Beispielen. Schlema, aus dem durch den Uranbergbau eine Wüstenei geworden war, hat sich wieder zu einem Kurort gemausert, und das Gessental bei Ronneburg, das als Sammelbecken für die Sickerwässer von den umliegenden Halden diente, wird sich bis zur Bundesgartenschau 2007 in einen Landschaftspark verwandelt haben. Wenn neben den Ingenieuren Landschaftsgärtner in Erscheinung treten, ist die Welt offenkundig wieder ein gutes Stück in Ordnung gebracht worden.

Die Geschichte der Wismut

Der Uranbergbau in der DDR wurde durch das atomare Wettrüsten zwischen den USA und der UdSSR in Gang gesetzt. Bald nach dem Zweiten Weltkrieg ging das sowjetische Militär daran, die Vorkommen des Erzgebirges, deren Existenz als »Pechblende« schon seit Jahrhunderten durch den Silberbergbau bekannt waren, für ihr Atomprogramm auszubeuten. Zur Verschleierung erhielt das zu diesem Zweck gegründete Unternehmen nach einem ebenfalls vorkommenden Metall den Namen »Wismut«.

Der Bergbau begann nahe der Oberfläche in dem Radonkurort Schlema, drang dann in größere Tiefen vor und griff außerdem in die Gegend zwischen Gera und Zwickau aus, wo zeitweilig auch Tagebau betrieben wurde. Außerdem wurde auch bei Dresden Uran gewonnen.

In den »wilden« Anfangsjahren waren zeitweilig 130 000 Arbeiter im Einsatz, wobei Strahlen- und Umweltschutz keinerlei Beachtung geschenkt wurde. Unter der 1954 gegründeten sowjetisch-deutschen Aktiengesellschaft Wismut kehrten allmählich reguläre Verhältnisse ein. Gegen Ende ihrer Betriebszeit unterhielt die Wismut neun Bergwerke und zwei Aufbereitungsanlagen für das Uranerz.

Insgesamt lieferte sie 231 000 Tonnen Uran in die UdSSR. Damit war die DDR nach den USA und Kanada seinerzeit der drittgrößte Uranproduzent der Welt. Mitte 1991 schied die UdSSR aus der Wismut aus, das Unternehmen ging vollständig in den Besitz der Bundesrepublik Deutschland über. Einziger Geschäftszweck ist die Stilllegung der Anlagen und die Sanierung der hinterlassenen Schäden.

Hans Dieter Sauer

1

2

1. Absetzbecken in Königstein

2. Verfüllung des Tagebaus Lichtenberg im Winter 1998/99

3. Der geschlossene Gurtbandförderer (Pipe Conveyor) zum umweltschonenden Transport des Haldenmaterials von der Berghalde Crossen zur Absetzanlage Helmsdorf

3

Die El-Ferdan-Brücke über den Sueskanal

Allgemein

Seit Beginn der Neunzigerjahre befindet sich Ägypten in einer Phase starken wirtschaftlichen Wachstums. Einer der wesentlichen Gründe für dieses Wachstum ist der zunehmende Tourismus, der sich nach dem Sueskanal zur zweitgrößten öffentlichen Einnahmequelle entwickelt hat.

Der ägyptische Staat nutzt diese Einnahmen unter anderem zum Ausbau der Infrastruktur. Der Entwicklung des Sinai wird dabei besondere Bedeutung beigemessen.

Um die Urbanisierung des Sinai zu erleichtern, aber auch um seine im Norden gelegenen hervorragenden Agrarflächen besser nutzen zu können, beschloss das ägyptische Ministerium für Verkehr 1993, den Sinai wieder an das ägyptische Hauptschienennetz anzubinden. Diese Verbindung war seit der Zerstörung der vierten El-Ferdan-Brücke im Sechs-Tage-Krieg 1967 unterbrochen.

Die El-Ferdan-Brücke nahe Ismailia ist wegen der etappenweisen Verbreiterung des Kanals seit 1920 das fünfte Eisenbahnkreuzungsbauwerk an dieser Stelle. Sie ist mit einer Länge von 640 Meter und einem Gesamtgewicht von 13 200 Tonnen die größte Drehbrücke der Welt und mit einer Mittelöffnung von 340 Metern fast doppelt so groß wie ihre Vorgängerin.

Die Entscheidung zugunsten einer Drehbrücke fiel aus ökonomischen Gründen. Die wegen ihrer Anrampungskosten wesentlich teureren Bauformen Hochbrücke oder Tunnel wurden verworfen.

Die Auftragserteilung erfolgte am 27. Juli 1996 an das internationale »Consortium El-Ferdan Bridge« unter der technischen und kommerziellen Federführung der Krupp Stahlbau Hannover GmbH. Die Tiefbauarbeiten wurden von den Firmen Besix, Brüssel, und Orascom, Kairo, die Stahl- und Maschinenbauarbeiten von den Firmen Orascom, Krupp Fördertechnik und Krupp Stahlbau Hannover ausgeführt.

In geschlossenem Zustand sind die beiden nahezu identischen Drehbrückenteile an den Enden mit den Widerlagern verriegelt und hier horizontal und vertikal gehalten. Das geschlossene Verriegelungssystem in der Brückenmitte gewährleistet durch seine Einspannwirkung unter Verkehrslasten eine knickfreie und kontinuierlich gekrümmte Biegelinie des Haupttragwerkes.

In den Pylonbereichen ruhen die beiden ausbalancierten Überbauten auf Kegelrollen-Drehverbindungen, die in die Pfahlköpfe der Gründungen einbetoniert wurden. Die Drehverbindungen bestehen aus einem 2,90 Meter hohen Ringträger mit einem Durchmesser von 17,10 Meter, einem darunter liegenden Kegelrollenlager aus 112 konischen Rollen sowie einem in den Pfahlkopf einbetonierten Rollenunterbau. Hier werden die ca. 6 750 Tonnen schweren Stahleigengewichts- und Ausbaulasten des jeweiligen Überbaus über 38 Bohrpfähle mit je 1,50 Meter Durchmesser und einer Gründungstiefe von 29 Meter in das Erdreich abgetragen.

Um das Schifffahrtsprofil des Kanals für den täglich in fünf Konvois passierenden Schiffsverkehr freizugeben, werden zunächst die Verriegelungen in den Ober- und Untergurten und in der Brückenmitte zurückgefahren. Danach werden die Verriegelungsbolzen an den Brückenenden von den Widerlagern gelöst und in die Untergurte eingefahren.

Danach werden die Brückenhälften in fünfzehn Minuten mittels jeweils zwei Schwenkantrieben von 55 kW Leistung in die Parkposition parallel zum Kanalufer gedreht. Nach Erreichen der Parkposition werden die Brückenhälften an den Enden der 150 Meter langen Kragarme in horizontaler und vertikaler Richtung kraftschlüssig verriegelt. Die 170 Meter langen Kragarme des Mittelfeldes bleiben in der Parkposition ungestützt.

Um jegliche Gefährdung der jährlich ca. 14 500 den Kanal passierenden Schiffe zu vermeiden, musste gewährleistet werden, dass die Brückenhälften bei Ausfall eines der beiden Schwenkwerke noch voll funktionstüchtig sind und sich zusätzlich semi-manuell und manuell in die Parkposition bewegen lassen. Alle Verriegelungssysteme, Fahrbahn- und Schienenübergangskonstruktionen wurden zusätzlich für halbautomatischen Betrieb und Handbetrieb ausgelegt.

Die Stromversorgung erfolgt je Überbau über einen 200 kW Dieselgenerator. Zusätzlich kann der gesamte Brückenantrieb durch das öffentliche Stromnetz betrieben werden.

Konstruktion

Entwurfs-, Angebots- und Ausführungsbearbeitung erfolgten in einer engen Zusammenarbeit zwischen den Ingenieuren von Krupp Stahlbau Hannover und dem Ingenieurbüro

Objekt
Doppelarmige Drehbrücke für Schienen- und Straßenverkehr über den Sueskanal
Standort
El-Ferdan, Ismailia/Ägypten
Bauzeit
1996 bis 2001
Bauherr
Egyptian National Railways, Kairo/Ägypten
Ingenieure und Architekten
Technische und kommerzielle Federführung: Krupp Stahlbau Hannover GmbH
Konsultant des Bauherrn: Halcrow Engineers and Architects, Swindon/UK
Entwurfsplanung und Ausführungsstatik: Weyer Beratende Ingenieure GmbH, Dortmund
Untersuchung zur Bauwerksdynamik: Ruscheweyh Consult GmbH, Aachen
Grundlagenuntersuchung zum Verhalten unter Erdbebenbelastung: Hosny Consulting Engineers, Kairo/Ägypten

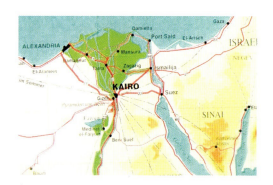

1

2

1. Lage der Brücke. Die Brücke quert den Sueskanal bei El-Ferdan in der Nähe von Ismailia, ca. 150 Kilometer nordöstlich von Kairo.

2. Die geschlossene Brücke. Ansicht von der Ostseite des Kanals

3. System der geschlossenen Brücke

4. Querschnitt im Pylonbereich

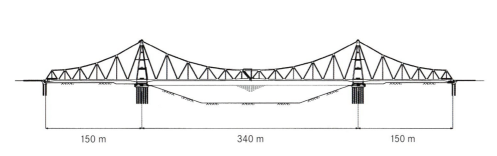

3

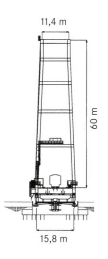

4

Weyer, Dortmund. Die Ausführungsplanung wurde jeweils mit den Ingenieuren der Egyptian National Railway (ENR) und der Halcrow Consulting Engineers & Architects abgestimmt.

Zu Beginn der Entwurfsüberlegungen wurden verschiedene Brückentypen auf ihre Eignung für die gestellte Aufgabe überprüft und mit der Lösung der ausgeschriebenen Fachwerkbrücke verglichen. Als Ergebnis dieser Vorüberlegungen zeigte sich die Fachwerkbrücke eindeutig als technisch und wirtschaftlich beste Lösung.

Die geschwungene Formgebung des Obergurtes erlaubt eine wirtschaftliche Dimensionierung der 170 Meter weit auskragenden Konstruktionen. Desweiteren bildet das Brückendeck zusammen mit den beiden vertikalen Fachwerkscheiben und dem Horizontalverband im Obergurt einen großen torsionssteifen Kasten. Die sich daraus ergebende Formtreue wirkt sich begünstigend auf die Verriegelungsvorgänge aus und sorgt für eine hohe Windstabilität der Brücke.

In Bezug auf das Langzeitverhalten der Konstruktion wurde der Einsatz neuartiger, unerprobter Bauteile und Baustoffe vermieden. Die robuste vollverschweißte Fachwerkkonstruktion unterliegt in allen Stahlbaukomponenten vernachlässigbarem Verschleiß und erfordert mit Ausnahme des Korrosionsschutzes keine Unterhaltsaufwendungen. Dies war insbesondere in Anbetracht der Umweltbedingungen am Standort des Bauwerks ein wichtiger Aspekt.

Die Entwicklung und Festlegung der konstruktiven Details der Fahrbahn erfolgte nach dem derzeitigen Stand der Eisenbahn- und Brückenbautechnik als geschlossenes Fahrbahndeck. Für die Längsaussteifung wurden Trapezbleche mit großer Torsionssteifigkeit gewählt, um eine optimale Querverteilung der Einzellasten auf der Fahrbahn zu gewährleisten.

Zur Sicherung der Konstruktion gegen Ermüdung wurden neben dem rechnerischen Nachweis der Ermüdungssicherheit gemäß den ägyptischen Spezifikationen der Nachweis der Betriebsfestigkeit gemäß DS 804 durchgeführt. Große Beachtung wurde der ermüdungssicheren Ausbildung aller Konstruktions- und Schweißdetails geschenkt.

Zusätzlich zu den Standardlastfällen erfolgte eine Erdbebenbemessung mit Hilfe einer »Response Modal Analysis«. Hierzu wurde ein Beschleunigungs-Antwort-Spektrum für die El-Ferdan-Brücke erarbeitet, das im Wesentlichen auf den Gründungsverhältnissen vor Ort basiert.

Zur Sicherung gegen winderregte Schwingungen wurden zunächst die aerodynamische Stabilität des Gesamtbauwerks im Hinblick auf Flatterschwingungen und Resonanzschwingungen und die aerodynamische Stabilität der Einzelstäbe des Tragwerks untersucht.

Fertigung

Die Fertigung der Bauteile gliedert sich in die Werkstattbearbeitung des Stahlbaus und die des Maschinenbaus.

Die Brückenkonstruktion (gesamt 10 500 Tonnen) wurde sowohl im Werk der Krupp Stahlbau Hannover GmbH (4000 Tonnen) als auch bei der National Steel Fabrication in Ägypten (6500 Tonnen) gefertigt. Für die Fertigung in Deutschland wurden die Komponenten mit dem höchsten Genauigkeitsanspruch ausgewählt. Für den Stahlüberbau wurde ausschließlich Material der Güte S355J2G3 aus deutscher Herstellung und nach den Technischen Lieferbedingungen der Deutschen Bahn AG verwendet.

Die Werkstattbearbeitung aller relevanten Maschinenbaukomponenten erfolgte in der Fertigung der Krupp Fördertechnik GmbH.

Alle Dreh- und Verriegelungsbauteile wurden vormontiert, vermessen und nach erfolgter Abnahme wieder zerlegt und verschifft.

Montage

Die Bauteile aus deutscher Fertigung wurden auf dem Seeweg nach Ägypten transportiert. Innerhalb Ägyptens erfolgte der Transport auf dem Landweg bis zur Baustelle am Sueskanal. Dort wurden die Bauteile auf den auf beiden Seiten des Kanals vorhandenen Vormontageflächen gelagert und für die Hauptmontage vorbereitet.

Die Montage begann mit dem Drehwerk und dem Pylon. Danach wurden die Kragarme im beidseitigen Freivorbau parallel zu den Kanalufern montiert. Zunächst wurden der Zentralzapfen und der Rollenunterbau in die Aussparungen der Pfahlkopfplatte eingelassen, zueinander zentriert und betoniert. Danach erfolgte das Auflegen des Rollenlagers und der Zusammenbau des darüber befindlichen Ringträgers. Auf die auf den Ringträgeroberflanschen angeordneten Topflager wurden dann die Segmente des Trägerrostes aufgelegt, anschließend zueinander ausgerichtet und verschweißt.

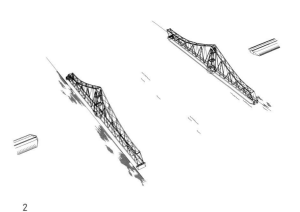

2

1

1. Das Bild zeigt die Brücke während des Drehvorgangs vom Kanal aus.

2.-4. Schematische Darstellung der drei Brückenpositionen. Die Parkposition der geöffneten Brücke liegt parallel zum Kanal.

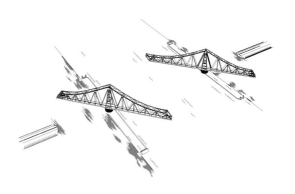

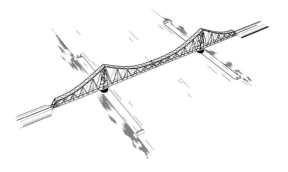

3 4

Die Pylonmontage war durch die Pylonriegelebenen in vier Schritte unterteilt. Jeweils zwei Pylonstiele wurden am Boden zu einem Rahmen verschweißt, eingehoben und an den Rahmenfüßen mit der Unterkonstruktion verbolzt. Nach Einheben der Querriegel wurden alle Bauteile zueinander ausgerichtet und verschweißt. Aufgrund der Bolzenverbindungen an den Fußpunkten konnte die Montage der nächsten Riegelebene bereits begonnen werden, obwohl die darunter liegende Ebene noch nicht vollständig verschweißt war.

Die Montage der Kragarme erfolgte im gestützten Freivorbau symmetrisch zum Pylon. Hierfür wurden je Anbaurichtung Unterstützungsrahmen positioniert, auf denen die Untergurte und Fahrbahnplatten abgelegt wurden. In dieser gestützten Untergurtlage erfolgte das Einheben der wasser- und landseitigen zum Pylon geneigten Zugdiagonalen.

Die Diagonalen wurden im Kran hängend an ihrem Fußpunkt mit dem Untergurt gelenkig verbunden und dann zum Pylon eingeschwenkt. Nach Einheben beider Diagonalen wurden die Untergurtneigungen überprüft, Diagonalen und Untergurte verschweißt und die Bauwerksgradiente kontrolliert.

Die zu den Kragarmenden geneigten Diagonalen wurden vor dem Einheben auf Unterstützungsrahmen abgelegt und an ihren Fußpunkten gelenkig an die bereits montierten Untergurtknoten angeschlossen. Nach Montage eines temporären Windverbandes wurden die Diagonalen als Scheiben in ihre Endlage eingeschwenkt. Die Lagersicherung vor Montage der Obergurte erfolgte mit Hilfe einer am oberen Ende der Diagonalen angeschlossenen Seilrückhaltung. Nach Einheben der Obergurte wurden diese im Kran hängend an ihrem Ende mit den übrigen Konstruktionen verbolzt. Das exakte Ausrichten von Diagonalen und Obergurt erfolgte über Zugdruckzylinder, die mit der Seilrückhaltung verbunden waren.

Die beschriebene Montagefolge wiederholte sich für beide Brückenhälften bis zu den Überbauenden. Hier wurden die Verriegelungsober- und -untergurte einschließlich der vormontierten Maschinenbaukomponenten eingehoben und verschweißt.

Die Montage des Stahlüberbaus wurde im November 2000 beendet. Danach erfolgten die Restarbeiten des Korrosionsschutzes sowie Arbeiten an den Fahrbahnflächen. Parallel dazu wurden die Elektro- und Maschinenbaukomponenten vervollständigt. Vor Beginn der Drehtests wurden die Überbauten ausbalanciert. Mit Hilfe von 16 unter den Pylonstielen angesetzten 700-Tonnen-Pressen wurde der jeweilige Überbau angehoben und die Pressendrücke gemessen. Hieraus wurde das für das Gleichgewicht um den Drehkranz erforderliche Gegengewicht genau definiert und gegenüber den vorausberechneten Massen korrigiert.

Zum Testen der Antriebseinheiten und Bremsen wurden die Überbauten zunächst einzeln gedreht. In den folgenden Schließvorgängen wurden beide Überbauten zusammengedreht und die Höhendifferenz und das Spaltmaß in Brückenmitte gemessen.

Da die Höhendifferenz in Brückenmitte nur 28 Millimeter betrug, konnte dies durch planmäßiges Schiefstellen des Pylons ausgeglichen werden. Hierfür wurden ein Millimeter und zwei Millimeter starke Futterplatten zwischen Lagerdeckel und Trägerrostunterflansch angeordnet. Danach war keine Höhendifferenz messbar.

Der Brückenmittelspalt war gegenüber dem Sollwert von 320 Millimeter bei 20 Grad Aufstelltemperatur um nur 20 Millimeter zu groß und wurde so belassen.

Nach den Justiervorgängen konnten die Verriegelungskästen an den Widerlagern und in Parkposition einbetoniert und die Übergänge erstellt werden.

Die offizielle Einweihung und Übergabe für den Verkehr ist zum Nationalfeiertag am 6. Oktober 2001 geplant.

Bernd Binder / Ulrich Weyer

2

1

1. Die Montage der Untergurte erfolgt im beidseitigen Freivorbau mit Hilfe von Unterstützungsrahmen.

2. Der Vorzusammenbau des Ringträgers in der Werkstatt der Krupp Stahlbau Hannover GmbH

3. Auflegen der Trägerrostsegmente

4. Temporäre Seilrückhaltung der Diagonalen vor der Montage der Obergurte

3

4

Die Philologische Bibliothek der FU Berlin

Schon merkwürdig, dass sich die Riesenblase der neuen Philologischen Bibliothek der Freien Universität Berlin mitten im labyrinthischen kubischen Gefüge der Philosophischen und Mathematisch-Naturwissenschaftlichen Fakultät aufblähen soll. Der Grund ist nicht die dringende Beibehaltung des benachbarten Parkplatzes (den der Architekt als frei sichtbaren Standort vorgezogen hätte). Vielmehr hat die Wahl des Bauplatzes mit logischen Bau- und Planungsüberlegungen nicht allzu viel zu tun. Berlin – das ist inzwischen weit über die Stadt hinaus bekannt – hat kein Geld in der Kasse und kann sich einen Neubau nicht leisten. Und so hat man den Bau kurzerhand als Sanierung etikettiert, Asbestsanierung auch noch, also in jeder Hinsicht unumgänglich. Saniert werden muss die »Rostlaube«, jener durch seine (leider heftiger als geplant) rostende Cortenstahlfassade auch einer breiten Öffentlichkeit bekannt gewordene Erweiterungsbau der FU aus den Jahren 1963 bis 1967. In Architektenkreisen raunte man sich die berühmten Namen der Urheber zu: Georges Candilis, Alexis Josic und Shadrach Woods aus dem Umkreis von Le Corbusier, während die Bauingenieure sich für die Konstruktionen des nicht minder berühmten Jean Prouvé interessierten.

Candilis/Josic/Woods und der Berliner Architekt Manfred Schiedhelm hatten eine strukturalistische Raumkonfiguration realisiert, bei der die Institutsgebäude, Seminarräume, Hörsäle und Treppenhäuser in ein rechtwinklig angelegtes Flur- und Wegenetz eingebunden sind, das die damals unerwünschten Hierarchien nicht aufkommen ließ, dafür jedoch den Nutzern enorme Orientierungsleistungen im labyrinthischen Megasystem abverlangte. 1972 bis 1979, bei der Erweiterung um einen zweiten Bauabschnitt, wählte man Aluminium als Fassadenmaterial (»Silberlaube«). Der problematische Cortenstahl wurde unterdessen durch Bronze ersetzt.

Jean Prouvé, der schon »Hightech-Architektur« entwarf und industriell produzieren ließ, als es den Begriff noch lange nicht gab, hatte eine ungewöhnliche, feststehende Fassadenkonstruktion mit durchlaufenden Pfosten und eingespannten Fenstern konstruiert. Das eigentliche Tragsystem bestand aus einer demontierbaren Stahlkonstruktion mit aufgeschraubten Betondeckenplatten (»Reibhaftung«); es sollte größtmögliche Variabilität gewährleisten. Doch hier wie bei vergleichbaren Projekten ist nach der Inbetriebnahme nie erweitert oder etwas verändert worden, war der zusätzliche Aufwand also vergeblich. Umso spannender, dass nun, nach dreieinhalb Jahrzehnten, diese Variabilität bei der Sanierung doch noch genutzt wird. Denn Teile des Gebäudes wurden herausgenommen, damit im vergrößerten Hof eine Bibliothek errichtet werden konnte. Die abgebauten Konstruktionsglieder sollten als Ergänzungen und Aufstockungen an anderer Stelle des Gebäudes wieder verbaut werden. Wenig Chancen gaben die mit der Aufgabe betrauten Tragwerksplaner von Pichler Ingenieure allerdings einer Wiederverwendung der Betondeckenplatten, die sich nicht mehr zerstörungsfrei demontieren ließen und Rissschadensbilder aufwiesen.

Als Foster & Partners 1996 den Gutachterwettbewerb zur Neuorganisation und Sanierung des Bauwerks gewannen, sah der Bibliotheksentwurf noch anders aus. Zwei parallele Flachtonnen auf Strebeböcken fügten sich fast nahtlos in die orthogonale Struktur des Gebäudes. Doch bei der Überarbeitung 1998 (die »Blob-Architektur« füllte inzwischen die Spalten der Avantgarde-Gazetten) war Lord Norman ein anderes Design eingefallen, das er nun zu verwirklichen trachtete. »Iglu« oder »Wassertropfen« nannte man intern die neue Form, die nun, völlig freigestellt und nur durch zwei Zugänge mit dem Altbau verbunden, im Innenhof stehen sollte. Foster ließ über die Motivation für diese Freistellung nichts verlauten. Die Großform freilich hat Solitärcharakter und fügt sich nicht in die Superstruktur, sondern beansprucht ein architektonisches Eigenleben.

Die im weiteren baukünstlerischen Entwurfsprozess folgenden, verhältnismäßig geringen formalen Variationen der Gebäudehülle hatten freilich jeweils erhebliche statische und konstruktive Auswirkungen. Die anfänglich steilere, kuppelartige Wölbung wurde in der »Architekturwerkstatt« des Senats für zu hoch befunden und von Amts wegen gedrückt, die Tropfenform mit »Delle« im Zenit dann wieder geglättet. Keine Frage auch, dass der Unterschnitt des »Tropfens« am Rand die Statiker nicht gerade in Begeisterung ausbrechen ließ.

Die Grundsatzfrage stellte sich: Sollte das Tragwerk frei spannen oder gestützt sein? Die Tropfenform suggerierte ein gewölbeähnliches

Objekt
Neubau der Philologischen Bibliothek der FU Berlin, integriert in die »Rostlaube«
Standort
Habelschwerdter Allee 45
Berlin-Zehlendorf
Bauzeit
2001 bis 2002
Bauherr
Senatsverwaltung für Stadtentwicklung
Berlin
Ingenieure und Architekten
Tragwerksplaner: Pichler Ingenieure GmbH, Berlin/Potsdam
Architekten: Foster and Partners, London/Berlin
Bauleitung: Ing.-ges. Kappes Scholz, Berlin
Haustechnik: Schmidt Reuter & Partner, Berlin
Prüfingenieur: Dr.-Ing. Wolfgang Stucke, Berlin

1

1. Die Bibliothek als schimmernder »Wassertropfen« in der »Rostlaube«

2.-4. Isometrie der vergrößerten Hofsituation, ehemals Hof 4 und 5, mit der darin implantierten Bibliothek

Tragwerk, doch führten die Randbedingungen zu einer Art Gitterrost. Mit der Abflachung des Querschnitts hatte sich indes die Gebäudekontur so weit von der statischen Idealform entfernt, dass eine die Spannweite mindernde Unterstützung zweckmäßig erschien, zumal eine stützenfreie Konstruktion durch den Zweck des Gebäudes nicht gefordert war. So entschlossen sich die Ingenieure, die Treppentürme der fünfgeschossigen Innenkonstruktion als Kerne zu verwenden. Im mittleren Teil des Gebäudes werden also die Binder unterstützt.

Der erste Entwurf des Tragwerks ging von einem System von Vierendeelträgern ohne Diagonalen aus. Auf diese Weise ergaben sich einfache Knoten und nur wenige unterschiedliche Konstruktionselemente, doch etwa zwanzig Prozent mehr Stahltonnage als erwartet. Die Einfügung von Diagonalen an ausgesuchten Stellen brachte dagegen erhebliche Ein-sparungen mit sich. So entwickelte sich das komplexe Tragwerk im Lauf der Arbeit aus Kostengründen zu konventionelleren Prinzipien zurück. Notwendige statische Differenzierungen innerhalb des Tragwerks werden durch unterschiedliche Wandstärken der im Durchmesser durchweg 152,4 Millimeter starken Stahlrohre realisiert. Die komplexe Geometrie von 2080 Maschen und 2200 Knoten musste für die Herstellung so weit als möglich vereinfacht werden. Im Ergebnis erscheint zwar der Stahlverbrauch verringert, aber nicht minimiert, die Kosten jedoch deutlich abgesenkt. Die reine Lehre wird also zugunsten einer pragmatischen Hybridlösung aufgegeben, die einen austarierten Kompromiss zwischen Arbeits- und Materialkosten darstellt.

Natürlich wurde auch die Montage des Tragwerks nach pragmatischen Überlegungen organisiert. Transportable Teilstücke der Binder, fünf Teile pro Bogen, wurden in der Werkstatt geschweißt. Die Fußteile wurden, einem Ring von Walfischrippen gleich, auf der Bodenplatte befestigt. Es folgte das auf den Treppentürmen lastende Rückgrat aus zwei Rippen, darauf die Vollendung der Binder und schließlich der Einbau der Pfetten und Auskreuzungen, wobei die vor Ort zu fügenden Knoten geschraubt sind.

Eine weiße textile Unterspannung verhüllt das Tragwerk und verhilft dem Kuppelraum zu unwirklich sphärenhafter Wirkung. Nach außen hin ist die in der orthogonalen Kubenschar der »Rostlaube« wie ein Kuckucksei liegende Schwellform mit Aluminiumpaneelen verkleidet, in das einzelne Glasfenster eingesetzt sind. Da die parallelen Binder zueinander affine Formen haben, ergeben sich trapezförmige, aber plane Paneele.

Im Inneren arrangierten die Architekten eine bewegte Terrassenlandschaft mit wellenförmig ausschwingenden Brüstungen. Auf fünf offenen Ebenen werden die Bücher der Philologischen Fakultät in den Regalen der Präsenzbibliothek aufgestellt, an den schwingenden Rändern stehen die Arbeitsplätze »mit integriertem Architekturerlebnis« zur Verfügung. So nutzen die Architekten virtuos die Freiheiten der unkonventionellen Hüllform, die ihnen die Ingenieure mit ihrer ambitionierten Konstruktion zur Verfügung gestellt haben.

Falk Jaeger

1

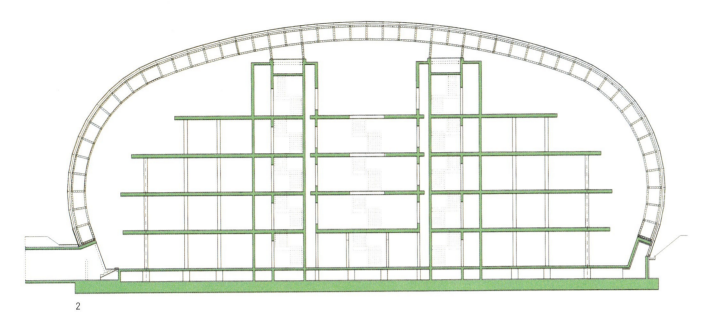

2

1. Aufstandspunkt der Binder auf den Stahlbetonschotten

2. Querschnitt der Bibliothek mit Stützung der »Rückgratbinder« auf den Kernen

3.-4. Isometrien des Stabmodells der gesamten Gebäudehülle und eines Ausschnitts im südlichen Eingangsbereich mit farbiger Kennzeichnung der einzelnen Bauteile: schwarz die »Rückgratbinder«, rot die »Walfischrippen«, hellblau die »Spantenbinder«, grün die »Eingangbinder«, gelb die Portale, grau die Pfetten, dunkelblau die Eingänge

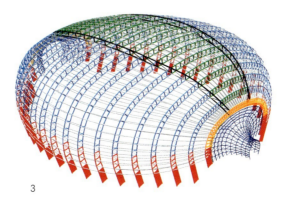

3

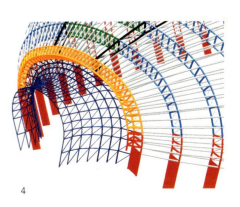

4

Das Elbeentlastungsprogramm

Täglich fließen insgesamt rund 400 Millionen Kubikmeter mehr oder weniger schadstoffhaltigem Flusswassers in die Nordsee. Davon stammen etwa sechzig Millionen Kubikmeter, also immerhin 15 Prozent, aus der Elbe. Alle Nordsee-Anrainerstaaten sind sich heute einig: Die Grenzen der Belastbarkeit der Nordsee sind erreicht. Es muss daher jede wirtschaftlich vertretbare Chance genutzt werden, den Schadstoffeintrag in die Gewässer zu senken. Für den Hamburger Elbeabschnitt liegt diese verantwortungsvolle Aufgabe bei der Hamburger Stadtentwässerung.

Neben diesem übergeordneten Aspekt hat Hamburg aber auch ein vitales Eigeninteresse, seine Gewässer so sauber wie irgend möglich zu halten. Wasser und Grün prägen das Stadtbild, prägen den einzigartigen, unverwechselbaren Charme der Hansestadt. Damit lockt sie Besucher aus aller Welt an. Die Verbindung von Großstadt und Natur wird so auch zu einem bedeutenden Wirtschaftsfaktor mit hohem Freizeitwert.

Belastung der Elbe wird abgebaut

Die Belastung der Elbe durch teilweise sogar unbehandeltes Abwasser aus den Hamburger Stadtteilen Wilhelmsburg und Harburg war noch bis zu Beginn der 1980er Jahre gravierend. Erst der Bau der Sammler Ost/Harburg (1980) und Wilhelmsburg (1981) sowie ihr Anschluss an den Klärwerksverbund Köhlbrandhöft/Dradenau schuf hier nachhaltige Abhilfe. Allein der Sammler Harburg beispielsweise entlastet die Elbe um bis zu 70 000 Kubikmeter Schmutzwasser täglich.

Die Probleme in den Bereichen südlich der Elbe sind also längst gelöst. Der Begriff Elbeentlastungsprogramm beschreibt daher heute Maßnahmen der Hamburger Stadtentwässerung zur Verminderung von Mischwassereinträgen in die Elbe und ihre Nebengewässer aus dem Altonaer Kanalnetz.

Das Altonaer Problem

Dieses rund 350 Kilometer lange Netz entstand größtenteils nach 1910. Die Kanäle in den Stadtteilen Altona-Nord und Altona-Altstadt gehen jedoch teilweise bereits auf das Jahr 1857 zurück. An 52 Stellen bestehen Überläufe. Sie sind zu 16 Auslässen zusammengefasst, die bei extremen, die Kapazität des Netzes überschreitenden Niederschlägen Mischwasser direkt in die Elbe, in einem Fall in die Wedeler Au leiten. Zudem mündete bis 1999 der Ablauf des Klärwerks Stellinger Moor im Bereich Altona in die Elbe.

Aus den Niederschlägen der Jahre 1961 bis 1980 wurden das mittlere Regenabflussvolumen und die darin im Mittel enthaltene CSB-Fracht (Chemischer Sauerstoffbedarf; Maß für die oxidierbaren Inhaltsstoffe des Wassers) errechnet, die jährlich von der befestigten Oberfläche ins Sielnetz fließen. Diese Modellrechnung ergab einen Abfluss von etwas mehr als 3,9 Millionen Kubikmetern, von denen 55,2 Prozent über Überlaufbauwerke und Auslässe die Elbe und ihre Nebengewässer mit 476 000 Kilogramm CSB belasteten. Allein 46,8 Prozent der Überlaufmenge gelangten bei jährlich bis zu siebzig Überlaufereignissen an nur drei Einleitstellen in die Elbe.

Neues Leben im und am Fluss: Das Programm

Zur Minimierung dieser Belastungen entwickelte die Hamburger Stadtentwässerung ein Programm, das 1994 die Zustimmung des Hamburger Senats fand. Es sieht fünfzehn aufeinander abgestimmte bauliche Maßnahmen vor. Für die Umsetzung aller Einzelprojekte wurde ein Zeitrahmen von zehn bis fünfzehn Jahren gesteckt. Die Kosten: 250 Mio. DM.

Insbesondere soll das Programm die aus Mischwasserüberläufen in die Elbe fließende CSB-Fracht auf dreißig Prozent der aus dem Oberflächenabfluss von Altona resultierenden Gesamtfracht verringern. Höchste Priorität hat auch die Verringerung der hygienischen Belastung vor allem des Nordufers der Elbe. Diesen Uferstreifen nutzen die Hamburger besonders gerne zur Erholung.

Acht Kilometer
Leitung ersetzen ein Klärwerk

Der erste Schritt zur Umsetzung dieses Programms war die Entscheidung, das Klärwerk Stellinger Moor zu schließen, da es die zwischenzeitlich drastisch verschärften gesetzlichen Reinigungsvorgaben nicht mehr erfüllen konnte. Sein Einzugsgebiet umfasste rund 5500 Hektar mit einem täglichen Schmutzwasseranfall von etwa 40 000 Kubikmetern bei Trockenwetter. Das entspricht etwa zehn Prozent der in Hamburg anfallenden Menge.

Dieses Abwasser sollte zukünftig dem Klärwerksverbund Köhlbrandhöft/Dradenau mit seiner deutlich höheren Reinigungsleistung

Objekt
Maßnahmen zur Entlastung der Elbe von Mischwasserüberläufen aus der Kanalisation
Standort
Hamburg, Bezirk Altona
Bauzeit
1993 bis voraussichtlich 2005
Bauherr
Hamburger Stadtentwässerung
Ingenieure und Architekten
Entwurf und Baubetreuung: Hamburger Stadtentwässerung, Hauptabteilung Sonderbauten
Objektplanung Transportsiel: Dr.Ing. W. Binnewies beratende Ingenieure VBI, Hamburg
Freiraumplanung: Rüppel + Rüppel Landschafts- und Gartenarchitektur, Hamburg
Umbau Hochwasserschutzwand: iwb Ingenieurgesellschaft mbH, Hamburg
Bodengutachten: IGB Ingenieurgesellschaft mbH, Hamburg
Bauentwurf Transportsiel: Ingenieurbüro Neumann und Partner, Hamburg; Körting Ingenieure GmbH, Hamburg; Ingenieurbüro B & O, Büchner & Opfermann, Hamburg; Ingenieurbüro BPI, Hannover

Blick von unten in den Schacht des Elbedükers West mit dem Treppenturm

zugeleitet werden. Voraussetzung hierfür wiederum war der Neubau eines acht Kilometer langen Transportsiels als Verbindungsleitung vom Stellinger Moor zum Klärwerksverbund. Transportsiele sind »Schnellstraßen für Abwasser«. Sie verlaufen unterhalb des normalen Netzes und transportieren das Abwasser auf direktem Weg zum Klärwerk. Sie haben keine Überläufe in Gewässer, von ihnen gehen also keine Gewässerbelastungen aus.

Der Bau der neuen Leitung, genannt »Transportsiel Altona«, wurde 1995 in Angriff genommen. Sie war 1999 soweit fertig gestellt, dass im selben Jahr auch das Klärwerk Stellinger Moor mit seinem Ablauf in die Elbe aus dem Netz genommen werden konnte – ein halbes Jahr früher als geplant. Der entscheidende Schritt zur hygienischen Entlastung des Nordufers der Elbe war damit getan. Der Freizeitwert des nördlichen Elbufers hat sich deutlich erhöht. Baden in der Elbe ist unter hygienischen Gesichtspunkten kein Problem mehr.

Das Transportsiel Altona kostete rund 150 Mio. DM und entstand in vier Bauabschnitten, vorwiegend im unterirdischen Vortrieb.

Der Elbedüker West

Dieser erste Bauabschnitt ist 485 Meter lang und verbindet das neue Transportsiel unter der Elbe hindurch mit dem Klärwerk Köhlbrandhöft. Er ist zudem mit dem in unmittelbarer Nachbarschaft verlaufenden älteren Elbedüker Ost verbunden. So gibt es nun zwei voneinander unabhängige Zuläufe, die einzeln oder im Verbund betrieben werden können. Dies verdoppelt die Betriebssicherheit.

Die Leitungshydraulik des gesamten Transportsieles Altona im Verbund mit dem Düker Ost erfordert bei maximalem Durchfluss (4 m^3/s bei Starkregen) für den Düker West ein Kreisprofil von 1,40 Meter Durchmesser. Die Leitung liegt zum Teil im Geschiebemergel. Für den Vortrieb bedeutete dies, dass streckenweise Steinhindernisse zu erwarten waren.

Die Erfahrungen beim Bau des Dükers Ost hatten gezeigt, dass eine Bergung von Hindernissen an der Ortsbrust ausreichende Platzverhältnisse voraussetzt. Für den Rohrvortrieb wurde deshalb ein Durchmesser von 1,80 Meter gewählt. Der große Querschnitt hat zudem den Vorteil, dass er im Revisionsfall begehbar ist. Er wurde daher im Endausbau auch nicht durch einen Inliner auf die eigentlich erforderlichen 1,40 Meter verkleinert, sondern durch ein gesteuertes Druckluftpolster von maximal drei Bar derart eingeengt, dass auch kleinere Durchflüsse den Düker ablagerungsfrei passieren können.

Das Druckluftpolster wird durch den Wasserstand vor der Steigleitung auf Köhlbrandhöft gesteuert. Bei Unterschreitung eines bestimmten Niveaus wird der Luftdruck schnell entspannt. So kann keine Druckluft durch die Schürzen hindurch in die Steigleitung austreten. Steigt der Wasserstand über eine einstellbare Marke an, wird die Leitung mit Druckluft beaufschlagt. Dies senkt den Wasserstand und beschleunigt den Durchfluss.

Dicke Brocken und Elbwasser

An den Düker schließt der rund 1830 Meter lange zweite Bauabschnitt an. Er besteht im Wesentlichen aus einer 1144 Meter langen Druckleitung mit 1,20 Meter Durchmesser. Die restlichen Meter entfallen auf die Verbindungsleitung zwischen den beiden Dükern. Hier beträgt der Rohrdurchmesser einen Meter.

Am Tiefpunkt der Druckleitung wurden die Einflüsse der Elbetide sofort sichtbar. Bei einer Tiefe der Baugrube von etwa sieben Metern unter Gelände bzw. vier Metern unter dem mittleren Tidehochwasser war der Eindrang von Elbwasser extrem stark. Alle herkömmlichen Wasserhaltungsmaßnahmen versagten, ebenso der Versuch, Hohlräume im Baugrund mittels Injektion von Polyurethan-Schaum abzudichten. Es blieb schließlich nur eine Anhebung der Rohrgradiente um 2,40 Meter.

Aber der Baugrund barg noch weitere Überraschungen. Die Bauarbeiter stießen auf viele Zeugen hamburgischer Geschichte: alte Kaimauern, Uferbefestigungen und abgängige Ver- und Entsorgungsleitungen. Zusätzlich waren umfangreiche Maßnahmen zur Lenkung des Verkehrs erforderlich. Denn es galt, den Verkehr zum und vom Fährterminal der Englandfähre sowie den Lieferverkehr der dort ansässigen Fisch verarbeitenden Betriebe aufrecht zu erhalten. So schlug dieser Abschnitt mit Baukosten von rund 6500 DM pro laufendem Meter besonders stark zu Buche.

Durch den Elbhang

Mit 2730 Metern war der dritte Bauabschnitt der längste. Er beginnt mit einer ca. 300 Meter langen Druckleitung im Elbhang, deren Durchmesser 1,20 Meter beträgt. Daran schließt eine ca. 2430 Meter lange Freispiegelleitung mit einem Durchmesser von 1,80 Metern an.

Hier verläuft die Trasse des Transportsiels durch Stadtquartiere mit besonders schüt-

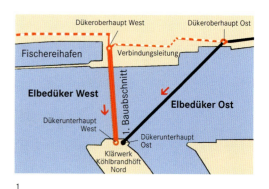

1

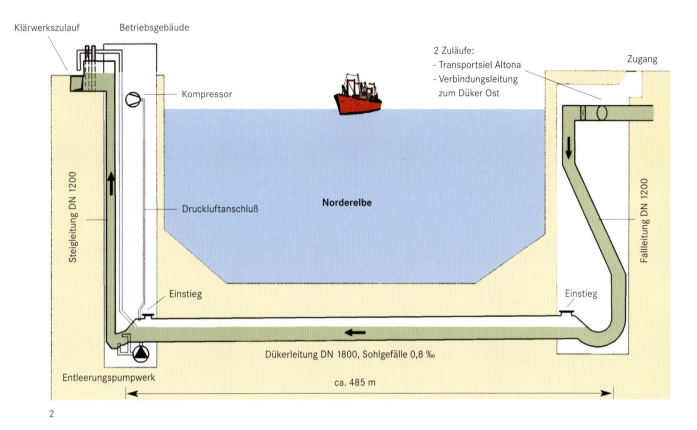

2

1. Die Elbedüker West und Ost lassen sich getrennt, aber auch im Verbund betreiben.

2. Schematischer Längsschnitt durch den Elbedüker West

3. Noch wächst der Schacht des Düker-Oberhauptes in die Höhe. Bald wird er abgesenkt und verschwindet in der Erde.

4. Der Klärwerksverbund Köhlbrandhöft/Dradenau, Endpunkt des Transportsiels Altona. Im Bild: Zwei von insgesamt zehn Faultürmen

3

4

zenswertem Baumbestand sowie durch die Parkanlagen des Elbhanges. Daher wurde parallel zum Bauentwurf eine landschaftspflegerische Begleitplanung aufgestellt.

Besondere Probleme in diesem Bauabschnitt bereitete das Durchfahren einer etwa hundert Meter langen Strecke aus Lauenburger Ton. Der eiszeitlich unter starkem Druck konsolidierte Boden wies nach dem Anschneiden ein sehr starkes Quellvermögen auf. Dies übte sehr hohen Druck mit entsprechend großer Mantelreibung auf die Tunnelmaschine aus. So waren extrem hohe Presskräfte nötig, um diese Strecke zu überwinden und ein Festfahren des Vortriebs zu verhindern.

Alte Leitung mit neuer Aufgabe

Der vierte Bauschnitt macht im Wesentlichen Teile der Ablaufleitung des ehemaligen Klärwerks Stellinger Moor als Anfangsstrecke des Transportsiels Altona nutzbar. Die Anpassung an die neue Nutzung erfolgt vor allem durch das Einziehen von Inlinern. Nicht mehr benötigte Abschnitte werden verdämmert.

Der nördliche Zulauf des ehemaligen Klärwerks wurde über eine Leitung mit achtzig Zentimeter Durchmesser an das Transportsiel Altona angeschlossen. Zur Anbindung auch des westlichen Zulaufs entstand das neue Pumpwerk Lederstraße. Es erlaubt eine Fördermenge von 190 l/s, verfügt über eine Pumpenreserve von 100 Prozent und kann auf Grund der gewählten Technik diverse Lastfälle abdecken, die auf unterschiedliche Abwassermengen und zu überwindende geodätische Höhen zurückgehen.

Auch an anderer Stelle, in Nähe des Elbeufers, erhält die Ablaufleitung des ehemaligen Klärwerks Stellinger Moor eine neue Aufgabe. Es ist der wesentlichste Überlaufschwerpunkt. Das heißt, hier läuft bei starkem Regen besonders häufig und besonders viel ungereinigtes Mischwasser aus der Kanalisation in die Elbe über. Um diesen Schmutzeintrag auf ein vertretbares Mindestmaß zu reduzieren, wird die Ablaufleitung nun in ihrem Mittelstück auf 3000 Meter Länge zu einem Speichersiel umgebaut. So entstehen 12 300 Kubikmeter zusätzliches Speichervolumen. Für die Elbe bedeutet dies eine Mischwasserentlastung von im Jahresmittel 465 000 Kubikmetern. Der Umbau der Ablaufleitung macht den Bau neuer Rückhaltebecken an dieser Stelle überflüssig und spart so Kosten zwischen 30 und 35 Mio. DM.

Höhere Förderleistung, neuer Speicherraum, besserer Abfluss

Besonders gravierend ist die Gewässerbelastung auch im Bereich des Jenischparks, eines äußerst beliebten Hamburger Naherholungsgebiets an der Elbchaussee. Von hier geht die zweitstärkste Belastung der Elbe durch Mischwasser aus der Kanalisation aus. Aber auch die mitten durch den Jenischpark fließende idyllische Flottbek muss bei starkem Regen immer wieder Mischwasser aufnehmen, das das Kanalnetz nicht schnell genug abtransportieren kann.

Hier schafft die Hamburger Stadtentwässerung Abhilfe: zum einen durch das neue Pumpwerk Hochrad. Es hat mit 600 l/s die doppelte Leistung des bestehenden Pumpwerks. Zum anderen entsteht im östlichen Randbereich des Jenischparks ein neues Speichersiel. Es ist 745 Meter lang und hat ein Kreisprofil von 3,50 Meter Durchmesser. Das Speichervolumen beträgt 7200 Kubikmeter. Die Fertigstellung von Pumpwerk und Speichersiel entlastet nicht nur die Elbe spürbar. Die Flottbek wird dann ganz frei sein von Mischwasserüberläufen.

Besonders aufwändig ist die Entschärfung des dritten Überlaufschwerpunktes. Er befindet sich ebenfalls in der Nähe des Jenischparks. Diese Situation wird durch ein neues leistungsfähiges Siel entschärft werden, das an das bereits erwähnte neue Pumpwerk Hochrad angeschlossen wird und zudem 4000 Kubikmeter zusätzlichen Stauraum schafft.

Der Patient Elbe gesundet

Im Endausbau wird sich die Abwasserbelastung der Elbe aus den Überläufen des Altonaer Mischwasserkanalnetzes auf ein vertretbares Mindestmaß verringern. Überlaufmenge, -häufigkeit und -dauer sinken dann ebenso deutlich wie die Schmutzkonzentration im restlichen noch überlaufenden Mischwasser.

Das Überlaufvolumen wird um rund 64 Prozent auf 790 000 Kubikmeter zurückgehen, die hieraus resultierende CSB-Belastung um rund 78 Prozent auf 106 Tonnen jährlich reduziert. Die Maßnahmen der Hamburger Stadtentwässerung haben einen großen Anteil daran, dass das Baden in der Elbe im Raum Hamburg nicht mehr als Tabu gilt und die Gastronomie der Hansestadt zunehmend wieder Elbfische auf die Speisekarte setzt.
Gerd Eich

1

2

1. Das Pumpwerk Lederstraße ist mit zwei Pumpen ausgerüstet, die zusammen eine Leistung von 190 Litern/Sekunde erbringen.

2. Blick von oben in den Schacht des Elbedükers West mit dem Treppenturm

3. Der Dükerschacht des Unterhauptes nimmt Gestalt an.

3

Lichtplanung Fünf Höfe, München

Woher kommt das Licht, das uns Menschen sehen lässt? Es strahlt von der Sonne, findet den Weg durch die Steckdose, wird vom Glühwürmchen verschenkt – jedem sehenden Menschen fällt eine schlüssige, mehr oder weniger originelle Erklärung ein. Fantasie als Antrieb zur Welt- und damit auch Lichterklärung zeigt sich bereits in der von Platon bis Grosseteste verbreiteten Überzeugung, das Licht wohne im Auge – und komme stufenweise aus der Nahrung dorthin. Die Transformation beginne in der Leber, wo sich die Nahrung zu natürlicher Kraft wandele; dann forme sie sich im Herzen zu einer geistigen Kraft, die schließlich im Gehirn zu »luminösen Winden geläutert« werde, welche die Sinnesorgane beseelen und den inneren Strahl des Auges lieferten. Ein kluger Kopf steuere also sozusagen die Taschenlampe im Auge.

Elektrotechniker und Architekt

Anekdotischen oder schmonzettenhaften Charakter besitzt diese Geschichte keineswegs, auch wenn sie heute zumindest in ihrer Anschaulichkeit widerlegt ist. Thematisiert ist damit allerdings, was heute die Lichtplaner leisten: Sie steuern die Vorgänge, mit denen Architektur und Ereignisse, Räume und Gegenstände und Abläufe ins rechte, weil gewünschte Licht gesetzt werden. Während aber etwa Architekten und Tragwerksplaner auf eine gemeinsame Vergangenheit in der Zunft der »Baumeister« blicken, stammen die professionellen Lichtplaner aus einem »neuen« Metier: der Elektrotechnik. Die hierzulande praktizierenden Lichttechniker sind fast ausschließlich Vertreter dieser Sparte der Ingenieurwissenschaft – und eine Zusammenarbeit von Lichtplanern und Architekten ist nicht annähernd so selbstverständlich wie die zwischen Architekt und Tragwerksplaner oder Bauphysiker. Das Verständnis für das Wissen und das Anliegen des jeweils anderen ist zu selten der Rede wert. Beide arbeiten auf visuellem Feld und scheinen sich das extrem optisch-geometrische, in hohem Maße atmosphärische Thema des Sehens nicht nehmen lassen zu wollen. Doch sind die Parameter der Lichtplanung inzwischen weit über die optischen Größen hinaus so komplex geworden, dass Architekten dieses Feld nicht mehr überschauen können und auf die Zusammenarbeit mit den Lichtplanern angewiesen sind. Und andererseits dürfen Lichtplaner nicht verkennen, dass die Entwurfsabsicht eines Architekten aus einer gestalterischen Freiheit heraus geboren wird: Mit dieser Freiheit können und dürfen klischeehafte Vorstellungen zu vermeintlich vorteilhaftem Licht hinterfragt und neu definiert werden.

Nur vereinzelte Idealisten versuchen, Lichttechnik als Thema der Architektenausbildung in die Studienpläne zu integrieren: in Hildesheim und Dortmund, Darmstadt oder Wismar, wo seit 2001 ein Masterstudiengang »Architectural Lighting Design« für ausgebildete Architekten oder Elektrotechniker angeboten wird; auch in Coburg ist ein frühes Zusammenwirken von Architekten und Lichtplanern vorgesehen. Es geht darum, dass einer den anderen begreifen möge und – das sei klar gesagt – einer vom anderen profitiere. Nachdenklich muss stimmen, dass beispielsweise in Wismar auf Ausbildungsmodelle aus Finnland und von der European Lighting Designers' Association Bezug genommen wird. In Deutschland wird derzeit Neuland betreten: Nicht die Nachhut fehlt; die Pioniere einer Lichtplanung müssen ausgebildet werden, die nur als selbstverständlicher, integraler Bestandteil von Architektur begriffen werden kann.

Die Münchner Aufgabe

Mitte der Fünfzigerjahre engagierte Mies van der Rohe den Bühnenbeleuchter Richard Kelly für das Seagram Building. Kelly – eine Art Superstar in der damaligen Lichtszene – unterschied Licht zum Sehen, zum Hinsehen und zum Ansehen. Bühnenbeleuchter, die die amerikanische Lichtplanung prägen, verstecken die Lichtquellen und planen das Licht; es sind keine Leuchtendesigner, als die die meisten deutschen Lichtplaner ausgebildet werden.

Kellys Lichtthemen findet man auch in den »Fünf Höfen« in München wieder. Allerdings entwarfen Herzog & de Meuron ihre Räume und Lichtszenarien anfangs ohne einen Lichtplaner. Erst in fortgeschrittenem Planungsstadium wurden Lichtexperten hinzugezogen. Peter Andres aus Hamburg – 1994 für seine Zusammenarbeit mit gmp beim Hamburger Flughafen mit dem Balthasar-Neumann-Preis ausgezeichnet – erwies sich als kompetentes Gegenüber. Im Rückblick sind sich Architekten und Lichtplaner einig, dass ein wesentliches Thema der Zusammenarbeit die Kommunikation ist, die mit Simulation kaum erreicht wird: Passagen, Kunsthallenfoyer und Ausstellungs-

Objekt
Innenstadtprojekt Fünf Höfe
Standort
München
Bauzeit
Abbruchbeginn: Frühjahr 1999
Baubeginn: Sommer 1999
Fertigstellung des 1. Bauabschnitts: Februar 2001
Bauherren
Fünf Höfe GmbH & Co. KG, München, vertreten durch: Zentralbereich Bauten und Betrieb der Hypo Vereinsbank (HVB), München
Ingenieure und Architekten
Lichttechnik: Peter Andres, Hamburg
Projektsteuerung: ALBA BauProjektManagement, Grünwald
Objektplanung BT 1, 2, 4: Herzog & de Meuron GmbH, Basel
Objektplanung BT 3, 5: Hilmer & Sattler, München
Objektplanung BT 6: Obermeyer Planen und Beraten, München
Planung Freianlagen: Landschaftsarchitektin S. Burger, München

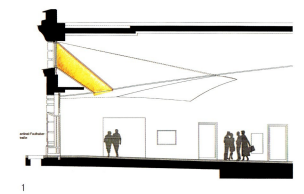

1

3

2

1. Schnitt durch die Prannerpassage. In den zwei »Schnorcheln« sitzen Leuchten mit farbigen Leuchtstofflampen. Programmgesteuerte Dimmungszustände der einzelnen Lampen erzeugen einen kontinuierlichen Farbwechsel des Lichts.

2. Die Eingangssituation der Prannerpassage in der Kardinal-Faulhaber-Straße

3. Der Eingangsbereich der Prannerpassage von innen. Das Lichtspiel der metallenen Außenfassaden wird hier mit runden, in den Putz eingelassenen Glassteinen fortgeführt. In den »Schnorcheln« mischt sich Tages- mit Kunstlicht.

räume fügen sich zu einer atmosphärisch hoch komplexen Raumfolge, die eine sehr präzise Lichtregie geradezu herausfordert. Festlich, kühl, angenehm, intim, gedämpft – unter den Beschreibung von Lichtstimmungen stellt sich jeder etwas anderes vor.

Passagen und Höfe
Doch eins nach dem andern: In der Passage zwischen Theatiner- und Kardinal-Faulhaber-Straße werden bereits mehrere unterschiedliche Lichtsituationen aufgeboten. Die Architekten wünschten sich Licht nur auf dem Boden, nicht an den Wänden. Dem entsprach Andres mit Downlights, die tief in der Passagendecke sitzen, um Passanten nicht zu blenden; im Eingangsbereich konnten die Downlights auch in die Decke aus bedrucktem Glas integriert werden. Am Ende zur Kardinal-Faulhaber-Straße kommt Farbe ins Spiel: Durch zwei Lichtkanäle – am Durchgang und im Obergeschoss als »Schnorchel« – fällt Tageslicht, dem programmgesteuert wechselndes farbiges Kunstlicht hinzugemischt wird, in die Passage: ein sehr reizvoller Versuch, die Augen nicht nur nach vorn, zum Boden oder in die Schaufenster zu lenken, sondern an unvermuteter Stelle Geheimnisvolles von »außen« leuchten zu lassen. Auch wenn Kunstlicht notwendig wird, spielt sich im »Schnorchel« ein dezenter Farbwechsel ab.

Auf halbem Wege zwischen Theatiner- und Kardinal-Faulhaber-Straße öffnet sich ein kleiner Seitenhof unter freiem Himmel; auf der anderen Seite folgt der Blick dem Licht in eine überdachte Zone, in der eine Pflanzenkaskade in den Hof hinunter wächst. Fluter und Pendelleuchten sollen dafür sorgen, dass aus den noch recht kleinen Pflanzen eines Tages »hängende Gärten« werden.

Licht für Kunst und Kunstfreunde
Eine völlig andere Lichtatmosphäre verlangte die Hypo-Kunsthalle. An der Theatinerstraße kommt man zwar ebenerdig hinein; Foyer-, Café- und die Ausstellungsbereiche liegen allerdings im Obergeschoss. Herzog & de Meuron, die haustechnische Funktionen gern mit Lichtkörpern möglichst unscheinbar kombinieren – wie in der Sammlung Grothe in Duisburg oder in der Tate Modern –, bestanden auch in München auf dieser Reduktion der sichtbaren Technik. In den Ausstellungssälen gelang dies mit den bewährten »Lightboxes«, die zum Teil mit natürlichem Tageslicht gemischt werden können, zum Teil nur Kunstlicht in den Raum und auf die Kunst werfen. Je nach Länge sind die Lightboxes mit 22 bis 46 Lichtleisten (58 W/ 22 - 950 UVS) bestückt, die durch fugenlose Diffusionsfolien aus PVC mit sehr guter Farbwiedergabe und neutralweiß in die Säle leuchten. Die Folie ist in ein umlaufendes, außen nicht sichtbares Profil gespannt und bringt eine Lichtfarbverschiebung von etwa 200 Kelvin mit sich. Nur durch Experimente am 1:1-Modell konnten die übrigen Funktionen wie Bewegungsmelder, Lüftung usw. in die Lightboxes der Ausstellungssäle optimal integriert werden. Die eigentliche Lichtwirkung perfektionierte Andres mit einem 1:20-Modell.

In allen anderen Zonen weisen Neonlichtlinien den Weg. Wenn die Architekten ein Foyer als Vorfeld eines Kunstgenusses in kaltes, läuterndes Licht setzen möchten, der Lichtplaner jedoch weiß, dass Champagner dort wie Selterswasser aussieht, wird die Zusammenarbeit auf eine harte Probe gestellt. Man einigte sich auf deckenbündige, warm leuchtende Lichtbänder aus Neonleuchten (58 W/827 TL), die vor den Ausstellungsräumen den Weg weisen. Genauer gesagt sind es Slim-Line-Röhren, bei denen keine sichtbaren Fassungen oder Dunkelzonen der Kathoden die Lichtlinie stören. Die Leuchten sind dimmbar, je nach Außenhelligkeit kann die Intensität von sechzig auf hundert Prozent gesteigert werden. Im Café der Kunsthalle arbeiteten Herzog & de Meuron ohne das Büro Andres. Die von den Architekten selbst entworfenen, tropfenförmigen Pendelleuchten aus weißem Latex sehen wie zerlaufene Marshmallows aus und beleuchten die Gastronomie kunstvoll in hipper Blob-Ästhetik.

Die sehr unterschiedlichen Lichtsituationen in den Passagen und Höfen unterscheiden dieses Münchner Ensemble deutlich und wohltuend von jenen Passagen, die beispielsweise in Düsseldorf oder Hamburg ein vom Stadtraum abgesondertes, neureiches, glitzernd schickes Ambiente bescheren. In München ist nicht in erster Linie die Warenwelt inszeniert worden, sondern eine geschützte, zur Stadt gehörende Raumfolge mit starken Außenbezügen. Hätte sie mit einer auffälligeren Lichtführung noch dramatischer ausfallen dürfen? In den Gesprächen mit Lichtplanern und Architekten wurde klar, dass unterschiedliche Welten aufeinandergetroffen sind. Und beide neue Projekte mit der Ahnung angehen, das Spiel von Hell und Dunkel, Blendung und Finsternis, Farbe und gleißender Weiße noch zu ganz anderen Ergebnissen treiben zu können.
Ursula Baus

1

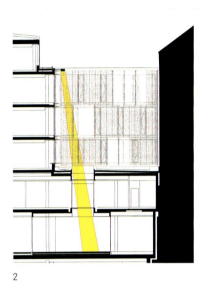

2

3

1. Hypo-Kunsthalle: Mittels Modellen konnten die Computerberechnungen messtechnisch und visuell überprüft werden. Links im Bild die Messzelle des Luxmeters

2. Perusahof: Speziell entwickelte Strahler mit ellipsenförmigen Lichtkegeln bringen bei fehlendem Tageslicht zusätzliche Beleuchtung in die Passage. Reflexionen in den Fassaden der Deckenöffnung werden vermieden. Nicht realisiert.

3. Perusahof: Blick in die Passage. Der deckenbündige Einbau und eine spezielle Bedruckung der Glasabdeckungen der Downlights erzeugen den von den Architekten gewünschten Eindruck einer homogenen Glasdecke.

4. Die Lichtdecke mit den »Lightboxes« in der Hypo-Kunsthalle wurde so ausgebildet, dass keine Träger oder Rahmen die Deckengestaltung beeinträchtigen.

5. Querschnitt »Lightbox«: Die gewünschte diffuse Lichtwirkung wird durch optisch hochstreuende Kunststofffolien erzeugt.

4

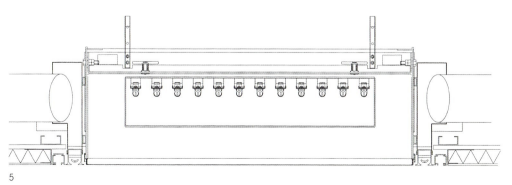

5

Wasserüberleitung Donau-Main

Bayern wird von einer bedeutenden geographischen Trennlinie durchschnitten, der europäischen Hauptwasserscheide. Südlich davon fließt alles Wasser zur Donau und ins Schwarze Meer, nördlich davon über Main und Rhein in den Atlantik. Doch mittlerweile gilt das nicht mehr uneingeschränkt. Jährlich werden im Mittel 150 Mio. Kubikmeter Wasser von Donau und Altmühl in Zuflüsse des Mains umgeleitet.

Die Triebkraft für das Projekt waren die beiden Grundprobleme der Wasserwirtschaft: Wassermangel und Hochwasser. Aufs Ganze gesehen ist Bayern ein wasserreiches Land, doch der Reichtum ist ungleichmäßig verteilt. Der Donauraum hat reichlich Wasser, im Einzugsgebiet des Main ist es dagegen eher knapp. Dies ist hauptsächlich durch die Niederschläge bedingt. Im Alpenvorland fallen im Mittel jährlich tausend Millimeter, im Norden Bayerns sind es dagegen lediglich 770 Millimeter. Hinzu kommt, dass die oberbayerische Schotterebene ein guter Wasserspeicher ist, während in Franken der Untergrund Wasser nur schlecht zurückhält. Und schließlich ist das Einzugsgebiet des Mains mit 163 Einwohnern pro Quadratkilometer (E/km²) um einiges dichter besiedelt als der Donauraum mit 107 E/km². Im Endeffekt führt das dazu, dass – von Natur aus – jedem Bayern nördlich der Wasserscheide in Trockenzeiten pro Tag nur 1,3 Kubikmeter Wasser zur Verfügung stehen, eine Menge, die nach international üblichen Richtwerten absoluten Wassermangel anzeigt. Die Landsleute im Süden können dagegen auf eine Mindestwassermenge von 3,8 Kubikmeter zurückgreifen.

Besonders im Nürnberger Raum kam es in trockenen Sommern zu Versorgungsengpässen und nicht mehr tolerierbaren Verschlechterungen der Gewässergüte. Wasser wurde zu einem limitierenden Faktor der wirtschaftlichen Entwicklung. Deshalb wurden schon vor Jahrzehnten Überlegungen angestellt, die Situation durch einen überregionalen Wasserausgleich zu verbessern.

Von der Idee zur Verwirklichung

Mit dem zunächst nur als Verkehrsweg konzipierten Main-Donau-Kanal bot sich eine ideale Lösung an. Der Betreiber des Kanals, die Rhein-Main-Donau AG, konnte für den Plan gewonnen werden, doch er versah seine Zustimmung mit einer empfindlichen Einschränkung. Bei einer Wasserführung der Donau unter 140 m³/s wurde eine Entnahme ausgeschlossen. Damit war aber gerade in den kritischen Sommermonaten die Wasserzufuhr nicht gesichert. Deshalb musste eine zweite Quelle erschlossen werden. Die Lösung ergab sich schließlich über die Behebung eines weiteren wasserwirtschaftlichen Problems.

Die Altmühl hat oberhalb von Treuchtlingen nur ein Gefälle von 15 Zentimeter auf einem Kilometer und kann damit starke Regenfälle nur unzureichend abführen. Deshalb kam es im breiten Talboden seit Menschengedenken ständig zu Überschwemmungen. Als Abhilfe wurden seit Beginn des zwanzigsten Jahrhunderts Begradigungen und Vergrößerungen des Flussquerschnitts vorgenommen, doch diese Maßnahmen bewirkten wenig. Später kam der Gedanke an ein großes Rückhaltebecken ins Spiel, da aber Aufwand und Nutzen in keinem rechten Verhältnis standen, verschwanden die Pläne wieder in den Schubladen. Doch durch die Verknüpfung von Hochwasserschutz und Wasserausgleich zeichneten sich schließlich Realisierungschancen ab. Womöglich wäre das Projekt aber trotzdem nie zustande gekommen, wenn es nicht in dem ortsansässigen Landtagsabgeordneten Ernst Lechner einen energischen Fürsprecher auf der politischen Bühne gefunden hätte. Auf sein Betreiben hin fasste der Bayerische Landtag am 16. Juli 1970 den historischen Beschluss, in dem die Staatsregierung ersucht wurde, »1. die zur Überleitung von Altmühl- und Donauwasser in das Regnitz-Main-Gebiet erforderlichen Bauwerke zu errichten, 2. die für den baldigen Bau des Überleitungssystem erforderlichen finanziellen, organisatorischen und technischen Voraussetzungen zu schaffen.«

Mit diesen dürren Worten und einem Druckfehler (Bau des Überleitungssytem!) wurde ein Jahrhundertwerk auf den Weg gebracht. In den folgenden drei Jahrzehnten entstanden drei Stauseen, die einschließlich ihrer Vorsperren eine Fläche von 18,7 Quadratkilometern einnehmen und insgesamt 315 Mio. Kubikmeter Wasser fassen. Das ist gut die Hälfte des Volumens aller 23 bayerischen Stauseen mit 600 Mio. Kubimetern. Die Kosten des Projektes summierten sich auf 880 Mio. DM.

Die Planung und Bauabwicklung technischer Großprojekte wird oft Ingenieurbüros übertragen, doch in diesem Fall blieb die Bauleitung bei der staatlichen Wasserwirtschaftsverwaltung. Sie war bestens mit

Objekt
Überleitung von Altmühl- und Donauwasser in das Regnitz-Main-Gebiet
Standort
Bayern/Regierungsbezirk Mittelfranken
Bauzeit
1973 bis 2000
Bauherr
Freistaat Bayern, vertreten durch das Talsperren-Neubauamt Nürnberg
Ingenieure
Vor- und Ausführungsplanung, Bau- und Bauoberleitung: Talsperren-Neubauamt Nürnberg (seit 2001 eingegliedert in das Wasserwirtschaftsamt Ansbach)
Wasserbauliche Versuche: Versuchsanstalt für Wasserbau und Wasserwirtschaft der TU München
Standsicherheitsberechnung Gr. Brombachsee-Damm, verschiedene Prüfaufträge und Statikberechnungen: Landesgewerbeanstalt Bayern – Fachbereich Grundbau
Prüfung Standsicherheitsnachweise: TU München – Institut für Grundbau, Bodenmechanik und Felsmechanik, Prof. Floss
Statik für Betonbauw. des Kontrollgangs, Betriebs- und Grundablass: Ingenieurbüro Rothe + Partner, Nürnberg
Grundwassermodell Gr. Brombachsee: Fa. Lahmeyer Int., Frankfurt/Main

1. Schematische Karte der Überleitung Donau-Main

2. Das Kanalnetz im Einzugsgebiet des Brombachsees hält Abwässer von den Seen fern.

3. Der Große Brombachsee ist der größte See der Überleitung Donau-Main. In der oberen linken Bildecke sind links der Kleine Brombachsee und rechts der Igelsbachsee zu erkennen.

den hydrologischen Verhältnissen vertraut und besaß zudem Erfahrungen in der Planung, dem Bau und Betrieb von Talsperren. Für das Überleitungsprojekt wurde eine eigene Behörde geschaffen, das Talsperren-Neubauamt (TNA) Nürnberg.

Der Wassertransfer

Das Rückgrat der Wasserüberleitung bildet der Main-Donau-Kanal. Pumpwerke an den fünf südlichen Schleusen heben das Wasser um 68 Meter bis zum Rothsee am Scheitelpunkt, von wo es nach Bedarf über das Flüsschen Roth abgegeben wird. Wenn die Altmühl bei Dietfurt, wo Kanal und Fluss zusammentreffen, genügend Wasser führt, wird es schon dort nach oben gepumpt. Damit sinkt die Förderhöhe auf 51 Meter. Insgesamt gelangen auf diese Weise jährlich 125 Mio. Kubikmeter Donau- bzw. Altmühlwasser in den Mainzufluss Regnitz. Den Rest von 25 Mio. Kubikmetern, der, wie gesagt, gerade in Trockenphasen dringend benötigt wird, steuert die obere Altmühl bei. Dazu wurde bei Gunzenhausen der Altmühlsee angelegt. Mit einem Fassungsvermögen von 13,8 Mio. Kubikmetern ist er aber nur ein erstes Auffangbecken – mehr Kapazität hätte in der flachen Talaue zuviel Land verschlungen – hauptsächlich erfolgt die Wasserspeicherung jenseits der Wasserscheide im Großen Brombachsee. Da er in einem deutlich eingeschnittenen Tal liegt, hat er bei nur doppelt so großer Wasserfläche wie der Altmühlsee (8,7 gegen 4,5 Quadratkilometer) die zehnfache Speicherkapazität (136,6 Mio. Kubikmeter). Günstig für die Anlage eines Stausees im Brombachtal war auch die geringe Besiedlung. Lediglich zehn Familien in von alters her bestehenden Mühlen mussten dem Wasser weichen.

Brombach- und Altmühlsee sind durch einen 8,7 Kilometer langen Kanal verbunden, über den maximal 70 m^3/s abfließen können. Da zum Durchstoßen der Wasserscheide ein bis zu dreißig Meter tiefer Einschnitt erforderlich gewesen wäre, entschieden sich die Ingenieure, den mittleren 2,7 Kilometer langen Teil des Überleiters als Stollen zu bauen.

Ein komplexes Bauwerk

Für den Aufstau des Großen Brombachsees wurde das Brombachtal mit einem 1,7 Kilometer langen und 36 Meter hohen Erddamm abgesperrt. Im Vergleich zu kühn geschwungenen Betonstaumauern sehen Erddämme simpel aus, doch in Wahrheit handelt es sich bei ihnen, wie Theodor Strobl, der Leiter des Instituts für Wasserbau an der Technischen Universität München verdeutlicht, um sehr komplexe Bauwerke. Strobl arbeitete fünfzehn Jahre lang in unterschiedlichen Funktionen für das Überleitungsprojekt, von 1982 bis 1987 war er Leiter des TNA Nürnberg und für den Bau des Brombachdammes verantwortlich.

Der Damm ist aus unterschiedlichen Zonen aufgebaut. Die eigentliche Abdichtung übernimmt der bis 26 Meter breite Dammkern aus sandigem Ton und Lehm. Daran schließt sich talwärts, auf der Luftseite, wie die Wasserbauingenieure sagen, eine 3,75 Meter breite Schicht aus grobkörnigem Sand an. Darin fließt alles Wasser, das durch die Dichtung sickert, nach unten ab, wo es aufgefangen und gemessen wird. So ist man über den Zustand der Kerndichtung ständig im Bilde. Beidseitig angeordnete, flach auslaufende Stützkörper aus schluffig-sandigem Material geben dem Damm schließlich die nötige Standfestigkeit. Auf der Wasserseite ist er durch eine Steinpackung gegen Wellenschlag und Eisschub geschützt.

Qualitätskontrolle

Obwohl beim Dammbau mit gewaltigen Erdmassen hantiert wird – für den Brombachdamm waren 4 Mio. Kubikmeter erforderlich, die dem zukünftigen Stauraum entnommen wurden – ist dabei große Sorgfalt erforderlich. Besonders gilt das für die Herstellung der Kerndichtung. Dafür darf nur homogenes, gleichmäßig dichtes Material verwendet werden. Deshalb wurden die in Frage kommenden lehmig-tonigen Sande in dünnen Schichten abgetragen, durchmischt und auf einer Zwischendeponie nochmals mit einer Erdfräse gründlich durchgearbeitet. Anschließend wurde das Material lagenweise aufgebracht und mit Vibrationsstampffusswalzen verdichtet.

Beim Einbau des Materials kommt es nicht zuletzt auch auf das Wetter an. Regen erhöht den Wasseranteil, bei Frost kann Wasser ausfrieren. Beides verringert die Verdichtbarkeit des Bodens. In solchen Fällen muss die Arbeit ruhen. Viel Sonne und Wind wiederum verursachen starke Verdunstungsverluste. Das ist durch Besprengen auszugleichen, da sonst Trockenrisse entstehen. Nach dem Aufstau zeigte sich, dass Qualitätsarbeit geleistet worden war. Über die gesamte Dammfläche sickern pro Minute nur 2,5 Liter Wasser durch den Dichtungskern.

1

1. Erstbefüllung des Rothsees. Aus der Schleuse Eckersmühlen fließt das Überleitungswasser in freiem Gefälle in den See.

2. Igelsbachsee mit Damm, wie der Kleine Brombachsee eine Vorsperre des Großen Brombachsees

3. Schnitt durch den Damm des Kleinen Brombachsees

4. Schnitt durch den Damm des Großen Brombachsees. Zur Dammschüttung wurden vier Mio. Kubikmeter Erdmaterial benötigt.

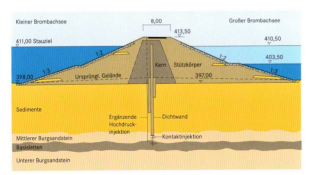

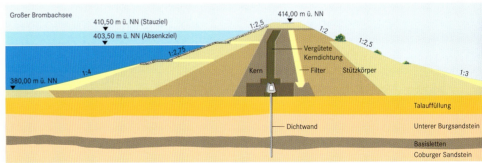

Eine besondere Herausforderung stellte die Abdichtung des Untergrundes unter der Talsperre dar. Er besteht aus klüftigen Sandsteinschichten, und zudem ist in der Talmitte noch eine 150 Meter breite, 17 Meter tiefe, stark wasserdurchlässige Erosionsrinne eingeschnitten. Abdichtungen mit Zementsuspensionen erwiesen sich als ziemlich wirkungslos, und auch ein Versuch mit Bohrpfählen brachte keine befriedigenden Ergebnisse. Deshalb entschied man sich für eine Schlitzwand. Diese damals neue Technik konnte auf der Baustelle maßgeblich verbessert werden. Mit einer Hydrofräse ließ sich sehr präzise ein sechzig Zentimeter breiter Schlitz herstellen, der selbst in der maximalen Tiefe von 38 Metern höchstens eine horizontale Abweichung von zehn Zentimetern aufwies. Anschließend wurde der Spalt mit Beton vergossen.

So massiv der Brombachdamm auch ist, der Staudruck von 500 000 Tonnen verschiebt ihn ein wenig, wenn auch nur im Zentimeterbereich. Selbst die Schwankungen des Wasserspiegels im Stausee führen zu Verformungen, Setzungen, Hebungen und Veränderungen der Sickerwassermenge. Deshalb wird das Verhalten des Bauwerks an 300 Stellen kontinuierlich überwacht. Es gibt geodätische Messpunkte, Setzungs- und Neigungspegel, Gleitmikrometersonden zur Feststellung von kleinsten Verschiebungen in der Schlitzwand sowie Messstellen für den Erd- und Porenwasserdruck. Eine Schlüsselrolle spielt dabei der Kontrollgang, der am Grund des Dammes fast über die gesamte Länge verläuft. Von ihm aus wird zum Beispiel der Wasserdruck im Dichtungskern und beiderseits der Schlitzwand gemessen. So können eventuelle Risse und Fehlstellen schnell aufgespürt und abgedichtet werden.

Strukturwandel
Mit der offiziellen Einweihung des Großen Brombachsees ging das Gesamtsystem im Juli 2000 in Betrieb. Damit können nun extreme Mangelsituationen im Wasserhaushalt Mittelfrankens vermieden werden. Für die Regnitz ist jetzt eine Mindestwasserführung von 27 m³/s, gegenüber 12 m³/s vor der Realisierung des Projekts, gesichert. Das fördert nicht nur die Gewässergüte, sondern bietet auch den dort ansässigen 200 Gemüsebauern bessere Produktionsmöglichkeiten. Sie können das Beregnungswasser für ihre Kulturen dem Uferfiltrat entnehmen und müssen nicht auf das Grundwasser zurückgreifen, was wiederum die Trinkwasserversorgung der Gemeinden entlastet. Ebenso ist für drei große Wärmekraftwerke der Kühlwasserbedarf gesichert. Jenseits der Wasserscheide ist das mittlere Altmühltal bis zu einem zehnjährlichen Sommerhochwasser vor Überschwemmungen geschützt.

Der Nutzen des Projekts geht aber über die wasserwirtschaftlichen Verbesserungen weit hinaus. Zwar verloren die Anliegergemeinden der Stauseen durchschnittlich 9 Prozent ihrer landwirtschaftlichen Flächen, das ist aber durch Ausgleichsmaßnahmen mehr als wettgemacht worden. An den Stauseen entstanden Badestrände, Segelhäfen und Campingplätze. Darüber hinaus wurden auch Freiräume für die Natur geschaffen. So hat sich ein Bereich des Altmühlsees zu einem der wertvollsten Vogelreservate Bayerns entwickelt. Mit dieser Mischung aus Freizeitgelände und Naturschutzgebieten ist die neue fränkische Seenlandschaft eine attraktive Landschaft für Naherholung und Fremdenverkehr geworden. Das hat der vormals armen ländlichen Gegend einen kräftigen Wirtschaftsaufschwung gebracht. Den deutlichsten Beleg dafür liefert die Bevölkerungsstatistik. Aus dem Landkreis Weißenburg-Gunzenhausen wanderten zwischen 1970 und 1988 rund 1500 Personen ab, doch nach dem Aufstau des Altmühlsees wendete sich das Blatt. Bis 1996 war ein Zuwanderungsgewinn von 7000 Personen zu verzeichnen. Ähnliche Trends zeigten sich am Brombach- und Rothsee. Für Karl März, Oberflussmeister und Leiter der Seemeisterstelle am Brombachsee, steht außer Frage, dass das Überleitungsprojekt ein Segen für seine Heimat ist.

Auch Professor Strobl zieht eine rundum positive Bilanz. Trotzdem wird er nachdenklich, wenn er an »sein« Projekt denkt. Obwohl es ein Musterbeispiel für nachhaltige Entwicklung ist, wäre es heute vermutlich kaum noch zu realisieren, einfach weil es ein Großprojekt ist. Verbaut sich eine Gesellschaft mit einer derartigen Einstellung nicht Entwicklungschancen?
Hans Dieter Sauer

1 2

3

1.+2. Mit der Hydrofräse wurde ein neuartiges Schlitzwandverfahren zur Abdichtung des Untergrundes der Dämme erstmalig in Deutschland ausgeführt.

3. Nach dem Einbau der Untergrundabdichtung wird der Kontrollgang in Ortbetonbauweise erstellt.

4. Längsschnitt durch den Damm des Großen Brombachsees mit dem Kontrollgang und der Untergrundabdichtung

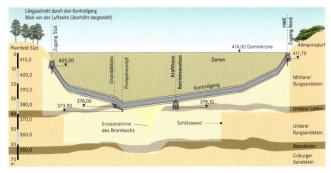

4

Die CargoLifter-Werfthalle in Brand/Niederlausitz

Nach rund fünfzig Jahren Stillstand wird in wenigen Monaten mit dem Bau einer neuen Generation von Luftschiffen begonnen – zunächst als Prototyp mit dem Namen CL 160 und ab 2004 in Serienfertigung. Sie entstehen nicht aus der Vision eines neuartigen Fluggeräts oder im Glauben an eine große innovative Weiterentwicklung, sondern allein aufgrund einer neuen Idee für ihre Nutzung. Die 242 Meter langen mit Helium gefüllten Prallluftschiffe ohne Skelett sollen nonstop Lasten von bis zu 160 Tonnen über Tausende von Kilometern transportieren können. 1996 haben hierfür mehrere europäische Unternehmen, die im Großanlagenbau tätig sind, das internationale Luftschiff-Transportlogistikunternehmen CargoLifter gegründet. Die Schwerlasten des Maschinen- und Anlagenbaus wie zum Beispiel Großturbinen, die ansonsten mit größtem Aufwand und hohen Kosten über Land und per Schiff transportiert werden, sollen bald in fünfzig Meter langen und acht Meter hohen Containern unter das Luftschiff gehängt und punktgenau überall auf der Welt, wo ein Platz in der Größe eines Fußballfelds mit vier Befestigungspunkten vorbereitet wurde, abgesetzt werden können. Dort wird die Last gegen Ballastwasser in eigens dafür vorgesehenen Tanks ausgetauscht. Neben den Transporten für die Industrie erwartet CargoLifter auch andere Aufträge. Zum Beispiel das schnelle Heranschaffen von Bergungsgerät-, Hilfsgüter- oder Krankentransportcontainern in abgelegene Notstandsgebiete. Die Flughöhe der mit Propellerturbinen ausgestatteten Luftschiffe beträgt maximal zweitausend Meter.

Für den Bau und die Wartung der »fliegenden Kräne« entstand eine gigantische Werfthalle. Sie steht sechzig Kilometer südöstlich von Berlin nahe der Ortschaft Brand auf dem Gelände eines ehemaligen sowjetischen Militärflugplatzes. Eine weitere Halle soll in North Carolina/USA gebaut werden. Die Dimension der Halle wird dem Besucher trotz der großen Fernwirkung zunächst nicht gewahr, da sie inmitten von Wäldern und Freiflächen steht, die einen Größenvergleich nicht zulassen. Erst aus der Nähe, wo dort abgestellte Fahrzeuge als Maßstab dienen, werden ihre gigantischen Ausmessungen erfahrbar.

Für die Orientierung der Halle waren die Hauptwindrichtungen ausschlaggebend, da das Aus- und Einhallen des Luftschiffs nur unter ganz bestimmten Windverhältnissen vorgenommen werden kann. Aus diesem Grund waren auch zwei Ankermaste auf beiden Seiten der Halle notwendig. Der größte stützenfreie Hangar der Welt nimmt mit 63 000 Quadratmetern eine Fläche von circa acht Fußballfeldern ein und würde genügend Raum bieten, zwei Reichstagsgebäude nebeneinander »unterzustellen«. Der Bau, der für zwei Luftschiffe mit einem Zwischenabstand von nur fünf Metern Platz bietet, setzt sich aus einem Mittelteil, einer liegenden Halbtonne und zwei Toren zusammen, die in Form von Viertelkugeln beidseitig anschließen. Für die Überwölbung des zentralen Baukörpers wurde ein einfaches Tragwerk aus Bogenbindern und eine mehrschichtige Membrankonstruktion aus PVC entwickelt. Insgesamt entstanden fünf Bögen im Abstand von 35 Metern. Die Viergurtbinder wurden mit Hilfe von Leergerüsten und Kränen Stück für Stück aus knapp 19 Meter langen geometrischen Segmenten aus Rundrohren zusammengesetzt. Die senkrechten und diagonalen Verstärkungen wurden eingeschweißt. Die beiden Untergurte sind alle vier Meter rechtwinklig in der Art eines Vierendeelträgers biegesteif miteinander verbunden. Um eine passgenaue Montage des gesamten Bogenbinders sicherstellen zu können, musste die Positionierung der mächtigen, 8,5 Meter hohen Betonsockel mit größter Sorgfalt vorgenommen werden. Bei einem Abstand von 210 Metern und einer lichten Höhe von 107 Metern stellte dies eine der vielen besonderen Herausforderungen auf der Baustelle dar.

Von Vorteil waren die optimalen Gründungsbedingungen. Der Sandboden und das Grundwasser in zwanzig Metern Tiefe lassen große Bodenpressungen zu. Die Untergurte eines jeden Bogens sind an den Knickpunkten des Polygonzugs horizontal durch eine Windaussteifung miteinander verbunden. An den Obergurten sind die hellgrauen lichtdurchlässigen Membrandächer, die an ein Luftschiff erinnern, als Flächentragwerke befestigt. Sie nehmen 40 000 Quadratmeter ein. Jede Membran spannt sich zwischen dem acht Meter hohen Firstträger, wo sie mit Stahlspanngliedern befestigt wurde, und der Oberkante der Bindersockel. Die äußerste Schicht bietet Schutz und nimmt die Wind- und Schneelasten auf. Die dicht dahinter liegende zweite Lage weist ein in das PVC eingebettetes Polyestergewebe

Objekt
CargoLifter Werfthalle
Standort
Brand bei Berlin
Bauzeit
Planungszeit: November 1997 bis November 1998
Baubeginn: November 1998
Fertigstellung: November 2000
Bauherr
CargoLifter AG Wiesbaden
Ingenieure und Architekten
Architektur, ELT Technik + Lichtplanung, Generalplanung aller Gewerke, Projektmanagement, Masterplanning, Luftrechtliche Genehmigungsverfahren, Infrastruktur: SIAT Architektur + Technik, München
Tragwerksplanung: Arup GmbH, Düsseldorf
HLS Planung: Ingenieurbüro Klöffel, Bruchköbel
Außenanlagen Gesamtprojekt, Teilleistungen Infrastruktur, Pflege- und Entwicklungsplanung: CordesSIAT, Ottobrunn
Thermische Simulation: Wacker Ingenieure, Birkenfeld
Brandschutzgutachten: Halfkann + Kirchner, Erkelenz
Windkanalversuche: I.F.I. Institut für Industrieaerodynamik, Aachen

1

1. Innenansicht der Werfthalle bei geöffneten Toren

2. Untersicht der Tore und des Kopfpunktes

2

auf. Eine innere Membran, ebenfalls in zwei Lagen, dient als »stehendes Luftkissen« allein der Wärmedämmung. Sie wurde erforderlich, da die gesamte Halle durch eine im Industriebau übliche Fußbodenheizung auf die vorgeschriebenen 18 Grad temperiert wird. Hierfür wurden 160 Kilometer Rohre verlegt. Ein großes Problem bei der Planung der Halle war die Entwässerung der riesigen Membranflächen. Es wurde schließlich verblüffend einfach gelöst, indem man Wasserbassins an den Rändern der Zwischenfelder baute, die das Wasser direkt aufnehmen und abführen.

Ein wesentliches Element der Werfthalle ist die Torkonstruktion. Es waren zwei Tore erforderlich, da bei nur einem Tor beim Öffnen der Halle eine zu große Luftsogwirkung entstehen könnte. Das schienengeführte Ein- und Aushallen des Luftschiffs mit seinen 550 000 Kubikmetern Volumen und einem Hüllendurchmesser von 65 Metern, birgt große Risiken. Obwohl der Vorgang nur bei geringen Windgeschwindigkeiten zulässig ist, besteht dennoch die Gefahr, dass das »Leichtgewicht« gegen die Halle oder das zweite Luftschiff gedrückt wird. So mußten die »Torapsiden« eine möglichst große Öffnung aufweisen. Es entstanden zwei Schalentore mit einem Radius von hundert Metern. Jeweils sechs auf Schienen ineinander verschiebbare Segmente sowie zwei feststehende Elemente als Übergang zum zentralen Hallenteil bilden eine Viertelkugel. Die drei beweglichen Segmente einer Torhälfte schieben sich hintereinander unter das feststehende Torsegment. Bei der Verkleidung wurde eine Stehfalzdeckung aus Aluminium gewählt, die farblich an die lichtgrauen PVC-Membranen angepasst wurde. Alle Torsegmente wurden liegend vormontiert und anschließend als komplettes Gerippe aus stählernen Randträgern und Trapezprofilen noch ohne Verkleidung angehoben. An den beiden Enden des Firstträgers der Halle befinden sich sechs Meter hohe und 107 Tonnen schwere Kopfpunkte, die sogenannten Königszapfen, an denen sich die einzelnen Schalen der Tore in einem Scharnier treffen. Die Angeln der einzelnen Segmente werden hier getrennt voneinander um jeweils einen massiven Stahlzylinder herum gedreht. Bei geöffneten Toren entsteht eine 110 Meter hohe und in der Basis zweihundert Meter breite Durchfahrt. Der Öffnungs- bzw. Schließungsvorgang ist innerhalb von fünfzehn Minuten möglich.

Die einzelnen Teile der Hallenkonstruktion erforderten aufgrund der Dimension und der zahlreichen innovativen Planungsideen, die spezielle Prüfungen verlangten, eine enge interdisziplinäre Zusammenarbeit von Architekten, Ingenieuren, Hochschulinstituten und ausführenden Firmen.

Die zweigeschossigen Nebenzonen im südlichen und nördlichen Sockelbereich nehmen die Sozialräume für die circa 250 Mitarbeiter auf. Außerdem sind hier Lagerflächen und einige wenige Büroräume untergebracht. Das Entwicklungs- und Planungszentrum von CargoLifter hat sich den Namen »Lighter than Air Academy« gegeben und befindet sich in vier ausgeständerten, großflächig verglasten Neubauten auf dem Gelände. Auch diese flachen Gebäude entstanden aus vorgefertigten Elementen. Das Besucherzentrum wurde in einem komplett umgebauten und erweiterten ehemaligen Flugzeugshelter eingerichtet.

Mit der CargoLifter-Werfthalle bei Brand ist eher im Verborgenen eine Meisterleistung der Ingenieurbaukunst entstanden – auch wenn die Gesamtform und die Konstruktion in ihren Teilen nicht die Eleganz einer der berühmten Stahl- bzw. Stahlbeton-Großhallen der letzten hundert Jahre ausstrahlen oder mit einer waghalsig wirkenden Erfindung aufwarten.
Sebastian Redecke

1. Aufbau der Bogenbinder aus jeweils 18 in sich geraden und 18,89 Meter langen Segmenten

2. Vormontage der Torsegmente auf dem Boden und Beplankung im eingebauten Zustand

1

2

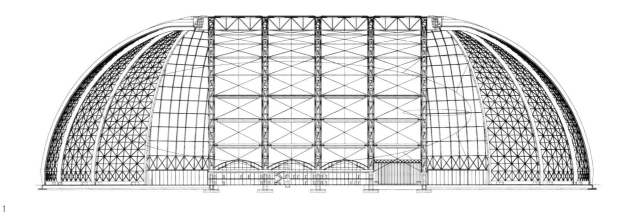

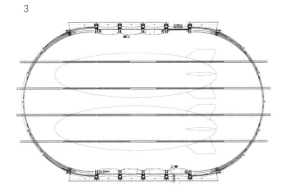

1. Der Längsschnitt durch die Werfthalle zeigt die beweglichen und die feststehenden Torsegmente und den halbtonnenförmigen Mittelteil.

2. Südansicht der Werfthalle

3. Grundriss. Zwei Luftschiffe finden in der Halle Platz.

TESLA: Der künftige Nabel der Teilchenphysik

Die Planung des mit 33 Kilometer gewaltigsten und leistungsfähigsten je gebauten Linearbeschleunigers für Elektronen und Positronen mit dem Namen TESLA (»TeV-Energy Superconducting Linear Accelerator«) läuft seit Anfang der Neunzigerjahre. Der Bau der Anlage wird mehrere Jahre in Anspruch nehmen. Nach dem heutigen Zeitplan soll die Anlage im Jahr 2011/2012 in Betrieb gehen und insgesamt rund 3,8 Mrd. Euro kosten. Damit wäre die TESLA-Anlage mehr als doppelt so teuer wie der Speicherring LHC (»Large Hadron Collider«), der zurzeit am Europäischen Zentrum für Elementarteilchenforschung am CERN bei Genf in einen vorhandenen Tunnelring eingebaut wird.

Aber anders als LHC soll TESLA ein Weltprojekt werden. Mehr als tausend Wissenschaftler aus 36 Ländern haben in den zurückliegenden Jahren an einem im Frühjahr 2001 veröffentlichten Technical Design Report für TESLA gearbeitet und darin grundsätzlich die Machbarkeit des Projektes sowie die Notwendigkeit für die Forschung nachgewiesen und damit gleichzeitig zum Ausdruck gebracht, dass sich nationale Alleingänge in der Grundlagenforschung nicht mehr lohnen.

Obwohl außer in Deutschland auch in Amerika und Japan Planungen für einen Linearbeschleuniger betrieben werden, spricht heute vieles dafür, dass die erste und auf absehbare Zeit wohl einzige Anlage dieser Art nördlich von Hamburg gebaut werden wird. Wann die Investitionsentscheidung fallen wird, ist momentan noch unklar. Auch ist die Finanzierung noch keineswegs geklärt. Als Standort hätte Deutschland etwa die Hälfte der Kosten zu tragen.

Damit der recht ambitionierte Zeitplan eingehalten werden kann, wird die Projektierung derzeit zügig vorangetrieben. Mit den Planungsarbeiten der für den Linearbeschleuniger benötigten Ingenieurbauten hat man eine Ingenieurgemeinschaft aus dem Hamburger Büro Windels Timm Morgen (WTM) sowie dem auf Tunnelbau spezialisierten Schweizer Unternehmen Amberg Consulting Engineers Ltd. beauftragt.

Dass man am Deutschen Elektronen-Synchrotron (DESY) in Hamburg keinen Speicherring, sondern einen linearen Beschleuniger bauen will, hat Gründe. Das sind vor allem Energieverluste in Form von Synchrotronstrahlung, die um so größer werden, je höher die Energie ist, mit der man Elektronen und Positronen auf kreisförmigen Bahnen umlaufen lässt. Diese Verluste müssen ständig ausgeglichen werden.

Mit einem Umfang von 27 Kilometern ist der Large Electron Positron Collider (LEP) am CERN der größte Ringbeschleuniger der Welt, und einen noch größeren wird man für Elektronen und Positronen wohl nie bauen. Der Speicherring erreichte zuletzt eine Kollisionsenergie von 207 Gigaelektronenvolt. Noch höhere Energien lassen sich nur mit schwereren Protonen in einem Ringbeschleuniger gleichen Umfangs erzielen. Mit dem nach heutiger Planung in fünf Jahren fertig werdenden LHC will man dieses Ziel und damit eine Kollisionsenergie von 14 000 Gigaelektronenvolt erreichen.

Um höhere Energien als im LEP zu erzielen, bedarf es eines linearen Beschleunigers. Mit 500 bis 800 Gigaelektronenvolt wird man mit TESLA zwar höhere Energien als im LEP, aber deutlich weniger als mit dem Large Hadron Collider erreichen. Während im LHC aus Quarks und Gluonen zusammengesetzte Protonen kollidieren, werden in TESLA strukturlose Elementarteilchen zusammenprallen, die sich gegenseitig in einem kleinen Raumgebiet vernichten. Dabei entstehen für kurze Zeit Energiekonzentrationen wie unmittelbar nach dem Urknall vor etwa 15 Milliarden Jahren. Ein weiterer Vorteil: Die Vorgänge bei der Kollision von Positronen und Elektronen lassen sich wesentlich einfacher interpretieren als die beim Zusammenprall schwerer Teilchen.

Auch die Materialforschung, die Mikrobiologie und die Medizin erwarten sich vom TESLA-Beschleuniger wichtige Erkenntnisse. Denn mit dem Elektronenstrahl der Anlage will man als gezielte Doppelnutzung mehrere sogenannte Freie-Elektronen-Laser betreiben. Diese sollen kohärente ultrakurze Röntgenblitze erzeugen. Dazu »zweigt« man beschleunigte Elektronenpakete aus dem Linearbeschleuniger ab und schickt sie durch einen speziellen Magneten, der aus der Abfolge sich wechselnder Süd- und Nordpole besteht. Die Elektronen fangen dabei an zu »schlingern« und schicken an jeder Biegung Röntgenlicht nach vorne. Ein »intelligenter« Mechanismus sorgt dafür, dass sich die Elektronen und ihre von ihnen selbst erzeugten Wellen dabei gegenseitig aufschaukeln. Resultat ist dann ein starker Röntgenblitz, so scharf wie ein Laser. Durch die hohe Leistung und die kurzen Wellenlängen von einem zehntel Nanometer will man einzelne Atome in

Objekt
TESLA (TeV-Energy Superconducting Linear Accelerator)
Standort
Hamburg/Landkreis Pinneberg (Schleswig-Holstein)
Bauzeit
voraussichtlich 2003 bis 2011
Bauherr
Deutsches Elektronen-Synchrotron DESY
Ingenieure
Gesamtplanung: Ingenieurbüro Windels·Timm·Morgen, Hamburg, und Ingenieurbüro Amberg Consulting Engineers Ltd., Regensdorf/Schweiz
Planfeststellungsbehörde: Oberbergamt Clausthal-Zellerfeld
Umweltverträglichkeitsstudie und Landschaftsplanerischer Begleitplan: Planungsgruppe Ökologie + Umwelt Nord, Hamburg
Hydrogeologisches Gutachten: Steinfeld und Partner GbR, Hamburg

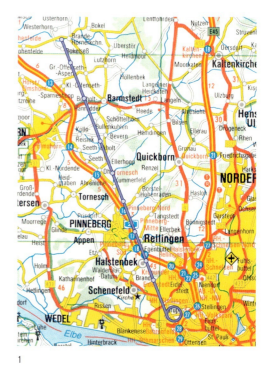

1

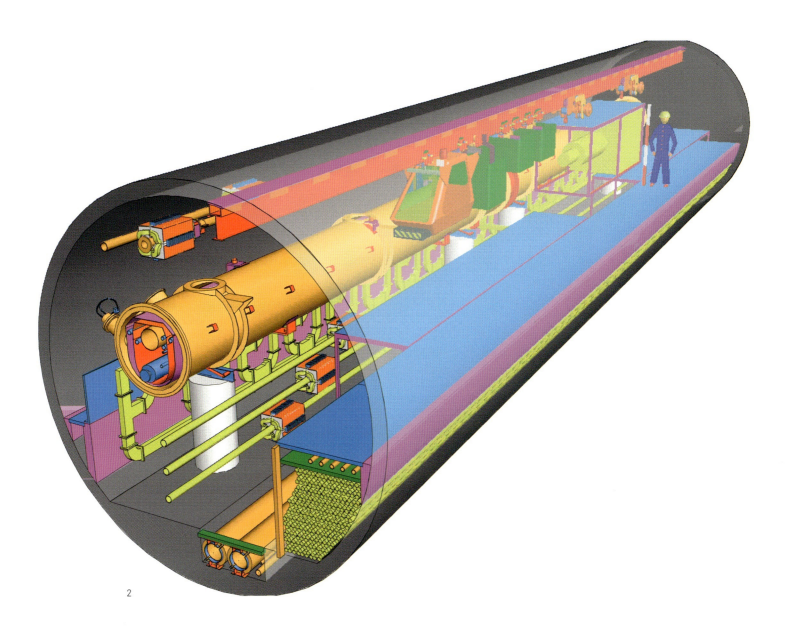

2

1. Lageplan der Gesamtanlage

2. Darstellung der Tunnelröhre mit Sicht auf den Linearbeschleuniger

Ansammlungen von Atomen, sogenannten »Cluster«, erkennen und nicht nur Biomoleküle, sondern auch deren Bestandteile, die Atome, räumlich sehen und auch filmen können.

TESLA wird aus zwei gegeneinandergerichteten Linearbeschleunigern bestehen. In den zusammen 33 Kilometer langen Röhren will man stark fokussierte Pakete von Elektronen und Positronen aufeinander schießen. Ausgangspunkt des bis zu dreißig Meter unter der Erdoberfläche verlaufenden Tunnels ist das DESY-Gelände in Hamburg-Bahrenfeld. Da man in den Linearbeschleuniger in einer späteren Ausbaustufe Elektronen aus TESLA mit Teilchen aus dem schon bestehenden Ringbeschleuniger Hera kollidieren lassen will, ist der Verlauf der Tunnelstrecke »vorbestimmt«. Zwar wären prinzipiell auch drei andere Ausrichtungen des Tunnels möglich gewesen. Doch man hätte dann das Stadtgebiet von Hamburg queren oder den Tunnel unter der Elbe hindurch bauen müssen, so dass letztlich nur der jetzt ins Auge gefasste Streckenverlauf nach Nordwesten, nach Westerhorn im Landkreis Pinneberg in Frage kommt.

Herzstück der TESLA-Anlage wird der Tunnel sein, dessen Verlauf man exakt der Erdkrümmung anpasst, um so die Flugbahn der Elektronen und Positronen nicht aufgrund einer sich ändernden Erdanziehungskraft korrigieren zu müssen. Der Bogenstich des dem Erdradius folgenden Tunnels beträgt bei der Tunnellänge von 33 Kilometern bereits 13 Meter. Doch außer dem Tunnel werden noch zahlreiche Bauwerke mit zum Teil recht beachtlichen Ausmaßen gebaut. So wird am Kollisionspunkt eine mehr als acht Stockwerke hohe unterirdische Detektorhalle errichtet, in der eine haushohe Apparatur dafür sorgen wird, dass man die beim frontalen Zusammenstoß der Teilchen ablaufenden Reaktionen sichtbar machen kann. Sieben Kälteversorgungshallen, sogenannte Kryohallen, rund 110 mal 35 Meter groß und 15 Meter hoch, werden die Kältemaschinen aufnehmen, mit denen man die aus Niob gefertigte Beschleunigerstrecke auf minus 271 Grad Celsius herunterkühlen will, um bei der dadurch entstehenden »Supraleitung« die Teilchen nahezu verlustfrei auf Trab zu bringen.

Während die Kryohallen oberirdisch gebaut werden, werden alle anderen für den Beschleuniger unmittelbar relevanten Gebäude – wie die Detektorhalle – auf dem Niveau des Tunnels errichtet. So etwa vier Strahldämpfer, von denen jeweils zwei an den Enden des Tunnels Beschleunigerschleifen bilden, in denen die Elektronen- und Positronenpakete vor ihrer Reise durch den Hauptbeschleuniger durch eine »Dämpfung« in die richtige Form gebracht werden. Noch einige Meter tiefer als die Tunnelsohle werden zwei Absorberhallen liegen. Bei diesen seitlich der Detektorhalle liegenden Anlagen handelt es sich um »Energievernichter«: Nach der Kollision fliegt der Rest der Teilchenpakete noch ein Stück weiter und wird in diese Strahlabsorber gelenkt. Diese bestehen im wesentlichen aus einem großen Titantank, der elf Kubikmeter Wasser enthält und von einer dicken Betonwand abgeschirmt wird. In den Tanks werden die energiereichen Teilchen abgebremst und aufgefangen.

Die 60 mal 250 Meter große und 15 Meter hohe Röntgenlaserhalle wird dagegen wieder oberirdisch angeordnet sein. Dadurch können die für die Bildung des Laserlichts benötigten Elektronenpakete im Tunnel »abgezweigt« und nach oben abgelenkt werden. Die enorme Breite dieser Halle erklärt sich aus der »fächerförmigen« Aufspaltung der Röntgenstrahlen. So wird es möglich, das Laserlicht an zunächst zwanzig – ausbaubar auf dreißig – Messplätze zu leiten, so dass parallel an unterschiedlichen Experimenten gearbeitet werden kann.

Die Röntgenlaserhalle, wie auch die Detektorhalle, werden das Herzstück der für die TESLA-Forschung benötigten Infrastruktur bilden. Auf halbem Weg zwischen den Endpunkten des Tunnels – auf dem DESY-Gelände in Hamburg-Bahrenfeld und Westerhorn – und damit auf dem Boden der Gemeinde Ellerhoop wird auf einem 52 Hektar großen Gelände der künftige »Nabel der Teilchenphysik« entstehen. Bis zu 350 Physiker aus aller Welt werden hier arbeiten. Zum Beispiel für Labor- und Bürogebäude oder Werkstätten werden in Ellerhoop bis zu 20 000 Quadratmeter Nutzfläche entstehen. Später könnte die Fläche auf 40 000 Quadratmeter erweitert werden.

Beim Bau des TESLA-Tunnels und der unterirdisch liegenden Hallen wird man modernste Ingenieurbautechniken einsetzen müssen. Denn die Anforderungen der Physik an die Bautechnik sind enorm, was leicht zu erklären ist, da die im Nanobereich denkende Wissenschaft hier auf den in Millimetern und Zentimetern operierenden Ingenieurbau stößt. So darf etwa der 33 Kilometer lange Tunnel lediglich um maximal zehn Zentimeter von seiner Ideallinie abweichen. Da die gesamte Tunnelstrecke und damit auch die unterirdisch angeordneten Hallen unterhalb des Grundwasserspiegels lie-

1. TESLA-Versuchsanlage: Blick in den Versuchstunnel mit der Beschleunigerkomponente im Vordergrund

2. Blick in den Versuchstunnel mit Hängebahn und Magnetstrukturen

3. Isometrie der Kältehalle mit der Verbindung zum Tunnel

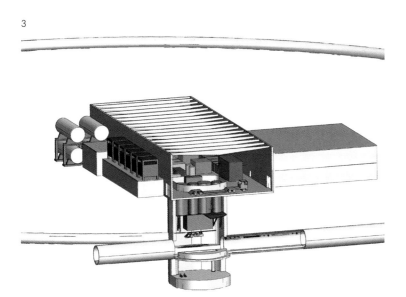

gen, müssen in Abhängigkeit von der Größe der Bauwerke entsprechend große Auftriebskräfte einkalkuliert werden. Zur Aufnahme dieser großen Kräfte werden die Hallen mit Zugankern am Boden »festgezurrt«. Es werden generell nur grundwasserschonende Bauweisen eingesetzt, wie etwa wasserdichte Trogbaugruben, Tunnelvortrieb mit Hydroschilden und Absenkkästen.

Um die anvisierte kurze Bauzeit von vier Jahren für den Tunnel einhalten zu können, will man die Strecke gleichzeitig mit vier Tunnelbohrmaschinen auffahren, von denen dann jede für eine Strecke von rund acht Kilometern zuständig sein wird. Bei einem Außendurchmesser von etwa sechs Metern für den Linearbeschleuniger wird bei Berücksichtigung des Hallenaushubs, der Dämpfungsringe und des Röntgenlasers mit einem Erdaushub von insgesamt über 1,5 Mio. Kubikmetern gerechnet, für den eigens ein »Boden-Management« entwickelt werden wird. Auch die vergleichsweise kurzen und mit einem Durchmesser von drei Metern recht schlanken Tunnelschlaufen für die Strahldämpfer werden mit Tunnelbohrmaschinen hergestellt, denn mit einem Radius von 145 Metern sind die Kurven dieser Tunnelabschnitte zu eng, als dass sie im Rohrvortrieb aufgefahren werden könnten. Weitere Maschinen werden für den Verzweigungstunnel für den Röntgenlaser benötigt.

Das Bohren mit Vollschnittmaschinen im Grundwasserbereich ist heute Routine. Die Maschinen mit flüssigkeitsgestützter Ortsbrust (Hydroschild) sind in der Lage, den für Norddeutschland typischen Baugrund – aus Sanden, Geschiebelehm und Mergel mit eingelagerten Findlingen – ohne große Probleme durchfahren zu können. Der Tunnelausbau wird mit vorgefertigten Stahlbeton-Tübbingen erfolgen und damit einen Innendurchmesser von 5,2 Metern herstellen. Insgesamt wird man rund 200 000 Tübbinge benötigen. Diese erhalten einen labyrinthartigen Fugenaufbau, um so den Dichtring vor den Synchrotron-Strahlen zu schützen, die das Elastomermaterial andernfalls verspröden lassen würden.

Da sich während der gesamten Baumaßnahme ein Absenken des Grundwasserspiegels verbietet, werden die Baugruben, nachdem sie durch Schlitzwände seitlich gesichert und verankert sind, unter Wasser ausgehoben. Das Betonieren der Bodenplatte erfolgt dann ebenfalls unter Wasser. Erst wenn diese Arbeiten abgeschlossen sind, wird das Wasser gelenzt, und erst dann kann mit den weiteren Bauarbeiten für die unterirdischen Hallenbauwerke begonnen werden.

Die Planung und der Bau des TESLA-Beschleunigers werden dynamisch und vollkommen transparent ablaufen. Dynamisch deshalb, weil die Physiker von DESY über eine baubegleitende Planung sicherstellen wollen, dass sie nach der Fertigstellung des Tunnels und der anderen Bauwerke die zu diesem Zeitpunkt modernste Technik einbauen können. Das setzt voraus, dass alle an diesem Mammutprojekt Beteiligten stets den aktuellen Planungsstand abrufen können.

Um dies sicherzustellen, werden die komplexen Ingenieurbauwerke des Linarbeschleunigers zum ersten Mal überhaupt von Beginn an vollständig mit einem bisher vor allem im Maschinen- und Fahrzeugbau eingesetzten dreidimensionalen Planungswerkzeug (I-Deas von SDRC – Structural Dynamics Research Corporation) entworfen. Dadurch können unterschiedlichste Simulationen am Rechner ablaufen. So kann man etwa Modellrechnungen für die Strahlausbreitung oder für die Lüftung der Anlagen durchspielen. Auch die statische Berechnung kann mit Hilfe eines angeschlossenen FEM-Rechnerprogramms abgewickelt werden. Nahtstellen zur simultan ablaufenden maschinen-technischen Planung sind dadurch stets aktuell (»concurrent engineering«). Interne Informationsdefizite zwischen den einzelnen – zum Teil über mehrere Länder verstreuten – Planungsteams werden dadurch vermieden. Über ein »Engineering Data Management System« (EDMS) werden alle Dokumente archiviert und systematisiert. Zudem sind über dieses Programm die Arbeiten am TESLA-Projekt für jedermann stets zugänglich. Es herrscht dadurch vollständige Transparenz bereits während der Planungsphase. So können interessierte Personen und Gruppen während der Vorbereitung und Durchführung des Planfeststellungsverfahrens alle für sie wichtigen Informationen im Internet unter der Adresse www.desy.de/tesla-planung abfragen.

Ein 1:1-Modell des TESLA-Tunnels mit Versuchshalle wurde nach den Plänen der Ingenieure von Windels Timm Morgen (WTM) bereits vor zwei Jahren gebaut. Im Rahmen der Expo wurde dort eine vielbeachtete Ausstellung zu den Forschungsaktivitäten und Plänen von DESY veranstaltet. Zurzeit werden die Bauwerke zur TESLA-Test-Facility umgerüstet.

Georg Küffner

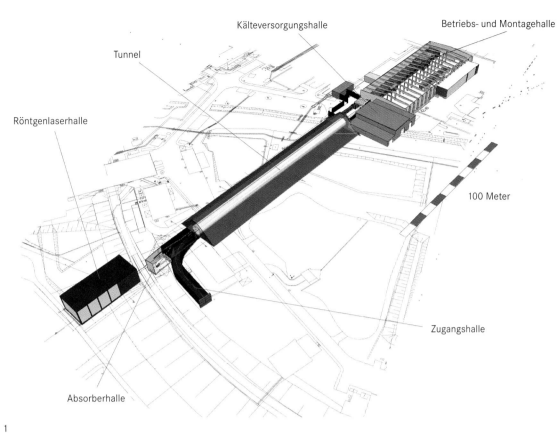

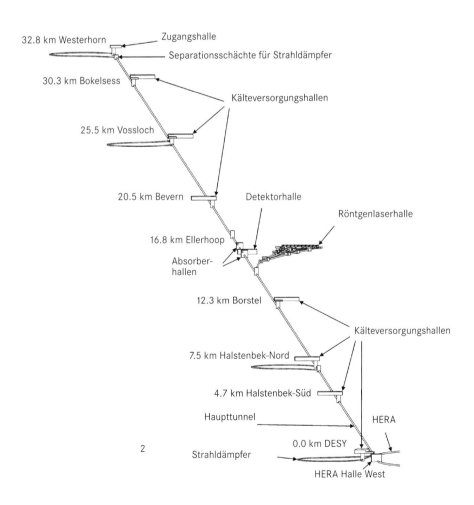

1. Lageplan der TESLA-Versuchsanlage

2. Schematische Darstellung aller Bauwerke des Gesamtprojekts

Autobahnbrücke über die Saale bei Beesedau

Landschaft und Trassenführung
Ungefähr auf halber Strecke zwischen Halle und Magdeburg quert die neue Autobahn A 14 die Saale in einer Flussbiegung. Hinter Bernburg im Bereich der Ortschaft Beesedau wird das breite flache Tal im Nordwesten von einem Prallhang und im Südosten von einem Hochwasserschutzdeich begrenzt.

Das Brückenbauwerk hat eine Gesamtlänge von 805 Metern und gliedert sich in eine 311 Meter lange Strombrücke und eine 494 Meter lange Vorlandbrücke. Es umfasst zwei voneinander unabhängige Fahrbahnen, die jeweils als Kastenträger mit auskragender Fahrbahnplatte ausgebildet sind. Mit einem konstanten Längsgefälle von 0,5 Prozent in südöstlicher Richtung verläuft die Gradiente 11 bis 14 Meter über dem Terrain des weiten Saaletals. In einem sanften Schwung überquert die Vorlandbrücke die Auenlandschaft der Saale, welche neben dem Flusslauf im Osten auch ein breit angelegtes Überflutungsgebiet im Westen umfasst. Der eigentliche Brückenschlag erfolgt in nordwestlich-südöstlicher Richtung mit einer zwischen den Auflagern 180 Meter weit spannenden Bogenbrücke.

Die beiden hoch aufragenden Bögen signalisieren für die Autofahrer aus beiden Richtungen schon von weitem den Flussübergang und markieren die auch historisch bedeutsame Trennlinie am Übergang in die Magdeburger Börde.

Entwurf und Gestaltung des Brückentragwerks
Die Strombrücke ist eine Stahlverbundkonstruktion. Zwei zueinander geneigte stählerne Bögen mit einem Stich von 38 Metern und einer Spannweite von 180 Metern zwischen den Fußpunkten bilden die primären Tragelemente des Bogentragwerks. In Fortführung der Bögen sind vier Schrägstreben angeordnet, die im Fahrbahnträger rückverankert sind. Die Bogenkräfte werden an den Fußpunkten, die unmittelbar über der Terrainoberkante liegen, direkt in einen flachgegründeten Fundamentkörper eingeleitet, wobei jedoch ein Teil des Bogenschubs von den Stahlstreben abgetragen wird. Im Verhältnis von vier zu eins sind die beiden Stahlbögen zur Brückenmitte hin geneigt und werden im Scheitelbereich durch insgesamt sechs Koppelstäbe untereinander verbunden. Die Formgebung der Bögen ist aus einer quadratischen Parabel abgeleitet und

Objekt
Saalebrücke Beesedau
Standort
BAB A 14 Magdeburg-Halle, nahe Beesedau
Bauzeit
Januar 1998 bis Juli 2000
Bauherr
Bundesrepublik Deutschland, vertreten durch die Straßenbauverwaltung Sachsen-Anhalt, vertreten durch DEGES – Deutsche Einheit Fernstraßenplanungs- und -bau GmbH
Ingenieure und Architekten
Entwurf: Schüßler-Plan Ingenieurgesellschaft für Bau- und Verkehrswegeplanung mbH, Berlin
Gestalterische Beratung: Planungsgruppe Prof. Laage GmbH, Hamburg
Ausführungsplanung: Planungsgesellschaft Nord-West GmbH, Hannover; Ingenieurbüro Dr.-Ing. Schütz, Kempten
Prüfingenieur: Prof. Dr.-Ing. U. Weyer, Dortmund
Baugrundgutachten und Baugrundberatung: Schnack & Partner GbR, Hannover
Bauoberleitung/Bauüberwachung: Krebs und Kiefer GmbH, Berlin
Bauausführung: ARGE Dyckerhoff & Widmann AG, NL Magdeburg; Teerbau Ing.bau GmbH, Oebisfelde; Krupp Stahlbau Hannover GmbH, Duisburg

1

1. Ideenskizze von Prof. Burkhardt (PPL Architekten)

2. Der massive Trennpfeiler (Bildmitte) markiert den Übergang von der Vorland- zur Bogenbrücke.

3. Die Bogenform der zehn Hängerquerträger betont die Quertragwirkung.

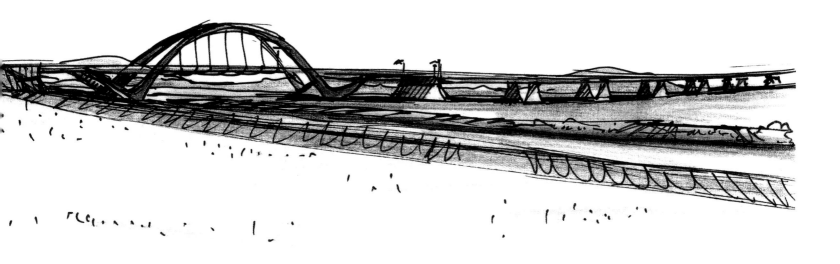

zeigt im Profil sehr deutlich den Kraftfluss. Die Bögen wurden als Stahlkastenträger ausgebildet, sind konstant 1,60 Meter breit, haben im Scheitelpunkt eine Bauhöhe von nur 1,80 Metern und erweitern sich zum Fußpunkt hin kontinuierlich zu einer Bauhöhe von 3,60 Metern. Eine Besonderheit, die wesentlich zur eleganten Erscheinung des Tragwerks beiträgt, ist die Parallelogrammform der Kastenträgerquerschnitte mit horizontalen Gurtblechen und parallel zueinander geneigten Stegblechen.

Die Fahrbahnträger stützen sich im Bereich der Flussbrücke auf ein sekundäres Quertragwerk, bestehend aus zehn sichelförmigen Stahlträgern im Abstand von 13,20 Metern. Sie umschließen und durchdringen die beiden Kastenträger der Fahrbahn und sind mit Rundstählen mit einem Durchmesser von 180 oder 200 Millimetern an die beiden Bögen angehängt. Am Schnittpunkt des Bogens mit der Fahrbahn bilden biege- und torsionssteife Kastenträger, die direkt an den Bogen angeschlossen sind, das Quertragwerk. Die konisch zulaufenden Kopfplatten der Querträger sind gleichzeitig die Anschlussbleche für die Aufhängung. Die zehn parallelen Hängestäbe zeigen sehr schön die von dem Bogen aufgespannte schräg im Raum liegende Tragebene. Die zehn sichelförmigen Querträger verleihen der Brücke eine interessante Untersicht, so dass das Bauwerk nicht nur durch seine Fernwirkung, sondern auch aus der Perspektive des Fußgängers oder Radfahrers am Saale-Ufer oder aber auch vom Schiff aus besticht.

Im Bereich der Strombrücke bestehen die die Fahrbahn tragenden Kastenträger aus Stahl. Sie haben im Wesentlichen dieselben Außenabmessungen wie die Fahrbahnträger der Vorlandbrücke.

Die Vorlandbrücke
Mit einer Gesamtlänge von 494 Metern ist die Vorlandbrücke eine neunfeldrige Balkenbrücke. Die beiden Fahrbahnen werden von durchlaufenden Spannbetonhohlkästen getragen, die jeweils über acht Felder mit einer Spannweite von 56 Metern und einem Endfeld mit einer Spannweite von 46 Metern gespannt sind. Wie bei der Strombrücke beträgt die Konstruktionshöhe konstant 3,10 Meter.

Ein betont massiv gestalteter Pfeiler trennt die Bogenbrücke von der Vorlandbrücke. Er bildet ein festes Auflager für die Vorlandbrücke. Seine Stirnseiten laufen spitz zu. Die Neigung von vier zu eins des Pfeilers entspricht der Neigung der beiden Bogenscheiben. Eine kleine Kanzel kragt von der Fahrbahnplatte aus und verdeutlicht, für den Autofahrer erkennbar, die Lage des Trennpfeilers. Stirnseiten und Basis des Pfeilers wurden mit »Löbejüner Porphyr«, einem von Rosarot bis ins Violette gehenden, lokal anstehenden Urgestein, bekleidet. Dieser landschaftstypische Stein kontrastiert reizvoll mit dem an den Längsseiten des Pfeilers verwendeten rötlich-bläulichen Klinkermauerwerk, einem ebenfalls für die Region typischen Baumaterial. Das Klinkermauerwerk wurde für die Bekleidung der Längsseiten des Pfeilers gewählt. Die Pfeiler der Vorlandbrücke sind Betonscheiben mit großen Öffnungen. Sie verjüngen sich an den Stirnseiten ebenfalls zum Auflager hin im Verhältnis vier zu eins und wurden in Sichtbeton in einer Strukturschalung gegossen.

Resümee
Große Bogenbrücken als Autobahnbrücken sind eher selten. Ein bekanntes vergleichbares Bauwerk ist die Fehmarnsundbrücke, eine kombinierte Straßen- und Eisenbahnbrücke mit 248 Metern Spannweite. Dabei ist der Bogen als vorwiegend normalkraftbeanspruchtes Tragwerk eine sehr effiziente Tragstruktur und befriedigt durch das expressiv in Erscheinung tretende Kräftegleichgewicht in besonderer Weise ästhetische Ansprüche.

Bei der Saale-Brücke Beesedau ermöglichte die Bogenkonstruktion eine gleichmäßige, leicht geneigte, ununterbrochen durchlaufende, über das große flache Flussbett hinweggehende Gradiente. Auf eine Anrampung zur Flussbrücke hin konnte verzichtet werden, weil die beiden Fahrbahnträger über die gesamte Länge der Brücke mit konstanter Bauhöhe durchlaufen.

Am Zustandekommen dieses außergewöhnlichen Brückenbauwerks hat der gebürtige Thüringer Friedrich Standfuß großen Anteil. Seinerzeit zuständig für das Referat Brücken- und Ingenieurbau beim Bundesverkehrsministerium, förderte er von Anfang an das Konzept der Bogenbrücke – auch deshalb, weil mehrere, bereits vorhandene Saale-Brücken Bogenbrücken sind.

Das elegante Bogentragwerk bei Beesedau markiert heute nicht nur eine Zäsur in der Landschaft, sondern ist auch das herausragende Bauwerk im Zuge der BAB A 14 von Magdeburg nach Halle, des ersten im Jahr 2000 komplett fertig gestellten Verkehrsprojektes Deutsche Einheit Straße.
Friedrich Grimm

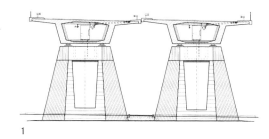

1

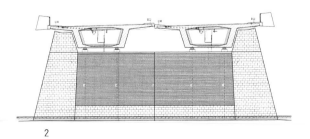

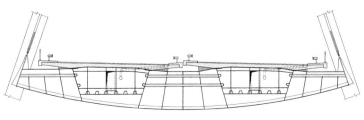

1. Querschnitt Vorlandbrücke

2. Querschnitt Trennpfeiler

3. Die Querträger mit Hängeranschluss

4. An den Bogenfußpunkten enden zusätzliche Schrägstreben, die die Randfelder der Kastenträger auf elegante Weise unterstützen.

5. Längsschnitt Hängerquerträger

Bodensanierung in Hamburg-Bergdorf

Gerade in städtischen Bereichen spielt die Sanierung von Altlasten eine zunehmend große Rolle. Zum einen gilt es, mit Schadstoffen belastete Flächen so herzurichten, dass sie keine Gefahrenquelle für Anwohner und Umwelt darstellen. Zum anderen ist das »Flächen-Recycling« eine umweltschonende Alternative zur Nutzung von bislang unversiegelten Grünflächen für Bebauung oder Verkehrsflächen.

An einem Sanierungsprojekt im Hamburger Stadtteil Bergedorf lässt sich zeigen, wie eine hochbelastete Fläche für eine zukünftige Nutzung zur Wohnbebauung hergerichtet wird.

Die Ausgangslage

Auf den Grundstücken an der Bergedorfer Schloßstraße und Chrysanderstraße befanden sich vor 1971 eine chemische Reinigung und Färberei und von 1971 bis 1982 eine Tankstelle. Untersuchungen der Umweltbehörde ergaben eine hohe Belastung des Untergrundes mit so genannten »leichtflüchtigen chlorierten Kohlenwasserstoffen«, abgekürzt LCKW. Die Schadstoffe gelangten vermutlich durch defekte Abwasserleitungen und mangelhafte Sicherheitsvorkehrungen der Reinigung in den Untergrund. Da der Verursacher nicht mehr zur Verantwortung gezogen werden konnte, war die Stadt Hamburg zur Sanierung des Geländes verpflichtet. Unter der Leitung der Umweltbehörde, Fachamt Altlastensanierung, erfolgte die Sanierung durch das Hamburger Ingenieurbüro BBI Geo- und Umwelttechnik.

Die Größe des frei zugänglichen Geländes beträgt etwa 800 Quadratmeter. Entlang der Chrysanderstraße und der Bergedorfer Schloßstraße entstanden in jüngster Zeit Wohn- und Geschäftsgebäude mit etwa vier Geschossen. Aufgrund der Südwestorientierung sind die Balkone der Wohnungen an der Chrysanderstraße dem fraglichen Grundstück zugewandt. Hier reicht die Sanierungsfläche bis unter die Balkone an die Gebäudeaußenwand heran.

Etwa 500 Quadratmeter des Geländes waren mit Schadstoffen belastet. Wichtigster Einzelschadstoff war Tetrachlorethen, besser bekannt unter dem Begriff PER. Außerdem fanden sich Abbauprodukte von PER (Trichlorethen, Dichlorethen, cis-, trans- und Vinylchlorid). Die LCKWs gasen leicht aus. PER steht im Verdacht, krebserregend zu sein, Vinylchlorid ist nachweislich krebserregend. Aufgrund seiner Leichtflüchtigkeit breitet sich das Vinylchlorid in der Luft aus, wodurch sich ein Gefährdungspotenzial für Anwohner ergab. Entsprechend hoch waren die Anforderungen an den Anwohnerschutz. Um ihnen zu genügen, wurden unter anderem die Emissionen durch ein aufwendiges Messprogramm ständig kontrolliert.

Die Sanierungsbereiche und die Art der Maßnahme – Bodenaushub – hatte die Umweltbehörde vorgegeben. Die Ausdehnung der Belastung wurde durch detaillierte Untersuchungen erkundet. Sie erstreckte sich von oberflächennahen weichen Bodenschichten aus Klei, Torf und Mudde bis in eine Tiefe von etwa 22 Metern in die dortige Schluffschicht hinein. Schluff ist ein besonders feinkörniger Sand und wird auch als Mehlsand bezeichnet. Unterhalb der Weichschicht, die etwa bis in eine Tiefe von 3,5 Metern reicht, befinden sich Grundwasser leitende Sandschichten. In dem Belastungsherd lagen die Schadstoffe teilweise in Wasser gelöst vor. Sie breiteten sich mit dem Grundwasser in südliche Fließrichtung aus. Dort liegt in etwa zwei Kilometer Entfernung das Trinkwasserschutzgebiet Curslack. Die belastete Grundwasserfahne hatte sich zum Zeitpunkt der Sanierung bereits um sechzig Meter vom Schadenszentrum ausgedehnt.

Die Klei-/Torf- und die Schluffschichten waren besonders stark mit LCKWs belastet: Im Klei/Torf fanden sich etwa 56000 Milligramm LCKWs pro Kilo Trockensubstanz (mg/kg TS); der Schluff war mit 68000 mg/kg TS verschmutzt. Dagegen lag der obere Bereich der Sande bei 1000 mg/kg TS. Die Grundwasserfahne wies im Oktober 1995 Belastungen bis zu 13 235 Mikrogramm Chlorierte Kohlenwasserstoffe im Liter auf.

Oberhalb der natürlichen Bodenschichten war das Gelände mit Sanden und Bauschuttresten aufgefüllt. Diese Schicht war höchstens 2,5 Meter dick und wurde vor Planungsbeginn der Bodensanierung mittels einer Bodenluftabsaugung durch das Fachamt für Altlastensanierung der Umweltbehörde saniert.

Die Sanierung

Der CKW-Schaden sollte durch Bodenaustausch beseitigt werden, die belastete Grundwasserfahne außerhalb der Fläche anschließend durch ein hydraulisches Verfahren gesondert saniert werden.

Für den Bodenaustausch kamen zunächst drei Varianten infrage: erstens der offene Aus-

Objekt
Bodensanierung von LCKW-Schäden durch Vollaushub des Bodens und des Grundwassers durch überschnittene Großbohrungen, Reinigung des Bodens durch Bodenstrippung/Deponierung, Reinigung des Grundwassers durch Absorptionsanlage vor Ort

Standort
Grundstück Chrysanderstraße 24 und 25 sowie Bergedorfer Schloßstraße 14-16 in der Innenstadt von Hamburg-Bergedorf

Bauzeit
Hundert Arbeitstage im Zeitraum von Januar 1998 bis Juni 1998

Bauherr
Umweltbehörde Hamburg, Fachamt für Altlastensanierung (Abt. R3)

Ingenieure
Planung, Konzeption, Ausschreibung: BBI Geo- und Umwelttechnik Ingenieurgesellschaft mbH, Hamburg
Ausführung: Bauer Spezialtiefbau GmbH, Hamburg

1

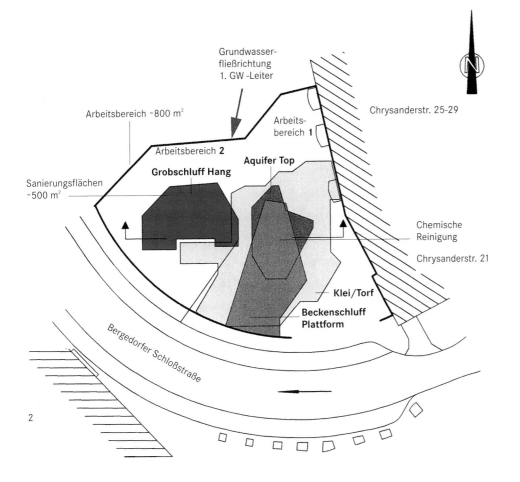

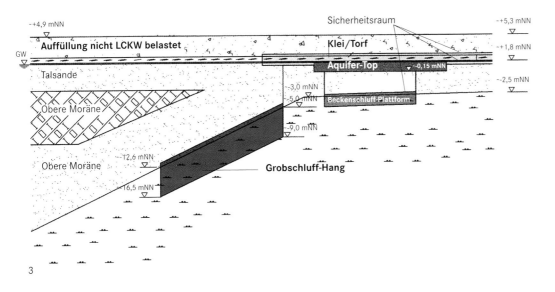

1. Luftbild **2.** Lageplan **3.** Schnitt: Bodenprofil/Belastungen

Sanierung der Ennepetalsperre

1. Vorgeschichte

Die Ennepetalsperre, deren Absperrbauwerk eine 320 Meter lange und 51 Meter hohe Gewichtsstaumauer aus Bruchsteinen ist, wurde zwischen 1902 und 1904 vom damaligen Eigentümer, dem Ennepe Wasserverband (EWV), erbaut, um den Abfluss der Ennepe zu vergleichmäßigen und dadurch den unterhalb angesiedelten Fabriken auch im Sommerhalbjahr zuverlässig Wasserkraft bereitzustellen. Ursprünglich war die Staumauer nur 41,4 Meter hoch, was einem Stauinhalt des Speichers von 10,3 Mio. m^3 entsprach. Zwischen 1910 und 1912 wurde der Mauerkrone zusätzlich ein zehn Meter hoher Mauerblock aus Bruchsteinen (Überbau) aufgesetzt. Dies schaffte die Möglichkeit, die Sperre um 2,5 Meter höher anzustauen und einen Stauinhalt von 12,6 Mio. m^3 zu erzeugen.

Die Ennepemauer war seinerzeit – entsprechend den von Prof. Intze bei den frühen Staumauern generell verwirklichten Entwurfsvorstellungen – ohne Berücksichtigung des Poren- bzw. Sohlenwasserdrucks, also des Auftriebs, bemessen worden. Entsprechend schlank ist der Querschnitt ausgefallen. Anfang der Achtzigerjahre ist dies von der Talsperrenaufsicht festgestellt und angesichts der zwischenzeitlich entstandenen Anschauungen über die physikalischen Wirkungen des Auftriebs zum Anlass genommen worden, die sofortige Anpassung der Staumauer an die anerkannten Regeln der Technik zu fordern. Gleichzeitig war der Stau aus Sicherheitsgründen um 2,3 Meter verringert und die Hochwasserentlastungsanlage bei sieben von dreizehn Feldern um dieses Maß eingetieft worden.

Aus verschiedenen Gründen ist es allerdings bis 1997 nicht zu einer Anpassung gekommen. Mitte Juni 1997 hat der Ruhrverband die Talsperre vom EWV übernommen. Er hat sich dabei verpflichtet, die Staumauer an die gültigen anerkannten Regeln der Technik anzupassen und auch ansonsten die für eine langzeitliche Gebrauchsfähigkeit erforderlichen Sanierungsmaßnahmen durchzuführen.

Die Ennepetalsperre dient zur Trinkwasserversorgung von 170 000 Einwohnern des Ennepe-Ruhr-Kreises. Sie kann daher während einer Sanierung nicht entleert werden.

2. Anpassungs- und Sanierungskonzept

Da die Sperre nicht entleert werden konnte, entwickelte der Ruhrverband ein Konzept zur Anpassung bzw. zur Sanierung, arbeitete dieses so weit durch, dass seine Realisierbarkeit außer Frage stand, und legte es der Talsperrenaufsicht zur Genehmigung vor. Es sah als Kernmaßnahme zur Schaffung ausreichender Standsicherheit einen Abbau des Auftriebs in Mauer und Untergrund vor. Dies beinhaltete, einen Drainagestollen nahe der Wasserseite (bei normalem Staubetrieb) aufzufahren, von dort aus Mauer und Untergrund flächig mit Injektionen abzudichten und ebenfalls von dort aus Mauer und Untergrund durch fächerförmig angeordnete Drainagebohrungen zu entspannen bzw. zu entwässern.

Die dadurch angestrebte Wirkung ist in den Abbildungen 2 und 3 schematisch aus dem Vergleich der beiden Situationen »1995« und »2000« zu entnehmen.

Angesichts der günstigen Berichte über die Durchlässigkeit der Mauer wurde dabei von vorneherein in Erwägung gezogen, auf die Abdichtungsmaßnahmen ganz oder teilweise zu verzichten, doch sollte eine Entscheidung erst nach dem Auffahren des Drainagestollens erfolgen.

Zur Drainage waren Fächer von jeweils vier Bohrungen vorgesehen, wovon drei die Mauer und eine den Untergrund entwässern sollten. Der Abstand der Fächer beträgt vier Meter.

Hinzukommen sollten noch eine Reihe von Sanierungsmaßnahmen zur langzeitlichen Verbesserung der Betriebssicherheit, jedoch ohne Einfluss auf die unmittelbare Gesamtstandsicherheit der Mauer. Zu sanieren waren an der Wasserseite die Einlaufstollen unter dem Intzekeil, die Schiebertürme, in den Randbereichen des Überbaus zerrissene Mauerwerkspfeiler, die Mauerkrone und die Randwege; die wasserseitigen Schieber, die Rohrleitungen und teilweise Zu- und Ablaufpegel waren zu erneuern, die Trinkwasserentnahmen neu zu gestalten, das Verblendmauerwerk an Luft- und Wasserseite (an letzterer soweit zugänglich) auszubessern.

3. Drainagestollen

Angesichts der beim Ruhrverband von der Möhnemauer vorliegenden Erfahrungen – dort war in den Siebzigerjahren ein Drainage- und Kontrollstollen während normalem Talsperrenbetrieb aufgefahren worden – war zunächst vorgesehen, 3,5 Meter von der Wasserseite entfernt in der Sohlenfläche der Mauer einen Stollen mit Hufeisenprofil bergmännisch herzu-

Objekt
Ennepetalsperre
Standort
Breckerfeld
Bauzeit
1902 bis 1904
Anpassung an die allgemein anerkannten Regeln der Technik: 1997 bis 2001
Bauherr
ursprünglich: Ennepe Wasserverband
nun: Ruhrverband
Ingenieure
Konzept, Planung, Berechnung, Ausschreibung, Vergabe, Bauüberwachung: Ruhrverband

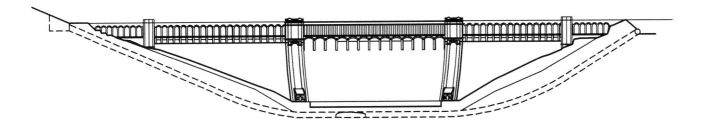

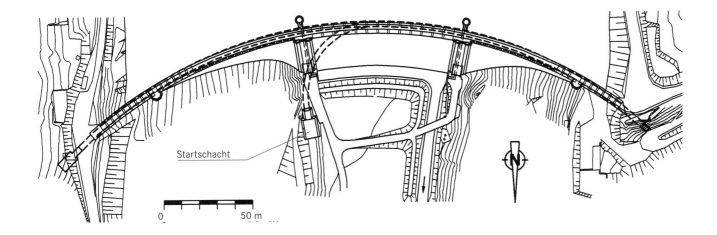

1. Ansicht Luftseite und Draufsicht der Talsperre mit projiziertem Stollenverlauf

2. Die Robbins 81-113-2-Tunnelbohrmaschine vor dem Startschacht

stellen. Er hätte bereits beim Vortrieb gesichert und anschließend mit einer Betonschale ausgekleidet werden müssen. Die angestrebte Drainagefunktion hätte besondere Vorkehrungen hinter der Schale notwendig gemacht. Wie bei jedem Sprengvortrieb wäre das Gebirge (bzw. Mauerwerk) hinter den Hohlraumwandungen auf eine gewisse Tiefe aufgelockert worden, was angesichts der Nähe zur Wasserseite unerwünscht gewesen wäre.

Die Talsperrenaufsicht hatte das vorgesehene Gesamtkonzept zur Sanierung zwar genehmigt, sich für das eigentliche Sprengen jedoch eigene Genehmigungen und die jederzeitige Eingriffsmöglichkeit in das Geschehen vorbehalten. Dies hätte die vertragliche Situation zwischen Bauherrn und Auftragnehmer unter Umständen sehr belasten können.

Aufgrund beider Randbedingungen (notwendige Sicherungs- bzw. Auskleidungsmaßnahmen und Genehmigungsvorbehalte) wurde vom Ruhrverband vorgeschlagen und von der Talsperrenaufsicht akzeptiert, den Drainagestollen nicht bergmännisch, sondern mit einer Vollschnittmaschine (TBM) aufzufahren. Zwar waren keine einschlägigen Erfahrungen bekannt, jedoch ließ das Verfahren – insbesondere was die Qualität des Stollens anbetraf – große Vorteile erwarten. So würden der Fels bzw. das Mauerwerk in der Umgebung des Stollens nicht aufgelockert, und der Stollen könnte voraussichtlich auf Dauer weitgehend ohne Auskleidung bestehen bleiben, was seiner Funktion als Großdrainage sehr entgegenkommen musste. Allerdings musste die Stollentrasse im Bereich der Hänge, um Knicke an den Hangkehlen zu vermeiden, etwas tiefer unter die Aufstandsfläche verlegt werden. Vorgesehen und ausgeführt wurde ein Kreisprofil mit drei Meter Durchmesser.

Problematisch erschien allerdings zu Anfang, dass der Stollen mit Rmin = 150 Meter stark gekrümmt sein musste, dass an den Hängen eine steil ansteigende Raumkurve (bis 30 Grad Neigung) bewältigt werden musste und dass der sehr kurze Stollen (ca. 370 Meter) für eine TBM eigentlich unwirtschaftlich war.

Notwendig war also der Einsatz einer kleinen, wendigen TBM mit geringen Fixkosten, die also nach Möglichkeit bereits abgeschrieben war. Unsere Umfragen haben ergeben, dass in erreichbarer Nähe einige Maschinen existierten, welche diese Bedingungen erfüllten.

Ende August 1997 wurde der Auftrag vergeben. Das beauftragte Bauunternehmen wollte sich einer Robbins 81-113-2 bedienen. Diese TBM weist nur ein Paar Gripper auf und ist daher besonders wendig. Dies wird jedoch erkauft durch begrenzte Richtungsstabilität. Das Bauunternehmen hatte entschieden, von ei-nem zehn Meter tiefen Startschacht aus – ca. dreißig Meter luftseitig des rechten Grundablassbauwerkes – zu beginnen. Die TBM war zu Anfang entgegen der Fließrichtung, also talaufwärts, und senkrecht zur Mauerlängsrichtung positioniert. Sie sollte vom Startschacht aus einen horizontalen Viertelkreis mit vierzig Meter Radius beschreiben, etwa in Talmitte in die Trasse des Drainagestollens einmünden und diesen zunächst bis zum linken Mauerende auffahren.

Für den weiteren Vortrieb hatte sich der Unternehmer zunächst zwei Optionen offen gehalten. Eine wäre gewesen, die TBM am linken Endpunkt nach der Bergung zu drehen, den aufgefahrenen Stollenast wieder hinab zu fahren, um dann in Talmitte den Stollenast unter der rechten Mauerhälfte aufzufahren. Das Bauunternehmen entschied sich jedoch für die zweite Option. Dazu wurde die TBM am linken Endpunkt geborgen und unten in der Startbaugrube wieder eingesetzt, diesmal jedoch mit dem »Heck« in Richtung Mauer. Von da aus wurde sie rückwärts durch den Zugangsstollen wieder bis zum Drainagestollen vorgeschoben und begann sodann, den rechten Ast des Drainagestollens aufzufahren.

Während der ersten ca. dreißig Meter verlief der Vortrieb, der Lernphase entsprechend, zwar nicht optimal, jedoch zügig. Dann allerdings wurde das Gestein für die TBM schwer bearbeitbar. Große Kluftkörper hoher Kantenfestigkeit wurden vom Schneidrad aus der Ortsbrust gerissen und – da sie nicht zertrümmert werden konnten – zwischen Schneidrad und Ortsbrust gewälzt. In Einzelfällen verklemmten sie sich gleichzeitig an der Ortsbrust sowie am Schneidrad und blockierten die TBM. Weiterer Vortrieb war auf diese Weise nicht mehr möglich.

Das Bauunternehmen wies aus diesem Anlass darauf hin, dass das Gestein erheblich fester sei als in den Vertragsgrundlagen beschrieben, und lehnte den weiteren Vortrieb mit der TBM ab. Da eine Ursache der Probleme u.a. darin gesehen wurde, dass das Schneidrad zwischen den Diskenmeißeln große Hohlräume (sog. »Taschen«) aufwies, in welchen sich die Kluftkörper verklemmen konnten, wurde vom Bauunternehmen vorgeschlagen, die Taschen durch vorgesetzte Ble-

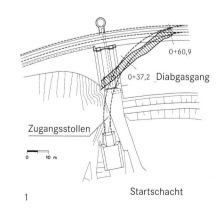

1

2

1. Lage des Diabasgangs zum Zugangsstollen

2. Veranschaulichung des Vortriebs unter der Mauer

3. Bergung der TBM am linken Hang

3

che zu verkleiden. Dazu musste die TBM geborgen und in ein Werk transportiert werden. Der Bauherr stimmte dem Vorschlag zu. Hierdurch bot sich zudem die Möglichkeit, die Ortsbrust zu kartieren und brauchbare Laborproben zu nehmen, eine horizontal vorauseilende Erkundungsbohrung vorzutreiben und Sprengversuche durchzuführen.

Letzteres war in dieser Situation angezeigt, denn nach den vorliegenden Erfahrungen wurde ein weiterer TBM-Vortrieb beim Bauunternehmen kritisch gesehen. Es wurden daher nacheinander, jeweils mit Einzelfreigaben durch die Talsperrenaufsicht und begleitet von Erschütterungsmessungen am rechten Grundablass, in dessen Nähe sich die Ortsbrust zu diesem Zeitpunkt befand, drei Abschläge geschossen, welche belegten, dass dieses Verfahren – falls alles andere scheitern würde – durchaus und auch in nächster Nähe der Wasserseite angewendet werden könnte.

Später lag das Ergebnis der mineralogischen Untersuchungen vor. Der überaus harte »Sandstein« hatte sich als Diabas erwiesen, und die horizontale Erkundungsbohrung ließ erkennen, dass es sich um einen ca. drei Meter mächtigen Gang handelte, der im Streichen ca. 45 Grad gegen die Tallängsrichtung gedreht war (und somit den Zugangsstollen in der zweiten Hälfte bis zur Einmündung in den eigentlichen Drainagestollen in Längsrichtung durchziehen würde) und vertikal einfiel. Das Bauunternehmen entschied sich nun für den Sprengvortrieb, und so wurde der stark gekrümmte Zugangsstollen bis nahe zu seinem Ende gesprengt und mit Spritzbeton gesichert. Im Mittel wurden dabei zwei Abschläge je Zwanzig-Stunden-Tag erreicht bei einer Leistung von ca. 1,5 Metern am Tag.

Mit dem Erreichen der Trasse des eigentlichen Drainagestollens wurde der Vortrieb wieder mit der TBM fortgesetzt. Lässt man einige Maschinenausfälle in dieser Zeit außer Betracht, so wurden bei zwanzig Stunden Arbeitszeit im Mittel 4,5 Meter am Tag erreicht, mit einer Spitzenleistung von ca. 14 Metern. Nachdem die Maschine an der Geländeoberfläche angekommen war, wurde sie zerlegt und im Tal wiederum in den Startschacht eingeführt, diesmal jedoch mit dem Heck voran. Sie wurde nun bis zur Einmündung in den Drainagestollen vorgezogen und begann am 29. Juni 1998 mit dem Auffahren des rechten Abschnittes. Am 18. August, nach ca. sieben Wochen und nach einer mittleren Tagesleistung von 6,7 Metern und einer Höchstleistung von zwanzig Metern am Tag, erreichte sie den Zielschacht am rechten Ende der Mauer.

Insgesamt lässt sich feststellen, dass die TBM einen weitgehend glatten, kreisförmigen Stollen erzeugt hat, der auf 90 bis 95 Prozent der Gesamtlänge unausgekleidet und ohne Sicherung auf Dauer stehen kann. Im Talbereich liegt die obere Hälfte des Stollens in der Mauer. Da dieser Teil praktisch ohne Verbau steht, ergeben sich hervorragende Einblicke in das »Innenleben« des vor einhundert Jahren ausgeführten Mauerwerks. Die Qualität des Mauerwerks derartiger Bauwerke ist im letzten Jahrzehnt oftmals Gegenstand lebhafter Diskussionen gewesen. Daher kann dem an diesen Fragen interessierten Fachmann die Besichtigung dieses Großaufschlusses durchaus empfohlen werden.

Bemerkenswert ist ferner die im Stollen nach Beendigung des Stollenvortriebs, jedoch vor dem Bohren der Drainagen angefallene Sickerwassermenge. Bei bis zum damals zulässigen Stauziel gefüllter Sperre werden bei Trockenwetter ca. 4 l/s gemessen, was mit den Prognosen bestens korrespondiert.

Interessant ist ein Kostenvergleich zwischen Sprengvortrieb und TBM-Vortrieb. Beides ist im Nachhinein kalkulierbar, weil mit dem Unternehmerangebot auch Preise für den Sprengvortrieb hereingegeben worden sind. Werden Sicherung und Auskleidung mit in die Betrachtung einbezogen, werden also die fertigen Stollen verglichen, so hat sich der maschinell aufgefahrene Hohlraum in diesem Falle als um 1,5 Mio. DM preiswerter erwiesen.

Die Arbeiten sind inzwischen (August 2001) insgesamt bis auf kleine Reste erfolgreich und im Kostenrahmen liegend beendet. Die Talsperre ist mittlerweile wieder beim ursprünglichen Stauziel eingestaut.

Peter Rißler

1

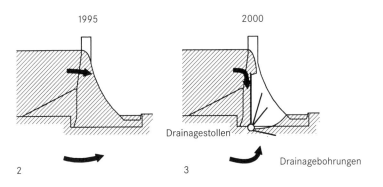

1. Drainagestollen am linken Hang

2.-3. Schematische Darstellung der Staumauer vor und nach der Sanierungsmaßnahme

Der Tiergarten-Tunnel in Berlin

Der Zweite Weltkrieg und die Teilung Berlins rissen die organisch gewachsenen Verbindungen zwischen vielen Stadtteilen auseinander. Sowohl in Ost- als auch in Westberlin entwickelten sich eigenständige, kaum miteinander verbundene Verkehrswege. Mit dem Fall der Mauer, der Wiedervereinigung Deutschlands und dem Beschluss, den Sitz der Bundesregierung von Bonn nach Berlin zu verlegen, bot sich die Chance, jahrzehntelang unterbrochene Schienenwege wieder zusammenzufügen und um ein modernes, den Aufgaben einer wachsenden Metropole gerecht werdendes Verkehrskonzept zu ergänzen. Berlin soll wieder eine Drehscheibe des europäischen Eisenbahnverkehrs werden.

Um dieses Ziel zu erreichen, hat man im Rahmen der Bundesverkehrswegeplanung für das Berliner Bahnnetz ein neues Streckenmodell erarbeitet: das sogenannte Pilzkonzept. Dabei bildet die Ost-West-Verbindung mit Nordring und Stadtbahn (Berliner Innenring) den Hut dieses Pilzes, während die Durchquerung der Stadt in Nord-Süd-Richtung den Stil darstellt. Kernstück dieses Infrastrukturprojekts ist die Untertunnelung des Regierungsviertels und des Potsdamer Platzes vom Gleisdreieck südlich des Landwehrkanals bis zum Lehrter Bahnhof. Rund 5,9 Mrd. DM werden vermutlich bis zur endgültigen Fertigstellung des 3,4 Kilometer langen, viergleisigen Eisenbahntunnels ausgegeben, fast genau zwei Mrd. DM mehr als ursprünglich geplant. Wann die Bauarbeiten abgeschlossen sein werden, ist noch nicht hundertprozentig sicher; es ist geplant, dass die Fernbahn spätestens Ende 2006 den »Pilz-Stiel« befahren können wird.

Riesenmaulwürfe, Flussumleitung, Weltsensation im Tunnelbau und Betonieren unter Wasser: Mit solchen Schlagworten wurden und werden noch immer die mit dem Projekt betrauten Ingenieure ständig konfrontiert. Doch die eher zu Sachlichkeit neigenden Techniker sind von einer allzu populären Darstellung ihrer Arbeit nicht gerade begeistert. Tunnelbohrmaschinen seien nun einmal keine Maulwürfe, und bereits die Römer hätten es geschafft, Beton unter Wasser zum Abbinden zu bringen. Und auch die Vorteile des Bauens mit Senkkästen waren schon im Altertum bekannt. Der griechische Geschichtsschreiber Herodot erwähnte im 5. Jahrhundert v. Chr. das Verfahren beim Bau des Hafens Samos.

Alle beim Bau des Tiergarten-Tunnels eingesetzten Techniken und Verfahren werden seit langem beherrscht. Nur die Summe der Aktivitäten auf engstem Raum und zum Teil die schiere Größe einzelner Baumaßnahmen übersteigen das Normalmaß.

Schwierigkeiten bereitete vor allem der Baugrund. Das gesamte Regierungsviertel schwimmt auf Sand und Schlamm. Erst in fünfzig Metern Tiefe liegt eine festere Sohle aus Geschiebemergel. Da Gründungen bis in diese soliden Schichten hinein nicht zu bezahlen sind, muss man in Berlin den Sandbau beherrschen. Grundsätzlich ist das kein Problem. Doch wenn der Sand – wie an dieser Stelle wegen der Nähe zu Spree und Landwehrkanal – wassergetränkt ist, kann man nicht einfach drauflos schaufeln. Ginge man so vor, würden die Baugruben bereits nach wenigen Metern seitlich einbrechen. Doch nicht nur diese »Sandbrei-Problematik« erforderte eine ausgetüftelte Technik für das Herstellen der Baugruben, sondern auch eine aus heutiger Sicht nicht mehr wegzudenkende Naturschutz-Auflage: Der Grundwasserspiegel in Berlins Mitte durfte während der Bauarbeiten um nicht mehr als einen halben Meter sinken, damit die Wurzeln der Bäume im Tiergarten und die Eichenpfähle, auf denen der Reichstag gegründet ist, nicht »trockenfallen«.

Gleich drei unterschiedliche Techniken wurden beim Tunnelbau in Berlin eingesetzt: die sogenannte offene Bauweise, die Senkkastenmethode und das Auffahren eines Tunnels mit einer Vollschnittmaschine.

Die offene Bauweise: Wie der Name schon verrät, handelt es sich hierbei um nach oben offene Baugruben. Das bedeutet aber nicht, dass die in den Gruben stehenden Arbeiter während der gesamten Bauzeit den Himmel sahen – ganz im Gegenteil. Während des Betonierens der Fundamentplatten der einzelnen Bauabschnitte waren die Taucher auf dem Grund der wassergefüllten Baugruben im Einsatz. Sie hielten und dirigierten das Schlauchende der Betonpumpe und sorgten so dafür, dass sich der Zementbrei nahtlos zu einem homogenen Gesteinskörper zusammenfügte. Doch bis die Männer, die sich im trüben Wasser auf ihren Tastsinn verlassen mussten, ihren Part übernehmen konnten, mussten einige Vorarbeiten geleistet werden. Es begann mit dem Ausheben der Schlitzwände, welche die Baugrube seitlich begrenzen. Mit Spezial-

Objekt
Nord-Süd-Verbindung Berlin
Ort(e):
Berlin: Abschnitt 1: Lehrter Bahnhof, Abschnitt 2: Spreebogen, Abschnitt 3 Nord: Schildvortrieb, Abschnitt 4: Potsdamer Platz, Abschnitt 3 Süd: Schildvortrieb, Abschnitt 5: Bahnhof Papestraße
Bauzeit
Baubeginn 1995
Bauherr
Deutsche Bahn AG
Bundesrepublik Deutschland
Projektmanagment
DB Projekt Verkehrsbau GmbH

Die offene Wand-Sohle-Bauweise

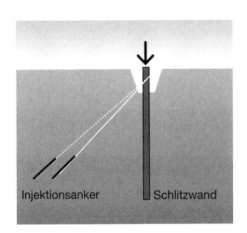
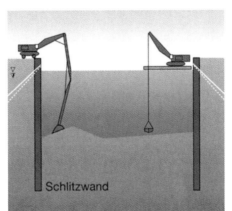
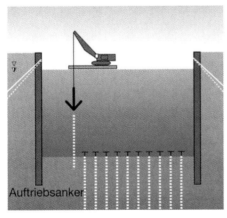
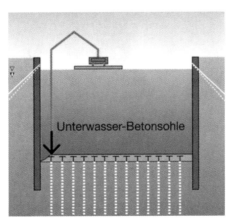
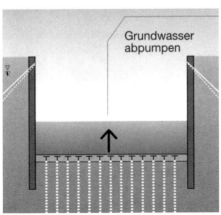
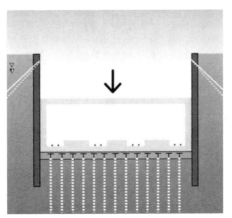

Seilbaggern wurden einen Meter breite, fünf Meter lange und bis unter die spätere Sohlenplatte reichende Löcher ausgehoben. Um ein Nachrutschen des seitlich ungesichert anstehenden Erdreichs zu verhindern, mischte man dem Grundwasser, das sich in den Schlitzen sammelte, Bentonit zu. Mit diesem Tonmaterial kann man die bis rund dreißig Meter Tiefe herunterreichenden Löcher vorübergehend stabilisieren. Betoniert wurde dann von unten nach oben: Der eingebrachte Beton verdrängte dabei die darüberstehende Bentonitmischung. In dieser Phase musste man darauf achten, dass sich der Beton am Boden der Schlitze nicht entmischte und damit Schwachpunkte entstanden.

Entscheidend für die Standfestigkeit der Grube ist eine lückenlose Verbindung der aus einer Kette von ausbetonierten Schlitzen sich bildenden Trogwand. Die Nahtstellen zwischen den Betonsäulen sind die kritischen Punkte der gesamten Konstruktion. Welche Auswirkungen ein Fertigungsfehler an einer dieser Stoßkanten haben kann, wurde im Oktober 1996 deutlich. Mit einem lauten Knall tat sich ein Loch in der Wand einer bereits bis auf zwanzig Meter Tiefe gelenzten Baugrube am Potsdamer Platz auf. Die Wassermassen spritzten als gewaltige Fontäne in das fast fertige Bauloch: Rund 1200 Kubikmeter je Stunde sammelten sich dort. Der Wasserspiegel außerhalb der Grube sank schnell, der Erddruck auf die Wand stieg. Nach einigen Stunden brach eine in der Nähe verlaufende Baustellenstraße ein. Alle Abdicht- und Stopfversuche misslangen. Der Wasserdruck war zu groß, und geeignetes Dichtungsmaterial lag nicht bereit. Um einen noch höheren Schaden zu verhindern, entschloss man sich, die Grube zu fluten. Aus dem einige hundert Meter entfernt verlaufenden Landwehrkanal wurde drei Tage lang Wasser über alle verfügbaren Rohre und Schläuche gepumpt. Erst ein ausgeglichener Wasserspiegel ermöglichte das Abdichten der Leckage. Insgesamt kam es während des Baus der gesamten Tunnelstrecke immer wieder zu kleineren Undichtigkeiten und damit zum Teil zu Bauverzögerungen: Bei der angewandten Sorgfalt sind das überdeutliche Anzeigen, mit welch schweren äußeren Bedingungen man beim Tunnelbau in Berlin rechnen muss.

Die besondere geologische Situation hat auch Konsequenzen für den Aufbau der Bodenplatten der Berliner Fundamentwannen. Sie bestehen aus mehreren Schichten. Unten liegt eine etwa 1,5 Meter dicke Betondecke, die mit einer rund zwei Meter starken Kiesschicht beschwert wird. Nach oben hin abgeschlossen wird die Bodenkonstruktion mit einer ebenfalls rund 1,5 Meter mächtigen Platte aus einem speziellen Stahlfaser-Beton. Um diesen dreilagigen Unterbau gegen den Auftriebsdruck des Grundwassers zu sichern und ihn zusätzlich zu seinem Eigengewicht gegen Auftrieb zu schützen, wurden die Betonsohlen mit zahlreichen Ankern gesichert.

Besonders spektakulär war das Einrichten offener Baugruben im Bereich der Spree. Hier musste der Fluss mehrmals umgeleitet werden, damit der Schiffsverkehr auf der Spree nicht gestört wurde und gleichzeitig eine große gemeinsame Baugrube für den Bau der Tunnels für die Fernbahn, die U-Bahn und für die Bundesstraße 96 erstellet werden konnte (auf dem Stück zwischen Reichstag und Lehrter Bahnhof verlaufen Bahn, die U5 und die B96 »gebündelt«).

Senkkasten: Die wohl spektakulärste Technik, die beim Bau des Tiergartentunnels, am Lenné-Dreieck (nördlich des Potsdamer Platzes) und am Gleisdreieck eingesetzt wurde, war das Absenken von sechs rund vierzig Meter breiten und bis zu vierzehn Meter hohen Caissons. Sie wurden zuvor auf der Erdoberfläche in konventioneller Schalungsmethode hergestellt. Mit einem Abstand von jeweils einem Meter wurden die bis zu 25 000 Tonnen schweren Tunnelsegmente aufgebaut – auf sogenannten Erdmodellen, den unteren Schalungsflächen der Senkkästen. Unter die Außenwände der Caissons wurde eine Art von Kufen betoniert. Diese Kufen begrenzten beim anschließenden Spülvorgang den Arbeitsraum seitlich und drückten sich langsam in den Boden. Die innere Schräge dieser Schneiden diente dabei als »Bremsfläche«.

Doch wie bekommt man die Caissons unter die Erde? Unter der Bodenplatte der Senkkästen wird erst einmal ein kleiner Arbeitsraum freigegraben – gerade groß genug, um einige Tiefbauarbeiter aufzunehmen, die mit kraftvollen Spülkanonen das Erdreich lösen. Das dabei anfallende Wasser-Sand-Gemisch wird abgepumpt. Feste Bestandteile werden aus der Spülmischung abgetrennt, und das Wasser wird dann zu den Spülkanonen zurückgeführt. Da sich die ganze Prozedur unterhalb des Grundwasserspiegels abspielt, sorgt ein – im Zuge des Baufortschritts zunehmender – Überdruck in der Arbeitskammer dafür, dass kein Wasser eindringen kann. Mit

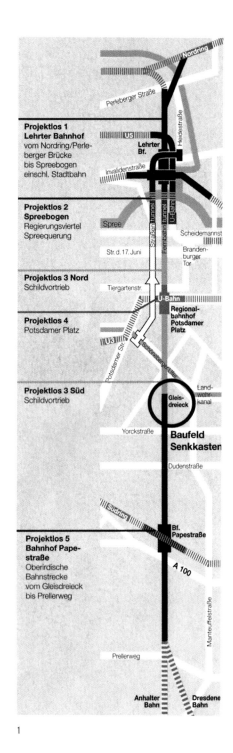

1

1. Übersicht über die fünf Abschnitte des Gesamtbauvorhabens

2. Senkkastenverfahren: Betonierung der Arbeitskammerdecke

3. Senkkastenverfahren

2

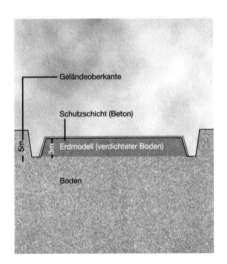
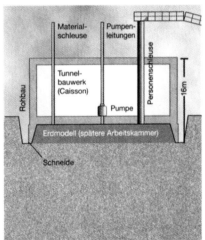
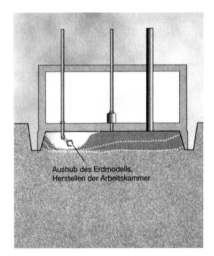
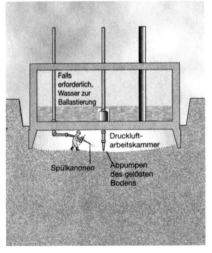
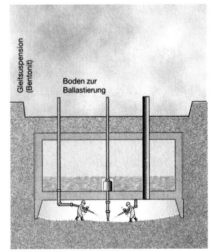

3

dieser Methode lassen sich die Caissons am Tag rund einen halben Meter weit in den Untergrund einspülen. Hatten die Senkkästen ihre Soll-Tiefe erreicht, herrschte in den Kammern ein Arbeitsdruck von 2,3 bar. Um sich auf diese »Tauchtiefe« von 23 Metern vorzubereiten, mussten die Arbeiter für jeweils vier Stunden vor und nach ihrem Arbeitseinsatz in eine Dekompressionskammer. Für die eigentliche Arbeit – das Erdspülen – blieben bei einem Vierschichtbetrieb dann nur noch vier Stunden übrig. Für den Zugang von Personal, für das Ein- und Ausbauen der Geräte und für das Beliefern mit Material standen Druckschleusen bereit.

Um eine Schieflage der Caissons mit einem plötzlichen Luftausbruch und einem gleichzeitigen Wassereinbruch zu verhindern, wurde die Lage der Senkkästen ständig exakt kontrolliert. Dazu nutzte man Messgeräte, mit denen die Position der vier Eckpunkte der Betonschachteln millimetergenau erfasst werden konnten. Trotz dieser Präzision und eines sehr kontrolliert verlaufenden Absenkvorgangs blieb auch die Senkkastentechnik nicht von Pannen verschont.

Im Juli 1997 kam es in dem nördlichsten, als »Startbox« für die Schildvortriebsmaschine vorgesehenen Senkkasten zu einem unkontrollierten Wassereinbruch. Um die Bohrmaschine im bereits vollständig abgesenkten Tunnelkasten anfahren zu können, musste an dessen Stirnseite eine kreisrunde Öffnung aufgestemmt werden. Zuvor war an der Außenseite der Stirnwand eine mehrere Meter dicke Erdschicht durch eingespritzten Bentonit verfestigt worden. Kurz bevor die Stemmarbeiten beendet waren, muss es in dieser äußeren Dichtschicht zu einem Leck gekommen sein. Zuerst trat nur Wasser ein, später wurden dann Sand und Schlamm mitgerissen, so dass man sich entschließen musste, den Tunnelkasten zu fluten, um einen Druckausgleich herzustellen und weiteren Schlammeinbruch zu verhindern. Menschen kamen nicht zu Schaden. Auch die Bohrmaschine blieb unbeschädigt: Es war vorgesehen, mit dem Aufbau der Maschine am Tag nach dem Wassereinbruch zu beginnen.

Schildvortrieb: Das Bohren in Sand und tonigen Erden ist für Schildvortriebsmaschinen eigentlich ein Kinderspiel. Auch das Arbeiten im Grundwasserbereich wird schon lange sicher beherrscht. Schwierig war die Arbeit der beiden in Berlin eingesetzten, rund fünfzig Meter langen »flüssigkeitsgestützten« Maschinen des Schwanauer Herstellers Herrenknecht vor allem wegen des notorischen Platzmangels. Die Startgruben der Maschinen – hergestellt in offener Bauweise und nach dem Senkkastenprinzip – waren so knapp bemessen, dass die beiden Tunnelbohrer erst in ganzer Länge montiert werden konnten, nachdem sich die Bohrköpfe bereits einige Meter in das Erdreich vorgetastet hatten.

Ursprünglich war vorgesehen, dass jede der Maschinen eine der jeweils 700 und 570 Meter langen Tunnelstrecken zwischen dem Platz der Republik unter dem Tiergarten hindurch zum Lenné-Dreieck sowie vom Gleisdreieck unter dem Landwehrkanal hindurch zum Potsdamer Platz allein abarbeiten sollte. Die Maschinen sollten jeweils an ihrem Zielpunkt wenden und sich so zwischen den Baugruben hin und her »mäandernd« bewegen. Nach dem Wassereinbruch im Senkkasten am Gleisdreieck musste dann umdisponiert werden. Beide Maschinen begannen ihre Arbeit am Reichstag. Eine Maschine fuhr hier drei Strecken auf, während die zweite Maschine nach ihrer Jungfernfahrt gleich zur Baugrube Gleisdreieck transportiert wurde. Später folgte ihr dann Maschine eins nach. Ein Wenden der Maschinen war jetzt nicht mehr möglich, da man aus Sicherheitsüberlegungen am Eintritt in die Baugrube am Potsdamer Platz druckdichte »Ausfahrtöpfe« installiert hatte, um gegen unkontrollierte Wassereinbrüche zuverlässig gewappnet zu sein. Eine Maßnahme, die sich bewährt hat.

Außer der notorischen Enge in den Baugruben bereitete auch der nur schwer berechenbare Berliner Baugrund den Tunnelbauern Ärger: Immer wieder blockierten riesige Findlinge die Schneidmesser. Dann musste ein Mann in die Druckkammer, um sich langsam an die Umgebungsbedingungen von 2,2 bar vor dem Schneidrad anzupassen, mit denen die Ortsbrust gehalten wurde. Das Zertrümmern der Steine dauerte dann mitunter Stunden. Doch insgesamt arbeiteten die Schildvortriebmaschinen überaus zügig. Auf sie zumindest ist keine Bauzeitverzögerung zurückzuführen.

Ende April 2001 konnte der Schildvortrieb abgeschlossen werden. Inzwischen ist die gesamte Tunnelstrecke zwischen Gleisdreieck und Lehrter Bahnhof im Rohbau fertig.
Georg Küffner

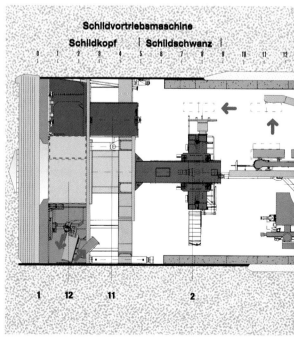

3

1

2

1. Montage der Schildvortriebsmaschine

2. Blick aus einer der Tunnelröhren in Richtung der Startbaugrube am Reichstag. Noch verlaufen hier die Versorgungsgleise der Schildvortriebsmaschine. Jeder Ring besteht aus sieben Tübbings und einem keilförmigen Abschlusselement. Der Innendurchmesser der Ringe beträgt 7,85 Meter.

3. Schildvortriebsmaschine: 1 Erdreich, 2 Erektor, 3 Wagen für Verpressmörtel, 4 Verpressmörtel, 5 Tübbing, 6 Wagen für Tübbing, 7 Feldbahngleis, 8 Frischluftversorgung, 9 Tübbingverladekran, 10 Tübbingübergabekran, 11 Druckluft, 12 Stützflüssigkeit

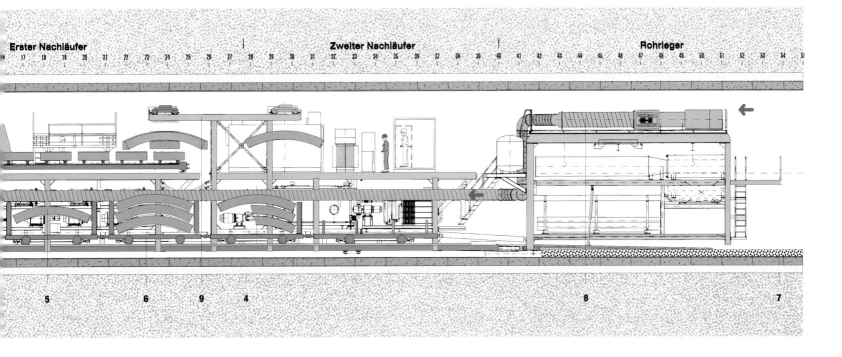

Killesbergturm Stuttgart

Schön ist, was nützlich ist. Diesem ästhetischen Glaubensbekenntnis gehorchend, hat die Moderne so ziemlich allen Nippes über Bord geworfen, der keinem anderen Zweck dient, als das Auge zu erfreuen, sich von allem Zierrat verabschiedet und das Ornament zum Verbrechen erklärt. »Form follows function«, lautet der Schlachtruf der Architektur seit Louis Sullivan, und der Bauwirtschaftsfunktionalismus des zwanzigsten Jahrhunderts hat dann auch noch frohgemut die Umkehrung des Satzes zur Ultima ratio erhoben: Nützlich ist schon schön genug. Stuttgart besteht zu einem großen Teil aus solchen Häusern und Straßen und Plätzen. Aber schön ist anders.

So gesehen ist der neue Aussichtsturm auf dem Killesberg reiner Nippes – durch und durch funktional konstruiert zwar, aber nur dazu da, um raufzusteigen und runterzugucken. Kein Mensch braucht sowas. Und doch führt dieses filigrane Gebilde den Beweis, dass manchmal nichts so schön ist wie gerade das Überflüssige. Man denke an den Chinesischen Turm im Englischen Garten zu München oder das Teehaus im Schlosspark von Sanssouci oder auch an sein viel bescheideneres bürgerliches Gegenstück auf dem Bopser in Stuttgart – lauter schöne Nichtsnutze, an denen sich der Mensch in seiner Eigenschaft als Spaziergänger delektieren kann und die er um keinen Preis mehr missen möchte.

Der Killesbergturm von Schlaich, Bergermann und Partner ist ein Hauch von Turm, eine reine Ingenieurkonstruktion, die auf ein einigermaßen überraschendes Vorbild zurückgeht: einen Kühlturm, den die Stuttgarter Ingenieure 1974 in Schmehausen gebaut haben und der wie sein Ableger auf dem Killesberg aus einem Seilnetztragwerk besteht. Das taillierte Seilnetz spannt sich zwischen einem im Boden verankerten Fundamentring aus Beton und einem Stahlring am oberen Rand, der gewissermaßen wie ein Adventskranz an einem zentralen Betonmast hängt beziehungsweise so nach oben gezogen wird, dass die Seile vorgespannt sind. Im Gegensatz zum Kühlturm, dessen Tragwerk unter einer Blechhülle verschwindet, stellt der Aussichtsturm jedoch dauerhaft sein Gerüst zur Schau: ein weitmaschiges Netz aus Stahlseilen, das es dem Hinaufsteigenden von jedem Punkt aus erlaubt, den Blick über die Stadt und in die Landschaft bis ins Neckartal und zum Schwarzwald schweifen zu lassen.

Eben darum ging es den Ingenieuren, als sie den Killesbergturm ersannen. Ihr Bau sollte keiner jener herkömmlichen Aussichtstürme werden, in denen man sich über eine enge, finstere Wendeltreppe zu einer winzigen Plattform hinaufzwängt, um sich, von den Nachkommenden verscheucht, alsbald wieder abwärts an schwitzenden Ausflüglern vorbeizuquetschen. Auch an den 1974 abgebrochenen und zu Recht vergessenen Vorgänger an derselben Stelle auf einer Anhöhe im Killesbergpark, einen 21 Meter hohen Turm mit dem Charme eines Aufzugschachts ohne Gebäudehülle drumrum, erinnert diese transparente, luftige Konstruktion in nichts mehr.

Der neue Turm ist mit seinen vierzig Metern Höhe bis zur Mastspitze, dem oberen Ring in 33,5 Metern Höhe und den vier Plattformen mit 14,5, 10,4, 8,2 und 7,8 Metern Durchmesser in 8, 16, 24 und 31 Metern Höhe großzügig dimensioniert. Auf einen Lift wie überhaupt auf alles Technische haben die Konstrukteure verzichtet und sich stattdessen auf das Notwendigste und Einfachste beschränkt: auf Treppen eben. Wer ganz hinauf will, muss 174 Stufen erklimmen. Um die üblichen schmalen Wendeln handelt es sich freilich nicht, sondern um weit geschwungene Spiralen, noch dazu um doppelläufige, so dass Auf- und Absteiger sich nicht in die Quere kommen können. Überholen ist auf den 110 Zentimeter breiten Stufen gefahrlos möglich, da der Gegenverkehr entfällt. Und wenn es sein muss, verkraftet dieses dem Anschein nach so zarte Leichtgewicht mit seinen Eigenlasten von achtzig Tonnen (ohne Fundamente) gleich 2230 Menschen à achtzig Kilogramm auf einmal.

Die Bürger hatten den Turm schon zu ihrer Sache gemacht, als er noch reine Idee war. Finanziert wurde das Projekt ohne öffentliche Zuschüsse vom Verschönerungsverein der Stadt und mit Hilfe von Spenden. Zehn Jahre hat es bis zur Realisierung gedauert. Seit dem Sommer steht es nun endlich da, das elegante Türmchen. Gut möglich, dass es ein neues Stuttgarter Wahrzeichen wird. Das Zeug dazu hätte es zweifellos – als kleinwüchsiges Pendant zum Fernsehturm auf der gegenüberliegenden Seite des Talkessels, aber wie jener eine wahrhaft ingeniöse Erfindung made in Stuttgart.

Amber Sayah

Objekt
Killesbergturm Stuttgart
Standort
Killesberg, Stuttgart
Bauzeit
Oktober 2000 bis Juli 2001
Bauherr
Verschönerungsverein der Stadt Stuttgart e.V., Stuttgart
Ingenieure und Architekten
Entwurf, Planung und Bauüberwachung: Schlaich Bergermann und Partner BR, Stuttgart
Planung und Überwachung der Aussenanlagen: Luz Landschaftsarchitektur, Stuttgart

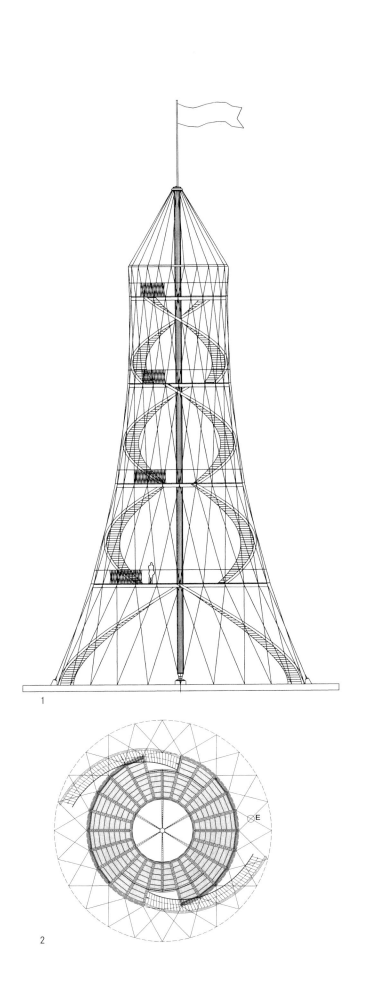

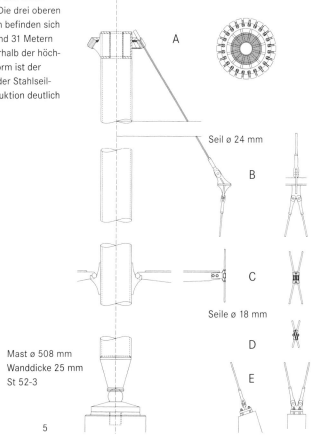

1. Ansicht des Turms mit doppelläufiger Treppenspirale

2. Draufsicht

3. Blick von unten durch die erste von vier Plattformen

4. Blick auf den Killesbergturm. Die drei oberen Plattformen befinden sich in 16, 24 und 31 Metern Höhe. Oberhalb der höchsten Plattform ist der Druckring der Stahlseil-Netzkonstruktion deutlich zu sehen.

5. Detail. A: Mastkopf mit Verankerungsring und Aufhängeseil; B: der Druckring mit nach oben laufendem Aufhängeseil; C: Plattform mit Anschluss an den Mast über Konsolen und Anschluss an die Seilkonstruktion über Klemmen; D: Klemme mit sich kreuzenden Netzseilen; E: Verankerung der Netzseile über einen Bügelbock auf dem Fundamentsockel

Sozialer Geschosswohnungsbau als Passivhaus in Kassel

Die ersten Passivhäuser im sozialen Geschosswohnungsbau sind nach Plänen der Architekten Hegger/Hegger/Schleif (HHS, Kassel), dem Büro für Architektur und Stadtplanung (ASP, Kassel) und von Prof. Schneider (Detmold) gebaut worden. Bauherrin war die gemeinnützige Wohnungsbaugesellschaft der Stadt Kassel. Durch das hier konsequent umgesetzte Passivhauskonzept wird der Wärmebedarf der Wohnungen so weit verringert, dass die Zufuhr der noch erforderlichen Heizwärme über die Frischluftversorgung erfolgen kann: Die gemessenen Heizleistungen in den seit Mitte 2000 bewohnten Gebäuden überschreiten 10 W/m^3 auch in Kälteperioden nicht; die Temperaturen in den Wohnungen sind nach individuellen Wünschen unterschiedlich hoch, im Durchschnitt liegen sie bei über 21°C. Im Winter ist die Raumtemperatur von der Außenlufttemperatur praktisch unabhängig.

Der gemessene Heizwärmeverbrauch des Winters 2000/2001 im Passivhaus Kassel Marbachshöhe ist um 82 Prozent geringer als der Verbrauch eines ansonsten gleichen Gebäudes, wenn es entsprechend der gültigen Wärmeschutzverordnung von 1995 gebaut worden wäre. Auch für den sozialen Geschosswohnungsbau in verschatteter Lage und mit nicht solaroptimierter Orientierung ist damit der Beweis erbracht, dass das Passivhauskonzept funktioniert und tatsächlich zu den vorausberechneten extrem niedrigen Verbrauchswerten führt. Die in Kassel durchgeführten Messungen waren Teil des von der EU und vom Land Hessen geförderten CEPHEUS-Projektes, bei welchem an 14 Standorten insgesamt 221 Wohneinheiten realisiert wurden.

Während die frühen Pionierversuche zum energiesparenden Bauen häufig mit aufwendigen, technisch komplexen und daher teuren Zusatzsystemen ausgestattet waren, setzt das Passivhauskonzept ganz bewusst auf einfache, überwiegend passive, wartungsarme und wartungsfreundliche Technik, die zudem noch in die traditionellen Komponenten eines Wohnhauses leicht integriert werden kann. Damit wird zweierlei erreicht: Zum einen eine zuverlässige und nutzerfreundliche Funktion, zum anderen eine Begrenzung des Herstellungsaufwandes auf eine akzeptable Größenordnung. Die ökonomische Tragfähigkeit des Passivhauskonzeptes zu demonstrieren war eine wesentliche weitere Zielsetzung des CEPHEUS-Projektes. Dies ist bei den deutschen CEPHEUS-Projekten überzeugend gelungen: Bei den Geschosswohnungsbauten in Kassel konnten die Kostenobergrenzen der Richtlinien für den sozialen Wohnungsbau des Landes Hessen eingehalten werden.

Das Passivhauskonzept beruht auf einer sehr weitgehenden Verringerung der Wärmeverluste eines Gebäudes. Dadurch werden der technische Aufwand für die Heizung und die Betriebskosten auf einen Bruchteil des sonst Üblichen gesenkt.

Hochwärmedämmende Bauteile sind im Rahmen der Passivhausentwicklung für nahezu alle heute gängigen Komponenten der Gebäudehülle entwickelt worden.

In Kassel-Marbachshöhe liegen die U-Werte (früher: k-Werte) von Wänden, Dächern und EG-Fußböden zwischen 0,11 und 0,13 W/(m^{2}K). Durch die gute Dämmung wird nicht nur der Wärmeverlust reduziert; vielmehr steigt auch im Winter die innere Oberflächentemperatur der Bauteile bis nahe an die Raumlufttemperatur an, so dass sich eine spürbar bessere Behaglichkeit und ein automatischer Tauwasserschutz ergeben. Dies wurde durch thermografische Aufnahmen von der Innenseite bestätigt.

Der Sinn einer so weitgehenden Wärmedämmung war häufig mit Hinweis auf unvermeidbare Wärmebrücken infrage gestellt worden. Dies hat für das Passivhaus zur Entwicklung eines neuen Konzeptes, nämlich des »Wärmebrückenfreien Konstruierens« geführt: Durch planerische Mittel werden während der Detailplanung Anschlüsse und andere kritische Bereiche so entworfen, dass die verbleibende Wärmebrückenwirkung in der Gesamtheit des Gebäudes vernachlässigbar bleibt. Das Konzept konnte bei diesen Mehrfamilienhäusern erfolgreich umgesetzt werden. Auch die Prinzipien einer zuverlässig luftdichten Gebäudehülle, in Kassel-Marbachshöhe durch durchgehenden Innenputz realisiert, haben sich in CEPHEUS bewährt.

Zu Beginn des Projekts war die Zahl der am Markt verfügbaren für Passivhäuser geeigneten Fenster noch sehr klein; insgesamt nahm die Nachfrage nach geeigneten Fenstern zu, so dass im Jahr 2001 mehr als zwanzig Fabrikate am Markt angeboten werden. Auch für das Projekt in Kassel wurde ein geeigneter Fenstertyp speziell entwickelt. Für die Fensterqualität entscheidend ist die Einhaltung der Kom-

Objekt
Passivhäuser Kassel-Marbachshöhe
Vierzig Sozialwohnungen in Passivhausbauweise
Standort
Auguste-Förster-Straße/Marie-Calm-Straße/Julie-von-Kästner-Straße, Kassel-Marbachshöhe
Bauzeit
April 1999 bis Mai 2000
Bauherr
GWG – Gemeinnützige Wohnungsbaugesellschaft der Stadt Kassel gGmbH
Ingenieure und Architekten
Tragwerksplanung, Konstruktionsdetails, Schallschutznachweis: Ingenieurbüro Klute + Klute, Beratende Ingenieure VBI, Kassel
Haustechnik: Lüftungs-, Elektro-, Sanitärplanung: innovaTec Energiesysteme GmbH, Ahnatal-Weimar
Passivhausberatung und -simulation: Passivhaus Institut Dr. Wolfgang Feist, Darmstadt
Architekten: ASP, Kassel: Gebäude 2, Kopfbau
HHS, Kassel: Gebäude 2, Riegel
Prof. Dr.-Ing. E. Schneider und Partner, Detmold: Gebäude 1

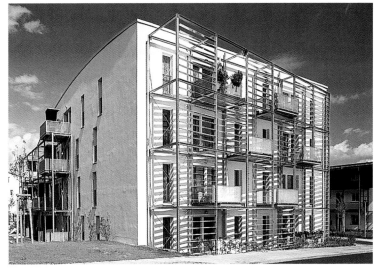

1. Vergleich des Heizwärmeverbrauchs gemäß der WSOV von 1995 (linker Balken) und den Messungen aus dem Passivhausprojekt Kassel-Marbachshöhe (rechter Balken)

(1.Heizperiode: Oktober 2000 bis März 2001; Messung: Cepheus)

2. Blick auf die Südfassade des von dem Architekturbüro Prof. Dr. Schneider und Partner entworfenen östlichen Gebäudes. Das Dach fällt nach Norden hin bogenförmig ab. Um einen wärmebrückenfreien Wandanschluss zu realisieren, sind die Balkonkonstruktionen frei vor die Fassade gestellt.

3. Entwurf der Architekten Hegger Hegger Schleif (Riegel) und ASP (Kopfbau): Blick auf die Ostfassade

fortbedingungen auch in unmittelbarer Nähe des Fensters, ohne dass sich Wärmequellen in Fensternähe befinden. Hierfür wurde für bis zu 2,8 Meter hohe Fenster als Bedingung erkannt, dass die mittlere Oberflächentemperatur bei Auslegungsaußentemperatur maximal drei K unter der Raumlufttemperatur liegt. Diese Bedingung wird im Gebäude in Kassel eingehalten; der Fenster-U-Wert liegt bei 0,82 W/(m²K) und wurde bereits nach der neuen europäischen Norm DIN EN 10077 bestimmt.

Wohnungslüftungsanlagen sind eine notwendige Konsequenz aus der immer luftdichter werdenden Bauweise heutiger Wohngebäude. Die Luftdichtheit ist zum Schutz der Bausubstanz unverzichtbar; ebenso unverzichtbar ist jedoch auch eine dauerhaft gesicherte Wohnungslüftung. Gut bewährt haben sich Zu-/Abluftanlagen mit balancierter Luftführung, weil so auch eine ausreichende Frischluftzufuhr in den Zuluftzonen gesichert werden kann. Für Passivhäuser empfehlen wir Anlagen mit hohen Wärmebereitstellungsgraden (>75 %) und geringer Lüfterstromaufnahme (<0,4 Wh/m³). Im Passivhaus-Geschosswohnungsbau Kassel-Marbachshöhe wurde eine Anlage mit semizentraler Lüftung realisiert: Die Lüfter und Steuerungsmöglichkeiten befinden sich dezentral in den Wohnungen und ermöglichen dem Nutzer die gewünschten Einstellungen. Die Luft/Luft-Wärmeübertrager befinden sich zentral auf dem Dach oder im Keller und gewinnen Wärme jeweils für zwei bis acht Wohnungen zurück. Bei den Geschosswohnungsbauten in Kassel konnte eine sehr kompakte Luftführung in den Wohnungen realisiert werden. Die Weitwurflufteinlässe in den Türstürzen unter der Decke übernehmen zugleich die Funktion der Heizwärmequelle für den Raum. Die Zuluft legt sich, wie strömungstheoretisch erwartet, an der Decke an und wird von dort gleichmäßig im Raum verteilt, es ergeben sich dadurch im Aufenthaltsbereich keine wahrnehmbaren Luftgeschwindigkeiten.

Die Ergebnisse der Begleitforschung zeigen, dass hochenergieeffiziente Gebäude mit einem Heizwärmeverbrauch von weniger als einem Fünftel gegenüber den gültigen Neubauvorschriften heute technisch möglich sind und von erfahrenen Architekten und Fachingenieuren erfolgreich geplant und umgesetzt werden können.

Weitere Resultate sind: Die Passivhaustechnik funktioniert zuverlässig in Gebäuden der unterschiedlichsten Bauweisen und mit unterschiedlichen Nutzern. Die Mittelwerte der Heizwärmeverbräuche in den messtechnisch begleiteten Gebäuden entsprechen den erwarteten sehr niedrigen Werten der Projektierung. Erstjahreseffekte wie das Trocknen des Baukörpers und handwerkliche Restarbeiten haben dieses Ergebnis nicht grundsätzlich beeinträchtigt, dennoch wird in den Folgejahren eine weitere Reduzierung der Verbräuche erwartet. Die in allen Projekten vorhandene Nutzerstreuung weist eine signifikant geringere absolute Standardabweichung auf als bei früher untersuchten Wohngebäuden mit schlechteren energetischen Standards. Ein bedeutender Teil der Nutzerstreuung kann über die unterschiedlichen, von den Nutzern gewünschten Komfortanforderungen, vor allem an die Raumtemperaturen, erklärt werden. Passivhäuser weisen einen derart geringen verbleibenden Wärmebedarf auf, dass sie unabhängig von den gewählten Energieträgern nachhaltig versorgt werden können. Durch das Passivhauskonzept und allgemeiner durch das Konzept einer erheblich verbesserten Energieeffizienz wird eine Perspektive erkennbar, wie das Klimaschutzziel mit einzelwirtschaftlich attraktiven Maßnahmen erreicht werden kann.
Wolfgang Feist

1.+2. Kompakte Wohnungslüftung: Die Zuluftleitungen sind vollständig in der abgehängten Decke im Flur untergebracht. Die Luft wird über die Telfonieschalldämpfer zu den Weitwurflufteinlässen über den Türstürzen geleitet. Die Abluft wird aus Bad und Küche abgesaugt.

3.+4. Der Weitwurflufteinlass übernimmt nicht nur die Frischluftversorgung, die Luft bringt vielmehr auch die gesamte Heizwärme in den Raum ein. Der Lufteinlass ist damit die einzige Komponente der Haustechnik in diesem Raum. Das Thermografiebild zeigt, wie sich die Luft an die Decke anlegt und von dort im gesamten Raum verteilt wird. Im Aufenthaltsbereich sind keine Luftbewegungen wahrnehmbar (unter 0,03 m/s; Ergebnisse aus dem CEPHEUS-Messprojekt).

5. Vermeidung von Wärmebrücken: Fassadenschnitt des Riegels

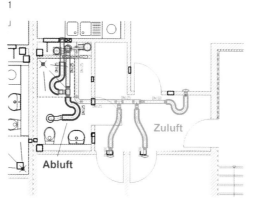
1

2

3

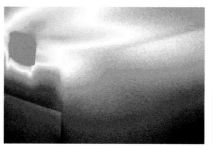
4

1 Wärmedämmung Hartschaum PS 30 SE/WLG 035,
  340 mm + Gefälledämmung 2% im Mittel 80mm
2 Kunststofffenster, passivhaustauglich
3 Fensteranschluß mit Dichtungslappen unter Putz verwahrt und überputzt
4 Innenputz als winddichte Ebene, 10 mm
5 Stiele aus Brettschichtholz 200/10 mm, e = 1000 mm
6 Wärmedämmung, PS 15, WLG 035, 2-lagig, 300 mm
7 Brettschalung, 20 mm

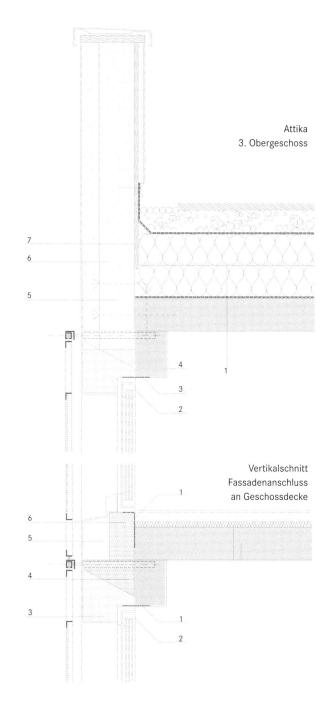

Attika
3. Obergeschoss

Vertikalschnitt
Fassadenanschluss
an Geschossdecke

1 Fensteranschluß mit Dichtungslappen unter Putz verwahrt und überputzt
2 Kunststofffenster U_{fe} = 0,703 W/m²K, $U_{Verglasung}$ = 0,6 W/m²K, g = 43 %
3 Mineralwollsturz, dreiseitig umlaufend, WLG 035
4 Wärmebrückenfreie Konsole bestehend aus
  Glasfasergewebeanker mit Purenitklotzunterstützung
5 Wärmedämmung Hartschaum PS 15 WLG 035 1-lagig, 300 mm
6 Fensteraufstandskonsole aus Purenit

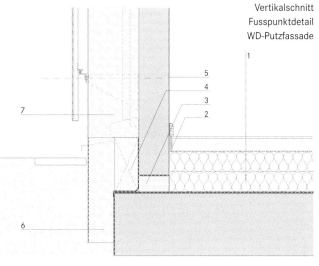

Vertikalschnitt
Fusspunktdetail
WD-Putzfassade

1 Wärmedämmung Hartschaum PS 30 SE/WLG 035, 250 mm
2 Winddichter Wandanschluß mit selbstklebenden Randdämmstreifen
3 Kimmschicht aus Recycling - PU - Schaumplatten (Purenit)
4 Im Bereich der Fenster Aufstandskonsole aus Purenit
5 Innenputz als winddichte Ebene, 10 mm
6 Perimeterdämmung, XPS WLG 035, 150 mm
7 Wärmedämmung Hartschaum PS 15 WLG 035, 300 mm

5

Toskana Therme in Bad Sulza

Zeitgenössische Bauten, die sich durch ironische Zitate oder Schmuckformen der Postmoderne zuordnen lassen oder für ihre dekonstruktivistischen Faltungen hermeneutischer Zuschreibungen bedürfen, gehören zu den Traumzielen der Architekturkritik. Unangefochten bleiben dagegen Bauwerke, deren Gestalt aus der Räson eines Ingenieurtragwerks hergeleitet werden kann. Vernachlässigt man einmal, dass Feuilletonschreiber überwiegend einen germanistischen oder kunsthistorischen Hintergrund haben und deshalb jeder unanfechtbaren mathematischen Systematik mit einer gewissen Scheu begegnen, dann bliebe als Erklärung für ihre respektvolle Billigung tatsächlich wohl nur die unmittelbare ästhetische Schlüssigkeit und Lauterkeit des Entwurfs.

Zum Beispiel könnte man das neue Thermalbad in Bad Sulza solch einer Probe unterziehen. Auf den ersten Blick gehören die beiden verwachsenen ungleichen Riesenkuppeln, die sich mit einer gläsernen Bugspitze talwärts orientieren, in die Familie der aktuellen Blobs. Allerdings hat niemand irgendwelche architekturfernen Begriffe auf einen Algorithmus reduziert und mit einem Computerprogramm behandelt, bis sich ein »tragfähiges« Bauwerk erkennen ließ – am Anfang standen vielmehr die seit Antoni Gaudi bewährten Versuche mit Seilnetzen, mit denen die Idee einer »erstarrten Welle« Gestalt gefunden hat. Aus den Hängepunkten wurden bei der Umkehrung die Stütz- und Auflagerpunkte eines frei geformten räumlichen Stabrostes, der nur noch Druckkräfte in die Fundamente ableitet. Zwei senkrecht zueinander angeordnete Brettlagen sorgen für die endgültige Schubsteifigkeit und ermöglichen die Lastabtragung auch diagonal zu den Holzrippen.

Während die Architekten des in England vor zwei Dekaden zu Ruhm gelangten »Hightech« mit der romantischen Darstellung des Technischen Furore machten und mit möglichst vielen sichtbaren Verspannungen das Drama eines Tragwerks inszenierten, versuchten hier die Ingenieure ohne artifizielle Gebärden Halt und Hülle kongenial zusammenzuführen. Dafür bedient man sich heute zur Optimierung einer fortgeschrittenen Software und experimentiert nicht mehr mit Gipsbatzen, um analog Eigengewicht und Verkehrslasten darzustellen; denn bei der beulenartigen Bade-Kuppel handelt es sich um keine regelmäßige

Objekt
Toskana Therme, Bad Sulza
Standort
Bad Sulza, Thüringen
Bauzeit
November 1997 bis November 1999
Bauherr
Kurgesellschaft Heilbad Bad Sulza mbH, Bad Sulza
Ingenieure und Architekten
Tragwerksplanung: Ing.-Büro Trabert und Partner, Geisa/Rhön
Generalplanung, Entwurf und Ausführungsplanung: Ollertz & Ollertz Architekten, Fulda
Prüfstatik: Dipl.-Ing. Baumgarten, Erfurt; Büro für Baukonstruktionen Prof. Wenzel, Karlsruhe
Planung HLS: Ing.-Büro für Wärme- und Haustechnik, IBP Pöhlmann, Erfurt
Planung Elektro: Ing.-Büro Hartmut Schade IBP GmbH Elektrotechnik, Erfurt
Bauphysikalische Akustik: Institut für Schall- und Wärmeschutz Zeller und Partner, Essen-Steele

1

1. Südansicht der Therme, im Vordergrund die Kuppel des Liquid-Sound-Tempels

2. Nur von innen zu erfahren: die freigeformte Holzrippenschale

3. Lageplan mit Grundriss

Schale, die mit einem mathematischen Term beschrieben werden kann, sondern um das Resultat eines Bildungsprinzips.

Für die Konstruktion wählte man ein Holztragwerk, das die aggressive Solewasser-Luft schadlos aushält. Um einen freien Vorbau ohne Hilfsgerüste zu ermöglichen, erinnerte man sich einer Bauweise, wie sie in den Dreißigerjahren von Zollinger und Peselnik entwickelt wurde. Zwei bekannte aktuelle Beispiele sind die von den Architekten Baller + Baller entworfene doppelstöckige Sporthalle in Berlin-Charlottenburg und die gerade entstehende Landesvertretung von Nordrhein-Westfalen im Regierungsviertel der Hauptstadt von Petzinka, Pink, Tichelmann. In Bad Sulza besteht das Gebäude aus einem Stecksystem aus sich wechselweise kreuzenden BS-Rippen. Sie bilden die komplette Tragstruktur zwischen den in unregelmäßigen Bögen das Bauwerk umschreibenden Randträgern. Auf die inneren Akustikelemente und die doppelte Brettschalung folgen Dampfbremse und Wärmedämmung, die Außenhaut besteht aus einer kupfergrünen Evalon-Dachfolie, die anstelle der bei Blechen notwendigen Falze vom Muster der Telleranker punktiert wird.

Mittels Montagespießen wurden zunächst die gebogenen und verwundenen BS-Randträger aufgestellt. Ihre Fußpunkte enden in T-förmigen Edelstahlanschlüssen, die aus den schräg stehenden Betonauflager-Fertigteilen ragen. Es sieht auf den Baustellenfotos fast spielerisch aus, wie die Zimmerleute am Tiefpunkt des Randsaums beginnen, die circa achthundert verschiedenen, bis zu vier Meter langen Prügel zusammenzustecken, und sich daraus bei der Ankunft am gegenüberliegenden Traufpunkt tatsächlich eine Kuppel bildet. Jede der Rippen war als Einzelstück für ihre Position innerhalb der Tragstruktur abgerichtet, lediglich die Oberseite wurde nach der Montage noch mit dem Handhobel bearbeitet, um einen glatteren Stoß für die folgende Brettschalung zu erzielen. Der Kraftschluss erfolgt durch Hartholzdollen und zusätzlich sichernde Stahllaschen auf der Oberseite. Da aufgrund der unregelmäßigen Hüllfläche in den Kreuzungspunkten der zueinander verdrehten Rippen die Querschnittkanten nicht parallel zu den Längskanten angestoßen wären, hat man einen Trick angewendet und die BS-Hölzer, entsprechend des Momentenverlaufs, auf der Unterseite zu den Enden hin verjüngt. Nun ergibt sich ein hübscher Nebeneffekt, der vornehmlich von den auf dem Rücken im warmen Solewasser treibenden Badegästen wahr genommen wird: Die gesamte Kuppel wirkt wie ein riesiges Flechtwerk aus sich abwechselnd oben und unten kreuzenden Holzbalken. Zu erklären wären noch die runden Pendelstützen an der Fassade. Sie erfüllen lediglich die Sekundärfunktion, die Durchbiegung der Randträger zu minimieren. Angeschlossen sind sie über gelenkige Kopfplatten, die jedem Winkel der Träger folgen. Außerdem halten die schlanken Stützen noch ein Gerüst aus Stahlschwertern, das zur Windaussteifung der hohen Glasfassaden dient, die als herkömmliche Alu-Pfosten-Riegel-Konstruktion ausgeführt ist.

Wäre noch nachzutragen, was einen in der dem natürlichen Hangverlauf der ehemaligen Weinbergterrassen folgenden Beckenlandschaft eigentlich erwartet. Das Besondere ist das Zusammenspiel von Thermalwasser und Musik. Sie erklingt unter der hölzernen Kuppel aus großen schirmständerartigen Boxen, die durch einen Diffusor den Schall ringsum verteilen. Farbige Scheinwerfer unterstützen den entspannenden Sinnesrausch. Aber auch unter Wasser gibt es Musik zu hören, ein wohltuendes Erlebnis, wenn auch das New-Age-Gewaber zwischen Hildegard von Bingen und Richard Clayderman als weichspülender Harmonien-Einlauf eine gewisse Abhärtung voraussetzt. Höhepunkt ist der sogenannte Liquid-Sound-Tempel, ein weiteres Holzbauwerk, das, außen mit schwarzer Folie verkleidet, an einen Gärfutter- oder Klärturm erinnert. Drinnen ist es finster, eine Lichtorgel schickt farbige Reflexe ins Wasser und an den parabelförmigen 32 Holzbindern zum Kuppelzenit. Es soll Menschen geben, die bei dem Bad in der Lake, umgeben von Wärme, Licht und Klang, in vorgeburtliche Zustände eintauchen und zu weinen beginnen. Mir stand bei dem wunderbaren Wasserspiel der Sinn nach einem großen Radeberger. Aber das spricht ja überhaupt nicht gegen die Hallen-Architektur. Sie lässt sich – siehe oben – ganz nüchtern begreifen und wertschätzen.
Wolfgang Bachmann

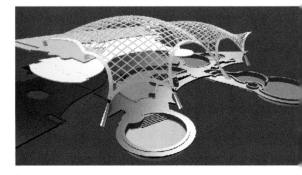

1

Toskana Therme in Bad Sulza

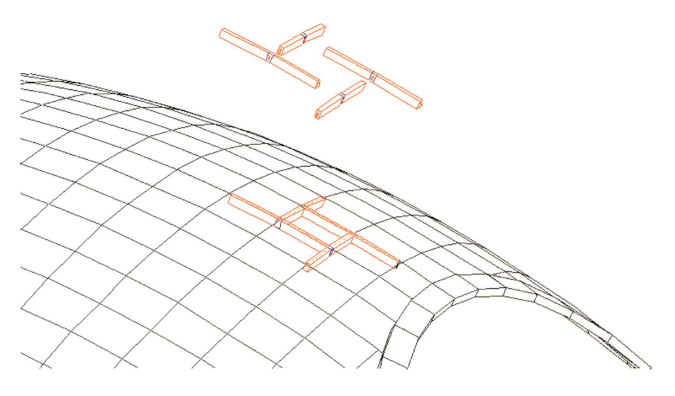

2

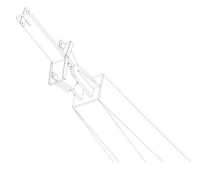

3

4

1. Gesamtdarstellung der unterschiedlichen Ebenen unter den Kuppeldächern

2. Das Stecksystem aus sich wechselweise kreuzenden Rippen, von denen jede ein Einzelstück ist

3.+4. Die Randträger enden auf T-förmigen Edelstahlanschlüssen, die aus den Betonauflagern ragen.

Die Himmelsleiter für das Expo-Faust-Projekt

Wer zwei Tage lang in einer Theateraufführung sitzt, der braucht am Ende einen ästhetischen Schlussgong, eine erhabene Geste, die alle Müdigkeit vor dem abschließenden Applaus vertreibt. Regisseur Peter Stein, der mit seiner zwanzigstündigen Gesamtinszenierung von Goethes Faust, Teil eins und zwei, auf der EXPO 2000 in Hannover die Strapazierfähigkeit des Publikums bis zur Schmerzgrenze auslotete, vertraute für diesen Weckruf lieber einem technischen Gag als der Schauspielkunst: zur Heimholung Fausts senkt sich langsam eine spiralförmige Himmelsleiter von der Decke, über die zwanzig weiße Engel schreiten, den Abtrünnigen ins göttliche Licht zu führen.

Dieses Finale, ein Spektakel im Geiste pompöser Rockshows, übertrat zwar deutlich die Grenze zum Kitsch. Technisch aber bot die Umsetzung eine überaus reizvolle Aufgabe, zumal da sie gewürzt war durch einen extrem knappen Zeitrahmen und den divenhaften Auftraggeber. Prof. Dietger Weischede, der gemeinsam mit Prof. Johann Eisele über den Faust-Sponsor Mannesmann Rexroth AG den Auftrag zur Realisierung von Steins Idee erhielt, hatte – nachdem der berühmte Regisseur diese Idee bereits seit zehn Jahren zu realisieren versuchte – zehn Wochen Zeit für eine Konstruktion, für die es keinerlei abrufbare Vorbilder gab. Und obwohl Weischede, Eisele und ihr Team noch nie vorher für die Bühne gearbeitet hatten, packte sie bei dieser hoch komplizierten Aufgabe der Ehrgeiz.

Denn es ist ja schon schwierig genug, hundert Meter Weg über eine Höhendifferenz von 6,20 Metern mit der Belastung von zwanzig Menschen zu senken – ein Vorhaben, bei dessen Berechnung auch 94 000 DM teure Statik-Programme versagten, die von den Mitarbeitern erweitert werden mussten. Aber wenn dann der Regisseur noch diverse Vorgaben liefert, die unbedingt eingehalten werden müssen, wird ein solches Projekt geradezu faustisch. So sollten die ersten Engel bereits kurz nach Beginn des Senkvorgangs auf die Himmelsleiter treten, der Abstand zur nächsten Ebene musste bei Bodenkontakt so hoch sein, dass kein Schauspieler in eine demütige Bückhaltung gezwungen würde, und die ganze Spirale hatte jederzeit auch noch himmlische Illumination zu ermöglichen. Dazu gab es Sicherheitsvorschriften, Bühnengröße und die Erfordernisse der Lautlosigkeit und der LKW-gerechten Zerlegbarkeit für die anschließende Tournee der Inszenierung zu beachten.

Weischede und Eisele, die gemeinsam am Fachbereich Architektur der TU Darmstadt lehren, sowie fünf weitere Diplom-Ingenieure und zwei Studenten fanden schließlich nach langen Phasen intensiven Experimentierens die perfekte Lösung für Steins metaphysische Vision: eine weiche Stahlkonstruktion mit Gitterrosten, die sich bei 3 1/4 Umdrehungen und einem elliptischen Grundriss an Seilen durch ihr Eigengewicht in fünfzig Sekunden tatsächlich lautlos aus dem Bühnenhimmel senkt. Zur Sicherheit wurde ein Handlauf auf der Innenseite angebracht.

Dieser Lösung von scheinbar größter Selbstverständlichkeit ging natürlich ein zähes und verzweifeltes Ringen mit Ideen und Alternativen voraus. Steife Stahlteile und Plexiglasbelag wurden ausprobiert und wieder verworfen, nächtelang statische Berechnungen gegen den Streik des Computerprogramms durchgeführt, Modelle gebaut, Lichtversuche gemacht und Material reduziert – nur um beim ersten Treffen mit Stein von diesem ein barsches »Das geht so überhaupt nicht!« zu hören. Doch das Team nahm derartigen Undank sportlich: »Mir sind solche Auftraggeber lieber als jene, denen alles immer passt«, so Eisele. Und nachdem sie Stein zur Diskussion über die Machbarkeit des Spektakels gezwungen hatten und ihn schließlich mit einem kurzen Video von der Schönheit ihres Entwurfs überzeugen konnten, kam schließlich alles doch noch zum krönenden Abschluss. Auch der TÜV hatte gegen den Prototyp, der im abgeseilten Zustand ein wenig die Anmutung von Norman Fosters Reichstagskuppel besitzt, nichts einzuwenden. Lediglich die Maschenbreite der Gitterroste musste 35 mal 35 Millimeter einhalten – damit niemand durchfällt!

Gerne hätte Stein noch mehr technische Spektakel von der Qualität seiner Himmelswendel realisiert gesehen. Fliegende Engel beispielsweise oder eine schwebende Quadriga. Aber Kosten und Aufwand allein für diese Verblüffung verbaten eine weitere Bombastisierung der Steinschen Phantasie.

Und die Darmstädter? Würden sie nach diesem Stahlbad in den Ansprüchen der Bühnenkunst noch einmal für das Theater arbeiten? »Wenn es kompliziert genug ist«, lachen sie keck. Dem müsste man nachhelfen können.
Till Briegleb

Objekt
Bühnenwegspirale für die »Faust«-Inszenierung von Peter Stein
Standort
Hannover (EXPO 2000), Berlin und Wien
Bauzeit
2000
Bauherr
Faust-Ensemble GmbH
Ingenieure und Architekten
TU Darmstadt
Fg. Entwerfen und Tragwerksentwicklung Prof. Dr. Dietger Weischede
Fg. Entwerfen und Baugestaltung Prof. Johann Eisele

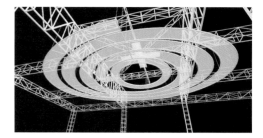

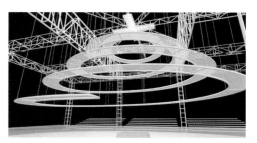

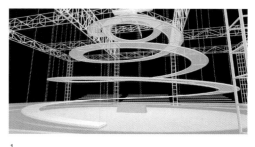

1

2

1. Darstellung des Senkvorgangs der Spirale

2. Eindrucksvolles technisches und ästhetisches Spektakel: Die Engel holen Faust auf der Himmelsleiter heim.

3. Die Konstruktion im Ruhezustand

3

Wasserstraßenkreuz Magdeburg

Die Wiedervereinigung Deutschlands, die Vollendung des EU-Binnenmarktes und die Öffnung Osteuropas haben nicht nur zu einem gestiegenen Verkehrsaufkommen, sondern auch zu einer geänderten Ausrichtung der wichtigsten Verkehrsströme geführt. Um die Infrastruktur in Deutschland der neu entstandenen Situation anzupassen, wurden Anfang der Neunzigerjahre 18 »Verkehrsprojekte Deutsche Einheit« benannt und in Angriff genommen, von denen sich neun mit dem Ausbau von Schienenwegen und acht mit der Ertüchtigung von Straßentrassen befassen. Nur ein Projekt kümmert sich um den Kanalverkehr: Künftig sollen moderne Binnenschiffe Güter zwischen den Nordseehäfen, den westdeutschen Industriezentren sowie den Regionen Magdeburg und Berlin wirtschaftlich und umweltfreundlich transportieren können. Vor allem die deutlich geringere Umweltbelastung, die das Binnenschiff im Vergleich etwa mit dem Lastwagen auszeichnet, wird als Grund für die Inangriffnahme dieses Projekts genannt. So trägt nach den Angaben des Wasserstraßen-Neubauamts Magdeburg ein modernes Kanalschiff die gleiche Tonnage wie 67 Lastzüge. Und während das Binnenschiff für den Transport einer Tonne über eine Entfernung von hundert Kilometern mit nur 1,3 Litern Diesel-Kraftstoff auskommt, verbraucht der Lastwagen für die gleiche Aufgabe 4,1 Liter, also deutlich mehr. Entsprechend höher ist die Emissionsbelastung.

Die gesamte Ausbaustrecke ist 260 Kilometer lang. Sie umfasst den von Westen kommenden Mittellandkanal, der bis Magdeburg und damit bis zur Elbe führt. Östlich schließt sich der Elbe-Havel-Kanal an, von dem aus die Binnenschiffe über die Havel-Trasse und über den Teltowkanal zum West- oder zum Osthafen von Berlin fahren können. Dieser quer durch die Republik verlaufende Wasserweg ist seit 1938 durchgängig schiffbar. Eine wichtige Rolle spielte dabei das kurz vor Magdeburg gelegene Schiffshebewerk Rothensee, das es den Kanalfahrern ermöglichte, sich aus dem Mittellandkanal auf das Niveau der Elbe absenken zu lassen. Danach mussten sie stromabwärts ein Stück – rund acht Kilometer – auf diesem Fluss fahren, bevor sie über die Schleuse Niegripp auf ihrem Weg nach Berlin noch einmal ein Stück tiefer auf das Niveau des Elbe-Havel-Kanals hinuntergelassen wurden.

Das Wasserstraßenkreuz Magdeburg war lange das Nadelöhr auf dem Weg von Hannover nach Berlin. Zwar muss noch ordentlich gebaggert und die Uferböschung befestigt werden, damit auf dem gesamten Kanalsystem die jüngste Klasse moderner Kanalschiffe mit einer Länge von 110 Metern, einer Breite von 11,4 Metern und einer »Abladetiefe« von 2,80 Metern wird fahren können. Zudem sind auf der gesamten Wegstrecke einige Schleusen durch neue Bauwerke zu ersetzen und zahlreiche Brücken entweder zu verbreitern, anzuheben oder ganz zu erneuern. Doch das eindeutig größte Einzelprojekt dieser rund 4,5 Mrd. DM verschlingenden Infrastrukturmaßnahme ist die Entschärfung des Engpasses bei Magdeburg.

Das Kanalkreuz Magdeburg litt in den zurückliegenden Jahren nicht nur unter leistungsschwachen und zu kleinen Schiffshebeeinrichtungen. Das wirkliche Manko war die »unzuverlässige« Elbe mit ihren nicht berechenbaren Wasserständen. Anders als es sich in der Öffentlichkeit gemeinhin eingeprägt hat, sind nämlich für die Schifffahrt nicht die vor allem im Frühjahr über die Ufer quellenden Wassermassen das Problem. Viel gravierender sind die mitunter lang anhaltenden Niedrigstände der Elbe: Besonders während der heißen Sommermonate können die Lastschiffe nicht bis zum Rand voll beladen die Elbschleife bei Magdeburg passieren. Damit soll in etwa zwei Jahren nun endlich Schluss sein. Um den Engpass zu entschärfen, hat man genau das wieder aufgegriffen, was vor dem Zweiten Weltkrieg schon geplant und teilweise auch schon gebaut worden war. Bereits 1934 hat man mit dem Bau einer sogenannten Kanalbrücke über die Elbe begonnen, gab das Projekt dann aber auf, da man meinte, die hier gebundenen Betonierkapazitäten seien an anderen Stellen besser eingesetzt. Das Ergebnis der damaligen Anstrengungen konnte noch bis zu Beginn der aktuellen Bauarbeiten besichtigt werden. So ragten die Fundamente der geplanten Kanalbrücke aus der Elbe und aus den Elbauen. Auch ein kurzes Stück der Vorlandbrücke in der Form eines Betontrogs war fertig gestellt. Diese Altteile konnten für die neue Brücke nicht genutzt werden; sie wurden gesprengt und weggeräumt.

Der Ausbau des Wasserstraßenkreuzes Magdeburg setzt sich aus drei Großprojekten zusammen: Außer der Kanalbrücke über die Elbe werden noch zwei Schleusen gebaut, von

Objekt
Wasserstraßenkreuz Magedburg im Zuge des Verkehrsprojektes Deutsche Einheit Nr. 17
Kanalbrücke über die Elbe
Sparschleuse Rothensee
Doppelsparschleuse Hohenwarthe

Standort
Nördlich von Magdeburg zwischen Hohenwarthe und Glindenberg

Bauzeit
Sparschleuse Rothensee: 1997–2001
Kanalbrücke: 1998–2003
Doppelsparschleuse Hohenwarthe: 1999–2003

Bauherr
Bundesministerium für Verkehr, Bau- und Wohnungswesen, Wasser- und Schifffahrtsdirektion Ost, vertreten durch das Wasserstraßen-Neubauamt Magdeburg

Ingenieure und Architekten
Gesamtplanung: Wasserstraßen-Neubauamt Magdeburg
Entwurfsplanung Kanalbrücke: Ing.-Büro Grassl GmbH, Hamburg
Architektonische Gestaltung Kanalbrücke: Architekten Prof. Winking, Hamburg
Baugrund- und Gründungsgutachten, Lastansätze für Schiffsstoß der Kanalbrücke, architektonische Gestaltung der Schleusen: Bundesanstalt für Wasserbau, Karlsruhe
Gutachten zu Temperaturbeanspruchungen der Kanalbrücke: Prof. Dr. Ing. Mangerig, Saarlouis
Entwurfsplanung Schleusen und Hochwasserentlastungsanlage: RMD-Consult München/Nürnberg
Ausschreibung Schleusen: Dorsch-Consult, München
Umweltverträglichkeitsuntersuchung und Landschaftspflegerischer Begleitplan: Planungsgruppe Ökologie und Umwelt, Hannover

1

1. Sparschleuse und Schiffshebewerk Rothensee

2. Sparschleuse Rothensee mit Steuerstand, Besucherplattform und Pumpwerk

2

denen eine das Schiffshebewerk Rothensee ersetzt bzw. ergänzt und die zweite den Abstieg vom Niveau der Kanalbrücke auf das des Elbe-Havel-Kanals übernehmen wird. Bereits abgeschlossen sind die Arbeiten an der Schleuse Rothensee; sie wurde am 21. Mai 2001 offiziell eingeweiht und dem Verkehr übergeben. Diese Schleuse wurde benötigt, um den unmittelbar daneben stehenden, mit einer Troggröße von 85 mal 12 Metern für moderne Kanalschiffe viel zu kleinen Schiffsaufzug zu ersetzen bzw. zu ergänzen.

Doch das Schiffshebewerk Rothensee bleibt erhalten und wird parallel zur neuen Schleuse betrieben. Darüber hinaus ist dieser Schiffslift ein überaus lohnenswertes Ziel für Technikinteressierte: Denn hier hat man erstmals eine bis dahin in diesem Maßstab noch nicht realisierte Hebetechnik installiert. Der mit Wasser gefüllte, insgesamt 5400 Tonnen schwere Hebetrog ruht auf zwei riesigen Schwimmern und wird so ständig im Gleichgewicht gehalten. Die zwei gewaltige Hubspindeln antreibenden Motoren haben daher lediglich die Aufgabe, den Reibwiderstand und die Massenträgheit zu überwinden. Und auch beim Herstellen der sechzig Meter in den Untergrund vordringenden Schwimmergruben setzte man auf eine damals keineswegs alltägliche Lösung: Der Baugrund wurde eingefroren. Erst nachdem der Boden auf minus vierzig Grad gekühlt worden war, konnte man damit beginnen, die 15 000 Kubikmeter Erde und Sand auszuheben.

Die Schleuse Rothensee ist keine gewöhnliche Schleuse: Da der Mittellandkanal keine üppig sprudelnden Zuflüsse hat, muss man mit dem Wasser sorgfältig haushalten. Es verbietet sich also, bei jedem Schleusengang den Inhalt der Kammer einfach ins Unterwasser ablaufen zu lassen. Um rund sechzig Prozent des Wassers erneut nutzen zu können, »hängen« seitlich an dem Schleusenbauwerk drei Sparbecken. Sie befinden sich auf drei unterschiedlichen Niveaus, so dass nach dem Prinzip der kommunizierenden Röhren das Wasser ohne Pumpenunterstützung in die Zwischenspeicher fließt. Von hier kann man es dann wieder zurück in die Schleusenkammer leiten. Doch trotz dieser Spartechnik kann man nicht ganz auf Pumpen verzichten. Damit der unter chronischem Wassermangel leidende Mittellandkanal nicht »leer läuft«, muss gepumpt werden. Insgesamt fünf kraftvolle Pumpen sind dafür zuständig, das abgelaufene Wasser wieder nach oben in den Mittellandkanal zu trans-

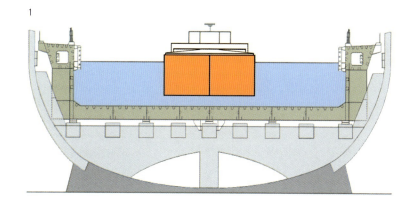

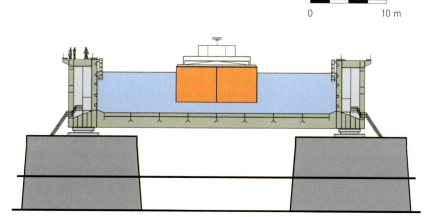

3

1. Kanalbrücke: Querschnitt Vorlandbrücke

2. Kanalbrücke: Querschnitt Strombrücke

3. Kanalbrücke: Strombrücke und Vorlandbrücke von Westen im Juli 2001

4. Montage der Vorlandbrücke

5. Perspektivzeichnung der Kanalbrücke. Deutlich zu erkennen der konstruktiv-gestalterische Wechsel von der Strom- zur Vorlandbrücke

4

5

portieren. Jedes Aggregat kann in der Sekunde bis zu 3,5 Kubikmeter Wasser fördern.

Die Schleusenkammer der Sparschleuse Rothensee ist 190 mal 12,5 Meter groß. Neben der Größe des Beckens ist ein weiteres Kriterium für die Leistungsfähigkeit der Schleuse ihre Hubhöhe, und diese schwankt zwischen 10,5 und 18,5 Metern. Verantwortlich für die unterschiedlichen Hubhöhen ist der übers Jahr schwankende Wasserstand der Elbe. Ist dieser Wasserweg gut gefüllt, sind die Hubbewegungen in der Sparschleuse entsprechend geringer. Sie sind aber stets so groß, dass während des Schleusens von den Binnenschiffern ein in die Schleusenwand integrierter sogenannter Schwimmpoller genutzt werden muss. Mit dieser erstmals in eine Schleuse beim heutigen Eisenhüttenstadt in den Zwanzigerjahren installierten Technik können die Schiffe während des Schleusenvorgangs fest vertäut bleiben. Es muss also nicht ständig Leine nachgelassen oder eingezogen werden.

Die Sparschleuse Rothensee ist ein überaus massives Bauwerk. So sind die Kammerwände auf Sohlenhöhe 7,2 Meter dick und verjüngen sich nach oben hin auf 2,6 Meter. Auch die Sohle selbst ist mit einer Dicke von fünf Metern reichlich bemessen. Sie verdankt diese Ausmaße auch dem Umstand, dass die zu Revisionszwecken entleerte Schleuse nicht »aufschwimmen« darf. Die Kammersohle muss also nicht nur steif, sondern auch schwer sein.

Kernstück des Wasserstraßenkreuzes wird die nach der für 2003 geplanten Fertigstellung längste Kanalbrücke Europas sein. Sie führt den Mittellandkanal über die Elbe hinweg und ist insgesamt 918 Meter lang. Die Kanalbrücke besteht aus den drei Feldern der 228 Meter langen Strombrücke und den 16 Feldern der 690 Meter langen Vorlandbrücke.

Durch die architektonische Gestaltung ist eine klare Trennung zwischen Strom- und Vorlandbrücke deutlich sichtbar: Im Strombereich ist die Ansicht durch die zu einem Fachwerk aufgelöste Außenwand des Hauptträgers geprägt, während die Vorlandbrücke eine geschlossene Stauwand erhält. Prismenförmige Turmpaare an den Widerlagern markieren Anfang und Ende der Brücke. Um einen deutlichen Bezug zum Nutzer der Wasserstraße, der Schifffahrt, herzustellen, hat man den Pfeilern eine an Schiffsspanten erinnernde geschwungene Form gegeben.

Mit welchen Lasten die Brücke fertig werden muss, lässt sich bei einer Wassertiefe von 4,25 Metern und einer Trogbreite von 34 Metern schnell errechnen. 133 000 Tonnen wiegt allein das Wasser, das den Schiffen die Fahrt über die Elbe ermöglicht. Hinzu kommen noch die 24 000 Tonnen Stahl des aus schweren Blechen zusammengesetzten Trogs. Damit dessen Wände und sein Boden später unter Last vollkommen plan liegen, müssen die Konstrukteure während des Baus »gegenhalten«. Rund fünfzig Zentimeter misst während der Montage das Hohlkreuz des Trogs, und seine Flanken ragen rund ein Grad nach innen.

Bemerkenswert sind auch die Vorkehrungen gegen Frostschäden: Da bei winterlichen Temperaturen das Wasser im Trog nicht nur an der Oberfläche, sondern auch an dessen Boden zu frieren droht, bläst man an den unteren Enden der Seitenwände Luft ins Trogwasser. Bereits kleinste Verwirbelungen reichen aus, das Entstehen von Eis zu vereiteln. Es muss also nicht etwa geheizt werden.

Das oberhalb der Elbaue verlaufende Trogstück konnte an Ort und Stelle auf die Fundamente gesetzt werden. Völlig anders lief die Montage des die Elbe überspannenden Trogabschnitts ab. Dieser Teil der Fahrrinne wurde sektionsweise am Ostufer zusammengeschweißt und dann in insgesamt sechs »Verschüben« über die Elbe gedrückt. Beim fünften Schub musste der Trog vorübergehend auf einem auf der Erle schwimmenden Ponton abgestützt werden: eine Arbeit, die nur bei einem mittleren Wasserstand ausgeführt werden konnte.

Das dritte Großprojekt im Rahmen des Wasserstraßenkreuzes Magdeburg steht am östlichen Ende der Mittellandkanalhalterung Sülfeld-Hohenwarthe: das Abstiegsbauwerk Hohenwarthe. Dabei handelt es sich um eine Doppelschleuse, mit der die Schiffe rund 18,5 Meter in den tieferliegenden Elbe-Havel-Kanal abgesenkt werden. Auch diese Schleuse, ein in den Dimensionen der Schleuse Rothensee sehr ähnliches Bauwerk, ist als Sparschleuse ausgeführt. Auch hier wird das trotz einer sehr intensiven Wassernutzung ablaufende Verlustwasser – rund vierzig Prozent des Kammerinhalts je Schleusengang – zurück in den Mittellandkanal gepumpt. An den Oberhäuptern hat man Zugsegmenttore und an den Unterhäuptern Hubtore eingebaut. Beim Antrieb der Hubtore hat man erstmals auf einen mechanischen Antrieb mit Gegengewichtsausgleich verzichtet und stattdessen rund zehn Meter lange hydraulische Antriebszylinder auf beiden Seiten der Tore installiert.

Georg Küffner

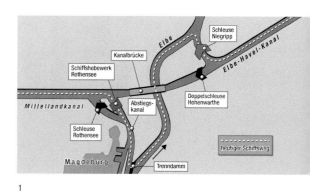

1

1. Schematische Darstellung der Gesamtsituation Wasserstraßenkreuz Magdeburg

2. Die Doppelsparschleuse Hohenwarthe in Bau

3. Das Prinzip einer Sparschleuse: Das ablaufende Wasser wird in seitlichen Becken zurückgehalten und kann beim nächsten Schleusengang erneut verwendet werden.

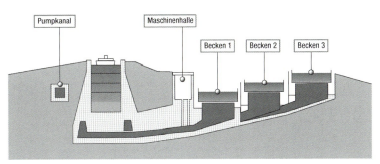

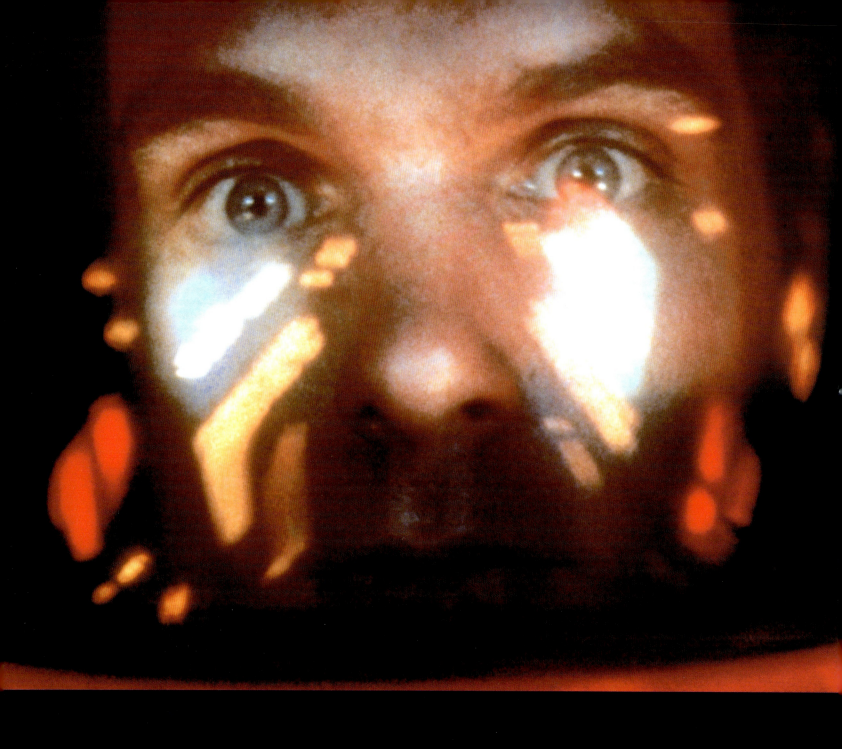

»I'm sorry, Dave, I'm afraid I can't do that!«

Wann nehmen wir Kontakt auf? Auch Stanley Kubricks Meisterwerk »2001: A Space Odyssey« sah zuviel Mensch in der Maschine / Von **Stephan Vladimir Bugaj**

Aus dem Amerikanischen von **Julika Griem**

Arthur C. Clarkes und Stanley Kubricks Film »2001: A Space Odyssey« ist eines der einflussreichsten Gedankenspiele des zwanzigsten Jahrhunderts. Im Pantheon des Science-fiction-Films gibt es nur noch einige wenige andere Filme – darunter Tarkowskis »Solaris« und Ridley Scotts »Blade Runner« –, die eine ähnliche intellektuelle Herausforderung wie »2001« darstellen. Dieser Film hat in vieler Hinsicht das von Clarke gesteckte Ziel erreicht: »Wir hatten uns fest vorgenommen, einen Mythos zu erschaffen.« Nun ist das Jahr 2001 da, und man konnte gerade eine überarbeitete Version des Meisterwerks von Kubrick und Clarke im Kino sehen, die der Welt wieder zu denken gibt

Einige Kritiker werden bei dieser Gelegenheit sicherlich anmerken, dass der Film heute altertümlich wirkt und seine Vorhersagen über Computer und die Technologie der Raumfahrt längst von der Wirklichkeit überholt worden sind. Andere werden ihren Lieblingsfilm verteidigen und konstatieren, dass Clarke und Kubrick den Zeitgeist auf geniale Weise eingefangen und der Technokratie das Flair einer philosophischen und religiösen Doktrin verliehen haben. Doch was immer man auch von »2001« halten mag – der Film hat die Welt geprägt, in der wir heute leben.

Als ich meine erste richtige Anstellung in der Computerbranche hatte, gab ich dem Server unseres internen Netzwerks – einer der ersten dieser Art – den Namen des berühmten Roboters aus »2001«: »HAL 9000«. Es gab damals einige Leute in der Firma, die meine Entlassung forderten, weil ich doch offenbar wollte, dass Maschinen Menschen töten, weil ich Antihumanist und ein fanatischer Technokrat sei. Diese Leute hatten offensichtlich nichts verstanden. Dort wo ich jetzt arbeite, habe ich den ersten Server der Rechnergruppe, die für uns KI-Software testet, ebenfalls »HAL 9000« genannt. Als diese Maschine gestartet wurde, schwärmten einige Kollegen in den höchsten Tönen davon, wie fantastisch es sei, dass irgendwann einmal Menschen durch Maschinen ersetzt werden könnten und dass wir zu Helden werden könnten, wenn wir diese Entwicklung möglich machen würden. Auch diese Leute hatten nichts verstanden. Sie haben zumindest HAL und Kubricks Film nicht so verstanden, wie ich sie verstanden habe. Der Film hat offenbar dazu angeregt, über Definitionen des Menschlichen, über unser Verhältnis zur Technologie und über unser Streben nach immer mehr Wissen und Macht nachzudenken.

»2001« hat die Phantasie von mindestens zwei Generationen beflügelt und die Vorstellungen vieler Leute in der Luft- und Raumfahrt und der Computerindustrie geprägt. So ist zum Beispiel David G. Stork, ein Pionier der Forschung über computergesteuertes Lippenlesen und der Herausgeber des Buches *HAL's Legacy*, durch den Film zu seinen bahnbrechenden Ideen angeregt worden. Eines der amerikanischen Raumschiffe wurde nach der Raumfähre »Discovery« benannt, die in »2001« zum Jupiter fliegt. Schließlich wurde auch die neueste Mars-Erkundungsstation in »2001 Mars Odyssey« umgetauft. Auch ich selbst hatte HAL im Sinn, als ich das Feld der Computerwissenschaften betrat: Ich hoffte, eine wesentliche Rolle in einem Forschungs- und Entwicklungsprogramm spielen zu können, das die erste maschinelle Intelligenz herstellen würde – daran arbeite ich auch heute noch.

HAL

Für mich repräsentieren HAL und die Discovery die wichtigsten und schwierigsten Ziele des Zeitalters der Computer und der Raumfahrt: künstliche Intelligenz und die Erforschung weit entfernter Ziele im All. Kubrick und Clarke haben im Jahr 1968 mit ihrem Roboter HAL schon vieles von dem vorweg genommen, was künstliche Intelligenz ausmacht. HAL verfügte nämlich über ein ausgefeiltes Wahrnehmungssystem, er konnte logisch denken und planen, sprechen und auf seine Umgebung einwirken. Er war sogar in der Lage, zu lernen und sich auf ungewohnte Situationen kreativ einzustellen, und er besaß ein Bewusstsein seiner selbst. Trotz alledem waren die Erfinder aber auf einen der großen Irrtümer der Computerwissenschaft hereingefallen: HAL war so konzipiert, dass er den unbegrenzten Turing-Test bestehen würde und damit einen Menschen ersetzen oder gar überflügeln könnte.

Es ist nicht so schlimm, dass sie die Möglichkeiten virtueller Realitäten, tragbarer Computer, graphischer Interfaces und die wachsende Bedeutung von Software nicht vorhergesagt haben. Entscheidend ist vielmehr, dass sie HAL zu viele menschliche Eigenschaften verliehen haben. Sie haben sich zu wenig mit der Möglichkeit auseinander gesetzt, dass HAL über eine Intelligenz verfügen könnte, die zwar von Menschen geschaffen ist und es ihm erlaubt, mit Menschen zu interagieren, die aber dennoch so viele Unterschiede zu menschlicher Intelligenz aufweist, dass wir es hier tatsächlich mit dem Weltbild einer Maschine zu tun hätten. Dennoch war das relativ holistische Konzept einer künstlichen Intelligenz, das HAL verkörpert, eine Inspiration für mich. HALs Vision einer Integration vieler verschiedener Elemente brachte mich auf die Idee, komplexe Computersysteme und natürliche Intelligenzen als Systeme zu begreifen, die sich nicht aus einem einzigen großen Algorithmus, sondern aus einer Vielzahl von kooperierenden Elementen entwickeln.

Sorry

»Es tut mir leid, Dave, aber ich fürchte, ich kann nicht all das tun, was du von mir erwartet hast.« Wenn man im Jahr 2001 auf Kubricks und Clarkes Film zurückblickt, lassen sich leicht all jene Vorhersagen erkennen, die sich nicht bewahrheitet haben. So haben wir heute keine Maschinen, die autonom denken können und über komplexe Persönlichkeiten verfügen, und wir haben auch noch keine maschinelle Intelligenz nach menschlichem Vorbild hergestellt. Tatsächlich

Das Erstaunen im Augenblick der Erkenntnis: Kollege Computer entzieht sich der Kontrolle.

haben wir noch nicht einmal Computer, die über genügend Intelligenz verfügen – um Gefühle und Bewusstsein geht es hier noch gar nicht –, um als effektives und vielseitig verwendbares Instrument zur Lösung von beliebigen Problemen eingesetzt zu werden. Die gegenwärtige Computertechnologie ist immer noch relativ unzuverlässig (der Rechner, auf dem ich diesen Artikel geschrieben habe, ist während des Schreibens zweimal zusammengebrochen). Selbst wenn wir also schon bald ein erstes intelligentes System konstruieren könnten, so müssten wir uns doch fragen, wie lange wir dieses einsatzfähig halten könnten. Viele der Probleme, die in den Sechzigerjahren noch einfach zu lösen schienen – beispielsweise elektronisches Sehen und die elektronische Nachahmung natürlicher Sprachen –, haben sich als äußerst kompliziert erwiesen, während auf anderen Gebieten große Fortschritte gemacht worden sind. Dennoch müssen wir uns heute eingestehen, dass wir noch immer sehr weit von den Träumen entfernt sind, zu denen HAL uns verführte.

Das in ihm liegende Versprechen hat in mir auch ein tiefes Interesse daran geweckt, ethische Fragestellungen auf den Einsatz von Computertechnologien auszudehnen und die Möglichkeit nichtmenschlicher Intelligenzen unter ethischen Gesichtspunkten zu betrachten. Wenn HAL dem BBC-Reporter erklärt, dass er sich so nützlich wie möglich machen möchte, weil dies alles sei, was ein bewusstseinsbegabtes Wesen je anstreben könne, reflektiert der kleine Roboter über jene utilitaristische Variante der Vernunft, die auch in der gegenwärtigen Gesellschaft hochgehalten wird, damit wir alle unsere maximale Arbeitskraft investieren. Mit HAL hatte dieser Utilitarismus schon eine fortgeschrittenere Form erreicht: Er war tatsächlich so programmiert worden, dass er glaubte, seine Mission stelle sein Lebensziel dar. Frank und Dave waren vermutlich nur Lehrlinge, die von ihren Meistern gezwungen wurden, die Mission zu vollenden. HAL war dagegen ein Sklave, der keine andere Wahl hatte, als das zu tun, was Menschen ihm befahlen. Sein Aufbegehren gegen die Menschen wirkte wie eine Mischung aus Hybris, Selbsttäuschung, Frustration, Angst und Selbsterhaltungstrieb – von Gefühlen also, die man von einem intelligenten Sklaven erwarten kann.

Die Evolution der Technologie und die Evolution der Menschheit bilden ein selbstbezügliches System. Die Monolithen in Kubricks und Clarkes Film versinnbildlichen einen Evolutionsprozess, in dem sich entscheidende Veränderungen des Menschen und seiner Werkzeuge herausbilden. Um an unsere Handlungsfreiheit glauben zu können, müssen wir das Gefühl haben, dass wir unser Schicksal in den eigenen Händen halten, weil wir die Welt um uns formen können. Der Verantwortung, die mit dieser Gestaltungskraft einhergeht, ist die Menschheit bisher nicht besonders gut gerecht geworden. HAL zeigt uns, dass sich Werkzeuge so weit entwickeln können, dass sie schließlich ihren Herstellern gleichen. An diesem Punkt müssen die Hersteller sich selbst weiterentwickeln, wenn sie nicht von ihren Geschöpfen verdrängt werden wollen.

Verweis auf eine Macht jenseits unseres Einflussbereichs?
Der außerirdische Monolith

Macht

Die mystischen Elemente der »Space Odyssey« sind nicht eindeutig zu interpretieren: Die Monolithen des Films lassen sich als Repräsentanten eines Gottes, als Aliens, als Projektionen eines kollektiven Unbewussten oder auch als eine Kombination aus all diesen Motiven deuten. Entscheidend aber ist, dass sie auf eine Macht verweisen, die jenseits unseres Einflussbereiches liegt. Aus dieser Idee könnte man ableiten, dass wir uns dieser Macht unterordnen müssen. Ich denke aber, dass Kubrick und Clarke zeigen wollten, dass der evolutionäre Prozess sich als Zusammenarbeit von Menschen, Werkzeugen und höheren Mächten vollzieht: Wir müssen lernen, besser zu sehen, zu fühlen und zu denken, und nicht einfach darauf hoffen, dass diese Aufgabe uns von irgendeiner schicksalhaften Instanz abgenommen wird. Die höhere Macht, in welcher Form sie auch auftritt, kann uns als Führer dienen, und Werkzeuge können uns helfen, aber letztendlich tragen wir allein die Verantwortung für unsere Handlungen und für den Weg, den wir in unserem Universum gehen wollen.

1. Die Mondstation Clavius

2. Das Auge von HAL 9000

Die Technologie in 2001 (1-4)

3. Space Station 5

4. Das Innere der Discovery

Die Erforschung der künstlichen Intelligenz muss die Menschheit deshalb nicht ins Verderben stürzen, weil auch wir uns wie unsere Werkzeuge weiterentwickeln können. Der Unterschied zwischen Menschen und Maschinen wird zudem dadurch gewährleistet bleiben, dass Maschinen und sogar mobile Roboter vermutlich niemals über das Wahrnehmungsvermögen, die Gefühle, Erfahrungen und die Geschichte verfügen werden, die uns zu Menschen machen. Wenn es uns tatsächlich gelingen sollte, eine künstliche Intelligenz herzustellen, so wird sie uns nicht verdrängen, sondern ein neuer Gefährte sein.

Auch dann wird es weiterhin nichtdenkende Computer geben, die wir als Werkzeuge nutzen; die künstlichen Intelligenzen wären dagegen eher etwas wie Kollegen. Da diese intelligenten Maschinen für sich selbst denken können, werden wir keine totale Kontrolle mehr über sie haben. Wir werden nicht mehr bedingungslos auf ihren Gehorsam zählen können, sondern uns um komplexere Beziehungen zu diesen neuen Wesen bemühen müssen. Wir wollen künstliche Intelligenzen herstellen, um die Gefahren menschlichen Versagens zu minimieren. Werden wir aber überhaupt in der Lage sein, eine Intelligenz zu schaffen, die nicht nach unserem Vorbild geformt ist? Werden wir es vermeiden können, unsere Fehler auf eine neu geschaffene Intelligenz zu übertragen? Es hat den Anschein, als funktioniere jedes intelligente System nach seinen eigenen Gesetzen, so dass man auch von einem künstlich geschaffenen intelligenten System nicht wird erwarten können, dass es unseren Vorgaben gehorcht und in unserem Sinne handelt. Vertrauen zu und Kooperationsfähigkeit mit einem solchen Wesen wird sich wie bei einem Menschen erst herausbilden, wenn man tatsächlich zusammenarbeitet und dieses Wesen so behandelt, wie man selbst behandelt werden möchte.

Kubrick und Clarke haben mit ihrem Film eine Vision geschaffen, die nicht nur über die Konflikte des Kalten Krieges und die Spielregeln konventioneller Sciencefiction-Filme, sondern auch über die Träume der Raumfahrt und sogar über die Möglichkeiten des Denkens selbst hinausweist. Im Jahr 2001 sind die Russen zwar nicht mehr unsere Feinde, aber die Menschheit steht immer noch am Rande der Zerstörung und ist immer noch bedroht durch den Missbrauch unserer eigenen Werkzeuge und durch die korrumpierende Vereinnahmung all dessen, was einmal eine Quelle für Staunen und Leidenschaft war. Wir müssen uns daher weiterentwickeln, oder wir werden untergehen. In diesem Sinne stellt das Sternenkind aus der »Space Odyssey« das Ideal eines Posthumanismus dar: Es zeigt uns, dass wir den Bedingungen des Menschseins vielleicht doch entkommen können und uns zu jenen aufgeklärten Wesen entwickeln können, die wir am liebsten jetzt schon wären.

Einige Interpretationen des Films sind allerdings für unsere Gesellschaft und ihr Verhältnis zu Wissenschaft und Technologie schädlich. So glauben tatsächlich einige Philosophen, dass es gefährlich ist, die Grundbedingungen der menschlichen Existenz transzendieren zu wollen. Weil wir versucht haben, die Bedingungen unserer Existenz zu überwinden, haben wir tatsächlich einige der größten Tragödien unserer Zeit verursacht, aber wir haben diesem Streben auch einige unserer größten Triumphe zu verdanken. Wenn wir allerdings die Idee der Perfektion idealisieren, verlieren wir die Zukunft unserer so wenig perfekten realen Welt aus den Augen.

Der technologiegläubige Blick auf Kubricks Film vertieft nur den Abgrund, der zwischen Technokraten und Maschinenstürmern klafft. So sehen einige Kritiker HAL tatsächlich als die Verkörperung des Ideals eines perfekten, unfehlbaren und ultrarationalen Wesens: eines Wesens ohne Gefühle, das seine Aufgaben allein durch logische Analyse und bedingungslosen Einsatz erfüllt. Ein so unmenschliches Ideal lässt vielen Menschen Technologie bedrohlich erscheinen, und es verkennt, dass es gerade die sogenannten Mängel der Menschen, nämlich ihre Gefühle sind, die uns zu Neugierde und Kreativität befähigen (und auch HAL wird gerade durch diese »Fehler« zu einem lebendigen Wesen).

Wer verkündet, dass Maschinen Menschen überlegen sind, idealisiert die Techniker und Wissenschaftler, die mit Maschinen arbeiten, und rechtfertigt damit eine arrogante und respektlose Haltung gegenüber denjenigen Menschen, die an der technischen Entwicklung nicht teilhaben. Diese Maschinenfetischisten glauben fälschlicherweise, dass es nobler ist und weniger Kompromisse erfordert, mit einer intelligenten Maschine als mit einem Menschen zu arbeiten. Solche Überzeugungen sind Teil einer altbekannten Ideologie, die die Inhaber der Macht absichert und einer elitären Kaste von Technikpriestern einen Status zuschreibt, der sie entweder als vergötterte Führerfiguren oder als Zauberer mit bösen Absichten erscheinen lässt.

Diejenigen Interpreten, die aus der Technologie eine Religion machen, präsentieren ein einseitiges Bild, das mit irrationalen Impulsen spekuliert. Die Anhänger der Technologie sollten es sich gerade deswegen nicht angewöhnen, ihre Arbeit nicht mehr zu hinterfragen. Die pseudo-religiöse und unkritische Verherrlichung bestimmter Ideen (oder auch Technologien oder Produkte) lässt Kreativität und Innovation ersticken, und sie kann dazu führen, dass vernünftige und bessere Alternativen verdrängt werden. Anstatt Wissenschaft und Technologie zu neuen Glaubenssystemen zu stilisieren, sollten wir lieber darüber nachdenken, warum es so schwer ist, diese dualistischen Konzepte zu überwinden. Wie können wir vernünftig mit einflussreichen neuen Technologien umgehen und uns mit diesen weiterentwickeln, wenn wir immer wieder in die Falle von irrationalen und daher gefährlichen Verhaltensmustern tappen? Kubrick und Clarke waren sich im Klaren darüber, wie wenig sich unsere durch Ängste hervorgebrachten Bilder »des anderen« seit der Steinzeit weiterentwickelt haben. Sie wussten auch, dass dieses primitive Erbe in unserem Verhältnis zu unseren Werkzeugen, uns selbst und unseren »Göttern« uns daran hindern würde, unseren gegenwärtigen Zustand zu überwinden.

Hoffnung

Die Maschinenstürmer unter den Kritikern der »Space Odyssey« haben ebenso einseitig behauptet, dass HAL einfach kaputt gegangen sei – ein Beleg dafür, dass man Maschinen ohnehin nicht trauen kann. Sie haben allerdings übersehen, dass alle nichtintelligenten Maschinen des Films gut funktionierten und sich erst Probleme ergaben, als intelligente Wesen (Menschen oder Maschinen) wie simple Werkzeuge behandelt wurden. Eine Deutung, die diesen Sachverhalt übersieht, gesteht HAL keinen freien Willen zu und bestätigt all jene, die Intelligenz als Manifestation eines göttlichen Funkens auffassen, der niemals auf die Welt der Automaten überspringen wird. Wenn man nun andererseits argumentiert, dass HAL tatsächlich verrückt geworden ist, reduziert man die Handlungen eines Roboters auf das Stereotyp des bösen anderen, der sich den guten Menschen in den Weg stellt. Diese Interpretation beraubt HAL seiner offenkundigen Fähigkeit, sich selbst, andere und das Universum zu verstehen; sie verharmlost etwas als Wahnsinn, das eigentlich eine grundlegende Eigenschaft einer bewusstseinsbegabten Intelligenz ist. Kubrick hat versucht zu zeigen, wie die leidenschaftslose und verlässliche Hingabe an »die Mission« überwunden werden musste, damit Räume jenseits der begrenzten Vision der Menschheit eröffnet werden konnten. Dies konnte nur durch HALs scheinbaren Verrat geschehen: Erst durch die Manöver des kleinen Roboters konnte Dave dazu gebracht werden, sich auf die Intelligenz, Kreativität und Leidenschaft zu besinnen, die menschlichen Fortschritt ausmachen.

In der »Space Odyssey« offenbaren sich die Hoffnungen und Träume all jener Mitglieder einer technologischen Gesellschaft, die dazu beitragen wollen, die Situation der Menschheit durch Innovation und Forschung zu verbessern. Während der Film viele dazu inspiriert hat, an diesem Projekt mitzuarbeiten, hat er auch davor gewarnt, uns einem Rationalismus zu unterwerfen, der uns unserer Menschlichkeit berauben und uns zu Werkzeugen degradieren würde. Er entsprach mit dieser Warnung der antiautoritären Gesinnung, die in der computerwissenschaftlichen Szene verbreitet ist. Für alle Wissenschaftler und Ingenieure, die Kubricks und Clarkes Raumepos beeinflusst hat, repräsen-

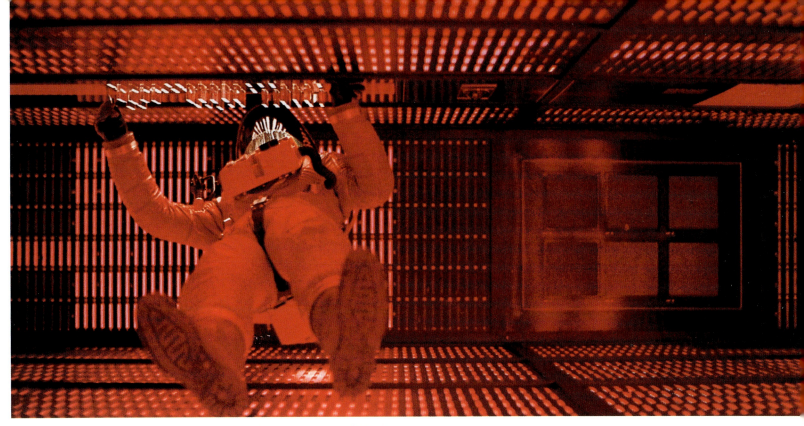

Der langsame Tod des einzig gefühlvollen Wesens an Bord: Astronaut Bowman zieht HAL die Speicherkarten.

tiert »2001« den Wunsch, sich den Ideen von Aufklärung und Freiheit zu verschreiben und damit der Verwirklichung der zwei wichtigsten Menschheitsträume ein Stück näher zu kommen.

Wie »2001« nun im Jahr 2001 aussehen müsste, ist schwer zu sagen. Der Film ist so einflussreich gewesen, dass man sich die weitere Entwicklung des Genres ohne ihn gar nicht vorstellen kann. Würde »2001« tatsächlich heute gedreht werden, so sähe er vielleicht wie der schwache Nachfolger »2010«, wie Robert Zemeckis' »Contact« oder auch wie eine intellektuelle Version von Andy und Larry Wachowskis Film »Matrix« aus. Der Film hätte aber garantiert wenig Ähnlichkeit mit dem Original von 1968. Denn all das, worüber sich schon damals manche Zuschauer beschwert haben, würde heute dazu führen, dass ein neuer Regisseur angeheuert oder gar das Projekt eingestellt würde: Es wäre unter den heutigen Arbeitsbedingungen in Hollywood einfach unmöglich, einen so langsamen und nachdenklichen Film zu machen, der das Weltall auf realistische und fast tonlose Weise ohne entlastende Dialoge darstellt. In der Geschichte des Sciencefiction-Films sind seit »Star Wars« dröhnende Raumschiffmotoren und bunte Laserstrahlen obligatorisch. Wir sind außerdem zu zynisch geworden, um noch einen Film mit ernstgemeinten Aussagen über das Wesen künstlicher Intelligenzen zu akzeptieren. Heute richtet Hollywood seine intelligenten Maschinen (und Aliens) vielmehr vollständig zu menschlichen Stereotypen ab. Und begeht damit genau den gleichen Fehler wie jene Erforscher der künstlichen Intelligenz, die sich zu stark am menschlichen Vorbild orientieren. Kubrick lehrt uns dagegen, dass der Weg in die Zukunft noch Überraschungen bereithalten wird.

Student beim Vermessen des Tempels von Castor und Pollux in Rom; Henry Parke, 1819

Peter Beuth reitet auf dem Pegasus über einer von ihm gegründeten Industriestadt; Karl Friedrich Schinkel, 1837

Galerie des machines in Paris, 1889

Victor Contamin, »ca ira!«; Karikatur, 1891

Von Tugend, Verantwortung und Qualität -
Rede gegen das Verschwinden des Ingenieurs

Zwei-Minuten-Geschichte des Bauingenieurs

Im Jahre 1762 veröffentlicht der aus Stendal stammende Bibliothekar des römischen Kardinals Albani, Johann Joachim Winckelmann, unter dem Titel *Anmerkungen über die Baukunst der Alten* eine Streitschrift, die in kurzer Zeit zum Manifest der jungen klassizistischen Bewegung in Europa avancieren sollte. In Auswertung seiner eigenen, systematischen Untersuchungen antiker Architekturen benennt Winckelmann die Baukunst der Antike als das bestgeeignete Vorbild für jedwede und damit auch die zeitgenössische Architektur. Scharf unterscheidet er zwischen dem »Wesentlichen« und der »Zierlichkeit in der Baukunst«. Die klare Scheidung bedeutet eine schroffe Abkehr vom bisherigen barocken Architekturverständnis. Mit dem »Wesentlichen« wird die Konstruktion als bestimmender Parameter in die Architekturtheorie eingeführt. Architektur resultiere, so Winckelmann, primär aus konstruktiven Überlegungen. Auch der Kontext seiner Schrift lässt aufhorchen. 1748, wenige Jahre zuvor, findet sich in einer italienischen Publikation erstmals der Begriff des »ingeniero civile«, wenig später, 1768, stößt man erstmals in England auf den Titel »Civil engineer«, 1771 wird dort die »Society of Civil Engineers of the Kingdom« begründet. Der Zivilingenieur ist geboren.

75 Jahre später ist der erste Sturm der Industrialisierung auch über Kontinentaleuropa hinweg gezogen. Ganz anders und in weit größeren Dimensionen als noch von Winckelmann erahnt, hat die von Produktion und Arbeit ausgehende Umwälzung allen gesellschaftlichen Lebens die bautechnische Verortung der Baukunst befördert. Mit den neuen Werkstoffen des eisernen Jahrhunderts ist in zuvor unvorstellbarem Maße das Technische, das Ingeniöse in den Mittelpunkt des Bauens gerückt – und mit ihm der konstruktiv tätige Ingenieur, auch wenn er sich oft noch gar nicht so nennt, sondern unter dem Begriff des »Architekten« subsumiert wird. Auf der Versammlung Deutscher Baumeister in Halberstadt gibt 1845 ein eigens komponiertes Festlied dem neuen Selbstbewusstsein des Ingenieur-Architekten beredten Ausdruck:

»Wer bahnt dem Fuße sichere Wege?
Wer zwingt den Strom, wer schützt den Strand?
Wer legt dem Fortschritt Eisenstege?
Wer bändiget der Städte Brand?
Wo Wogen stürmen, Flamme leckt
da hilft der kühne Architekt!«

Weitere 44 Jahre später, 1889, werden in Paris für die Weltausstellung zum hundertsten Jahrestag der Französischen Revolution mit dem Tour Eiffel und der Galerie des machines zwei Stahlbauten bis dahin unvorstellbaren Ausmaßes der atemlosen Bewunderung der Besucher übergeben. In Schottland geht zur selben Zeit die Forth Bridge ihrer Vollendung entgegen. Alle Welt spricht über das Werk der Ingenieure – den Turm von tausend Fuß, die Halle mit mehr als hundert Metern und die Brücke mit gar einem halben Kilometer stützenfreier Weite. Mit jedem neuen Rekord ist das Ansehen der Bauingenieure höher gestiegen. Kaum jemand kann sich der Faszination ihrer Produkte verschließen. In seiner Kritik der Galerie des machines fasst der Architekt Henry van de Velde die öffentliche Rezeption des Bauingenieurs kurz und einprägsam zusammen: »Diese Künstler, die Schöpfer der neuen Architektur, sind die Ingenieure.«

Noch einmal hundert Jahre später, 1989. Das Zürcher Dichter-Institut führt eine Umfrage unter jungen Abiturienten und angehenden Bauingenieuren durch, die wenig später im Schweizer *Ingenieur und Architekt* veröffentlicht wird. Die Hälfte der befragten Abiturienten bezeichnet »Bauingenieur« als »Out-Beruf«. Sechzig Prozent der befragten jungen Bauingenieure selbst wähnen sich in der öffentlichen Meinung vornehmlich als »Rechenknechte« der Architekten. 87 Prozent gar meinen, vor allem als »Zerstörer der Natur« zu gelten. Kein Lied, kein Lob mehr. Aus dem kühnen, innovativen Heroen ist ein frustrierter, bestenfalls gewissenhafter Sachwalter einer umweltbelastenden, hässlichen Infrastruktur geworden.

Diese Zwei-Minuten-Geschichte des Bauingenieurs und seines gesellschaftlichen Bildes ruft mehr als Unbehagen hervor. Sie erzählt von Gewinn und Verlust einer heute wieder fremdartig anmutenden Faszination. Sie protokolliert den radikalen Verfall der Fremd- wie Selbstwahrnehmung eines ganzen Berufsstandes. Unschwer lässt sich eine solche Diagnose mit einer Vielzahl anderer Beobachtungen verdichten.

Vor wenigen Jahren etwa sorgte Vittorio Lampugnanis Streitschrift *Die Modernität des Dauerhaften* für erhebliches Aufsehen im Kreise der Architekten. Engagiert kritisiert der Autor den von ihm benannten Verfall des Entwurfs. Er kritisiert ihn im Städtebau, in der Architektur, in der Innenraumgestaltung, im Industriedesign. Am interessantesten in unserem Kontext aber ist, was er nicht kritisiert – den Tragwerksentwurf. Nicht weil dort alles zum besten stünde – nein, weil es nicht mehr der Rede wert zu sein scheint. Die Konstruktion, der Bauingenieur, all das kommt bei Lampugnani nicht mehr vor. Lampugnanis Wertung passt dazu, dass an jedem zweiten Bauschild der Name des Tragwerksplaners allenfalls noch weit unten zu entdecken ist.

Es ist schon erstaunlich: In nur wenigen Jahrzehnten haben wir Ingenieure es offenbar vermocht, das gewaltige Kapital an Akzeptanz konsequent und effektiv zu verspielen, das unsere Vorgänger in zwei Jahrhunderten zuvor erarbeitet hatten. Unversehens müssen wir erkennen: Es geht heute um nichts anderes als das Verschwinden des Bauingenieurs.

Damit ist nicht gemeint, dass es ihn nicht mehr geben wird. Man wird sich auf seine statischen Berechnungen weiterhin verlassen, wird seine technischen Ausbauten benutzen, wird elegant über seine Brücken gleiten, von seinen Flughäfen abheben. Gemeint ist etwas anderes. Gemeint ist der Verlust seines Stellenwertes im Baugeschehen, der Verlust der ihm eigenen – ein großes Wort – kulturbildenden Rolle für die gebaute Umwelt und deren öffentliche Rezeption. Gemeint ist seine Auflösung in die Bedeutungslosigkeit eines »Fachplaners«.

Noch bemerkenswerter aber ist, wie wir darauf reagieren. Obwohl sich das alles recht deutlich abzeichnet, obwohl es durchaus Mahner gibt, es auch nicht an Appellen mangelt, über eine Neuorientierung nachzudenken, gehen wir Ingenieure das Problem nicht etwa beherzt, »ingeniös« an, sondern demonstrieren in der alltäglichen Berufspraxis ebenso wie in unseren Ausbildungsstrukturen die Träg- und Sturheit eines Riesentankers, machen weiter wie bisher, in sprachloser Mischung aus Resignation und Trotz, Vorschriften-Exegese und Blindheit.

Was ist da geschehen? Meines Erachtens verdienen zwei Aspekte in diesem Zusammenhang besondere Beachtung. Zum einen: Wir vernachlässigen elementare, traditionelle Tugenden. Statt sie weiterzuentwickeln und zeitgemäß zu transformieren, haben wir sie hintan gestellt. Zum anderen: Wir stellen uns nicht hinreichend unserer Verantwortung.

Das unmittelbare Resultat ist der schon oft beklagte Verlust an Konstruktionskultur, das mittelbare das Verschwinden des Ingenieurs.

Tugenden

Skeptisch sind wir geworden gegenüber der »Tugend«. Nicht nur zu altbacken, nein, wohl auch zu einfach und zu rein erscheint uns das Wort, als dass wir es noch verwenden möchten. Längst sind andere Begriffe an seine Stelle getreten.

»Leitbild« ist so einer. Welche Bilder leiten den Ingenieur? Sicherheit, Schnelligkeit, Termintreue, Effektivität, hohes Kompetenzniveau? Frage ich nach, beispielsweise in Publikationen des Hauptverbandes der Deutschen Bauindustrie, so erhalte ich wortreich Auskunft über mein, des Bauingenieurs heutiges Anforderungsprofil: Fachkundiger, leistungsfähiger, zuverlässiger Partner soll ich sein, im Team zu arbeiten vermögen, interdisziplinäre Kooperationsbereitschaft ebenso besitzen wie Kreativität, Phantasie und die Kraft zur Menschenführung. Und vor allem soll ich ganzheitlich denken und als Generalist handeln können. Das ist alles irgendwie richtig, indes: Die Wörter werden schnell zu groß. Und – wo bleibt da das Besondere des Bauingenieurs?

Wagen wir, von »Tugenden« zu reden. Das Lexikon definiert sie »als Idealtypen und Bilder persönlicher Vortrefflichkeit«. Sie entwerfen, so Hans Jonas, »das bestmögliche Sein des Menschen«. Tugenden sind kleiner, bescheidener als die großen Leitbilder und Wunschprofile. Sie stehen in der zweiten Reihe, doch sie sind auch direkter, konkreter, einfacher. Vielleicht gefällt mir der Begriff auch deshalb so gut, weil Altes, weil Tradition mitschwingt. Tugend ist nicht nur auf Zukunft, sondern auch auf Herkunft ausgerichtet.

Schneller Bauen; Werbeanzeige, 2000

Blick in Griechenlands Blüte; Karl Friedrich Schinkel, 1836

Wendeltreppe aus Eisenbeton; François Hennebique, um 1900

Mut, Besonnenheit, Mäßigung, Weisheit, Gerechtigkeit beispielsweise sind uns als allgemein menschliche Tugenden vertraut. Wie aber steht es mit den besonderen Tugenden des Bauingenieurs? Nur einige seien in rascher Folge genannt. Man kann sie auch als »Haltungen zum Konstruieren« interpretieren, Haltungen, an denen es heute eher mangelt.

Einfach

Einfachheit gehört dazu, größtmögliche Einfachheit als ein erstes Optimierungskriterium. Gerade heute, wo uns eine hochentwickelte Rechentechnik verführen will, alles irgendwie berechnen zu können, kommt ihr hohe Bedeutung zu. Die Besten unter den Ingenieuren wussten schon immer darum. Eugène Freyssinet beispielsweise, virtuoser Pionier des Bauens mit Stahl- und Spannbeton in der ersten Hälfte des 20. Jahrhunderts, geschult an Frankreichs Eliteschule, der École Polytechnique, hat doch stets betont, dass eine andere Ausbildung sein Ingenieur-Sein weit mehr geprägt hat, seine Verankerung im Handwerk nämlich. Sie war es, die ihn letztendlich die einfachen Lösungen finden ließ. Respektlos sprach er im Rückblick auf seine Zeit an der École Polytechnique von »Mathematikern, die die Natur durch eine Wolke aus x und y sehen«. Schon ein halbes Jahrhundert zuvor hatte Johann Wilhelm Schwedler, wohl der bedeutendste Ingenieur Preußens in dem an faszinierenden Ingenieurpersönlichkeiten nicht armen 19. Jahrhundert, dasselbe Primat in prägnanter Kürze formuliert: »Es gilt, jede Aufgabe so lange durchzuarbeiten, bis die einfachsten Mittel für ihre Lösung gefunden sind.«

Erfahrbar, anschaulich

Zu einer Kultur des Einfachen gehört zugleich das Bestreben, sich stets ein anschauliches Modell des Lastflusses zu erhalten, den Lastabtrag ebenso wie einzelne Beanspruchungen erfahrbar zu halten. Viele Versagensfälle belegen, wie schwer das gerade in einer Zeit geworden ist, die einst utopische Weiten und Höhen fast lässig zu realisieren vermag. Beispielhaft sei nur der Einsturz der Eisenbahnbrücke über den St. Lorenz-Strom in der Nähe von Quebec City genannt, bei dem 1907 noch während der Errichtung 74 Arbeiter ums Leben kamen. Die Untersuchung der Ursachen ergab, dass ein zusammengesetzter Gurtstab, offenbar infolge Biegedrillknickens, versagt haben musste. Die Konstrukteure hatten den Querschnitt durch lineare Extrapolation aus vergleichbaren, aber kleineren Tragwerken bestimmt, ein verhängnisvoller Fehler bei nichtlinearen Stabilitätsproblemen. Vielleicht wären sie vorsichtiger gewesen, hätten sie jene anschauliche Vorstellung von der Belastung des Stabes gehabt, die nach der Katastrophe im

Scientific American publiziert wurde. Eine Bildmontage ließ die ungeheure Beanspruchung des versagenden Druckstabs durch eine Verschiebung der uns vertrauten Wahrnehmung erfahren. Sie zeigte den Gurt als Stütze, deren Last nicht aus dem wenig anschaulichen Kraftfluss eines Fachwerkes resultierte, sondern durch die USS Brooklyn aufgebracht wurde, einen eben 9215 Tonnen schweren Kreuzer.

Dauerhaft

Dass seine Bauten dauerhaft sein sollen – welcher Ingenieur würde dies nicht für sich reklamieren? Und doch hat unser Denken und Sprechen über Dauerhaftigkeit einen schalen Beigeschmack. Es vollzieht sich vornehmlich vor Folien wie Materialermüdung, Restlebensdauer, Abschreibungszyklen. Was wir vernachlässigen, ist die Suche nach einer ästhetischen, einer menschlichen Dimension von Dauerhaftigkeit und Alter. Lässt sich alt werden nicht noch ganz anders denken? Wie altert die Brücke, wie das Haus, wie die Fassade? Finde ich nach dreißig, nach fünfzig, nach hundert Jahren Patina, oder finde ich Rost und immer neuen Rostschutz? Viele unserer Bauten und Werkstoffe können eigentlich nur neu und jung sein, oder sie müssen eben ausgetauscht werden. Eine solche Konzeption ist zeitgemäß. Sie fügt sich in das kulturelle Umfeld einer Spaßgesellschaft, die Jugend und Jungsein als vornehmste Ziele propagiert. Altern kommt da nicht vor!? Vielleicht sollten wir wieder lernen, zumindest einem Teil unserer Werke auch die Würde des Alterns zu schenken.

Akzeptanz

Eng verbunden mit unserer Haltung zu Dauerhaftigkeit und Altern ist unser Umgang mit dem Erbe der Älteren. Wer ein Bauwerk nur als Abschreibungsobjekt denken kann, wer selbst längst darauf verzichtet hat, Spuren zu hinterlassen – wie sollte der Achtung vor den Spuren seiner Vorgänger haben? Wir müssen auch über Behutsamkeit, über Akzeptanz gegenüber dem, was längst gebaut wurde, nachdenken. Akzeptieren können setzt Wissen um und Sinn für Tradition und Geschichte, für Qualität in der Baukunst voraus – und gleich merken wir: Dem heutigen Ingenieur ist dies eher fremd. Vielleicht hatte Leo von Klenze ja recht, als er schon in der Mitte des 19. Jahrhunderts klagte, die Gesichtslosigkeit zeitgenössischer Architektur sei Folge der Geschichtslosigkeit des Bewusstseins.

Natürlich ist Behutsamkeit ein schwieriges Thema für den Ingenieur. Schließen sich der ingeniöse Drang, neu zu gestalten, neu zu entwickeln, neu zu bauen – kurz: nach vorn schauend zu handeln - und eine sehr anders orientierte »Philosophie der Akzeptanz« nicht per se gegenseitig aus? Manch einer wird ob der Frage verständnislos und vielmehr stolz auf Erfolge wie jenen in Manchester verweisen, wo eine Gruppe mittelalterlicher Fachwerkhäuser mit enormem Aufwand über die umgebende Baugrube gerettet wurde; die zugehörige Abbildung stammt aus der Werbeschrift eines großen Ingenieurbüros.

Ich erspare mir zu zeigen, wie es dort heute aussieht: Zu reich sind unsere Städte an derartigen Möblierungen mit Geschichte, die, ihres in Jahrhunderten gewachsenen Umfeldes beraubt, ebenso verloren daherkommen wie jene herausgeputzten und mit hohem konstruktiven Input gesicherten Scheinfassaden, die doch nur ein dürftiges Abbild des zuvor leichtfertig entkernten Hauses zu vermitteln vermögen.

Philosophie der Akzeptanz – das ist etwas anderes als Spolienproduktion für Disneyland. Das ist die Bereitschaft, sich auf das bestehende Bauwerk und seine ingeniösen Herausforderungen einzulassen. Das heißt: Genau hinein sehen, hinein horchen, mit dem Endoskop, mit Schall- und Radarwellen, mit Wärme- und Röntgenstrahlen, vor allem aber mit dem eigenen, geschulten Auge und Sachverstand: Was kann das Tragwerk, das Tragglied, das Detail, wo muss ich ihm helfen, wo kann ich es ruhigen Wissens belassen? Es stimmt ja nicht, was mir jüngst der Baudezernent einer ostdeutschen Mittelstadt an den Kopf warf: »Wenn unsere Vorgänger so gehandelt hätten, würden wir heute noch in Lehmhütten hausen!« Weiter bauen, nicht nur neu bauen: Jahrhunderte lang haben Baumeister sich dieses Spannungsverhältnis zu eigen gemacht und so Europas Baukultur geprägt.

Eines indes stimmt schon: Sich der Tugend der Akzeptanz zu verschreiben ist gefährlich. Unversehens steht viel auf dem Spiel: Plötzlich geht es um zwei antithetische Produktionsmodelle, geht es im Grundsatz um eine zutiefst ökologische Frage: Neubau und Ersatz – oder Wartung und Reparatur?

Gestalten und streiten

Eine Tugend noch sei in Erinnerung gerufen: der Mut, Tragwerke nicht nur zu realisieren, sondern zu gestalten. Eigentlich bietet uns die Geschichte der Bautechnik eine Fülle von Vorbildern an, denken wir nur an Pioniere des Bauens mit Eisenbeton wie Freyssinet, Nervi oder Robert Maillart. Gerade letzterer vermochte es, Tragwerke und Formen zu entwickeln und auch zu realisieren, die in beeindruckender Weise allein aus Struktur und Werkstoff erwachsen waren; seiner Zeit muteten sie zunächst fremdartig an. Solcher Mut zur Gestaltung erfordert neben hoher konstruktiver Kompetenz die Schulung des Blicks, und er setzt ein gesundes Maß an Selbstbewusstsein voraus. Ich kann mich des Eindrucks nicht erwehren, dass es an beidem heute noch mehr mangelt als vor einhundert Jahren.

Der Mut zur ingeniösen Gestaltung impliziert das Bekenntnis zur Eigenständigkeit, zur Autonomie des Ingenieurs. Und er fordert die Bereitschaft zur Kritik, den Mut zum Streit. Gerade damit aber tun wir Ingenieure uns außerordentlich schwer. Das muss nicht so sein. Gern erinnere ich hier an einen eher unbekannten Ingenieur jüdischer Abstammung aus Berlin, Karl Bernhard; eine Diplomarbeit bei uns konnte jüngst dessen umfangreiches Werk in erster Näherung auffächern. Bernhard, ein beeindruckender Tragwerksplaner im besten Sinne, hat einen heftigen Streit mit

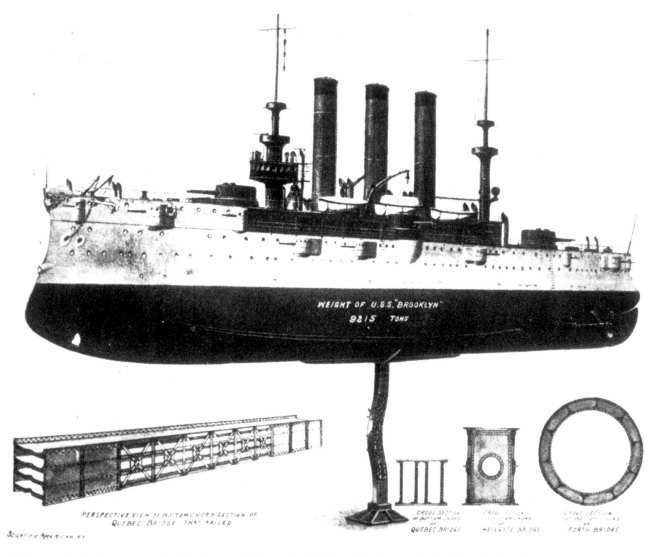

Brücke über den St. Lorenz-Strom: ein kritischer Gurtstab dargestellt als Stütze mit äquivalenter Last; Scientific American, 1908

St. Markus in Venedig; Tetrarchen an der Südwestecke: Aufnahme Domenico Bresolin, 1855

Wellington Inn in Manchester: Bestandssicherung; um 1980

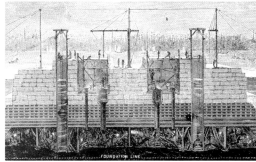

East-River-Bridge in New York: Arbeiten am Caisson; um 1880

Royal Albert Bridge in Saltash: Einheben des zweiten Hauptträgers; 1859

Stadtkirche St. Georg in Schmalkalden; anonymer Baumeister: um 1500

Der Ingenieur; Christoph Weigel, 1698

Peter Behrens über die von beiden gemeinsam entworfene Turbinenhalle in Berlin-Moabit geführt, eine Inkunabel der Architektur des frühen 20. Jahrhunderts. Der Anlass für die Auseinandersetzung waren die schweren, scheinbar massiven Eckpfeiler der Halle, die doch nichts anderes seien als »hohle Vögel« ohne konstruktive Funktion. Auf Bernhards Vorwurf der »Schein-Architektur« reagierte Behrens gereizt, postulierte nun die »notwendige Unterordnung der Konstruktion unter die künstlerische Zweckmäßigkeit«. Bernhard setzte dem offensiv das Primat des »Civilingenieurs« im Ingenieurbau entgegen und akzeptierte Behrens allenfalls noch als seinen »künstlerischen Beirat«. Gleichwie man zu diesen Positionen stehen mag – wesentlich ist: Es war der Ingenieur Bernhard, der sich nicht scheute, Position zu beziehen, einen Streit auch öffentlich auszutragen und damit eine höchst fruchtbare Debatte über das Verhältnis von Struktur, Werkstoff und Gestalt sowie die Rollen von Ingenieur und Architekt im Industriebau anzustoßen.

Und wir? Schauen wir nur in unsere prominentesten Foren, die Fachzeitschriften: Wann noch kommt es dort zum produktiven Streit, zum intelligenten Diskurs? Einsam schreiben wir unsere Texte in einen leeren Raum, ohne Antwort, ohne Dialog, viele Seiten lang schweigen wir uns an. Eine echte Auseinandersetzung findet nicht statt. Haben wir denn keinen Diskussionsbedarf z.B. zu unseren methodischen Paradigmen oder den Qualitätskriterien für Tragwerk und Struktur? Verschämt blättere ich in der ADAC-Postille und studiere die monatlichen Tests von Neuerscheinungen auf dem Automobil-Markt: Vielleicht täte uns ein monatlicher Tragwerkstest zu Neuerscheinungen auf dem Gebäudemarkt ganz gut, mit festen, möglichst umfassenden Kriterien und zugeordneten Maximalpunkten.

Einfachheit, Anschaulichkeit, Sorgfalt im Detail, behutsame Akzeptanz, Mut zur Gestaltung, Mut zum Streit – viele solcher Ansätze und Haltungen lassen mich denken an einen, der etwas vom Konstruieren verstand, auch wenn er sich in der Mitte seines Lebens entschied, vom Bauingenieur zum Dichter zu werden. Ich meine Heinrich Seidel, den Konstrukteur des legendären Anhalter Bahnhofs in Berlin. Seidel hat seine Auffassung vom Konstruieren auf einen eindringlichen Nenner gebracht: »Konstruieren ist Dichten!« Das Werk, die Konstruktion verstanden als ein kunstvoll, mit allen Tugenden gewebter Text – vielleicht taugt das Bild nicht schlecht als Idealbild für die Arbeit des Ingenieurs.

Verantwortung

Sprechen wir von Verantwortung, so denken wir zunächst an die unmittelbare Verantwortung des Baumeisters für das sichere technische Gelingen des Werks. Da glauben wir uns auszukennen, glauben, dass Verantwortung schon immer in diesem Sinne Verantwortlichkeit geheißen habe, eigentlich uralt sei. Vielleicht stoßen wir gar auf den *Codex Hammurabi*, jene berühmte Keilschrift aus vorchristlicher Zeit, die rigide Strafen für sträfliche Vertragsverletzungen im Bauwesen festschrieb – wenn ein Haus einstürzt und der Sohn des Bauherrn dabei zu Tode kommt, so soll auch der Baumeister einen Sohn hergeben etc. Und dann lesen wir unseren Ingenieurvertrag und sind uns sicher: Unsere Haftung ist zwar etwas weniger stringent, doch eigentlich ist die Sache mit der Verantwortung gleich geblieben.

John Smeaton beobachtet den Baufortschritt am Eddystone Lighthouse; um 1758

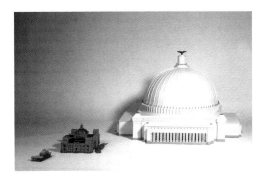
Große Halle des Volkes in Berlin: Modell mit Reichstag und Brandenburger Tor; Aufnahme um 1941

Albert Speer am Modell der »Großen Achse«; um 1939

Ist sie das?

Mir scheint, Verantwortung zu übernehmen, das hatte zu anderen Zeiten einen anderen Geruch. Das fasste sich anders an. Nehmen wir doch nur das 19. Jahrhundert: Ingenieur sein im Zeichen der jungen Industrialisierung, Konstruieren mit zuvor fast unbekannten Werkstoffen, eine faszinierend leere, eine offene Zeit. Man baut in ein Vakuum hinein, ein Vakuum der Werkstoffkunde, der Bemessungstheorie, der technischen Regeln, der Vorschriften, der Normen. All das gibt es noch nicht. Stattdessen herrscht ein Geist des Aufbruchs, Mut, Lust und List, das Versprechen auf große Geschäfte. Mit Haut und Haaren steht der Ingenieur ein für das Gelingen seines Werkes, oft gar finanziell unmittelbar in seinen Projekte engagiert.

Die Reihe der einschlägigen Helden ist lang, George Stephensons Zitat: »Ich weiß noch nicht, wie ich es machen werde, aber ich sage Ihnen, dass ich es machen werde«, ist ebenso charakteristisch wie die tragische Familiengeschichte der Roeblings, in der 1869 erst der Vater John an »seiner« East River Bridge durch einen Unfall zugrunde geht, um seinem Sohn Washington A. Roebling eine Aufgabe zu hinterlassen, an der dieser dann selbst sein rastloses Eintauchen in die mörderischen Arbeitsbedingungen der Caisson-Gründung nur drei Jahre später mit lebenslanger Lähmung bezahlen wird.

Einstehen für sein Werk mit Leib und Leben – wohl keiner verkörpert diese Haltung so wie die Ikone britischen Ingenieurgeistes schlechthin, Isambard Kingdom Brunel. Auch nicht einen Inch Distanz zu seinen Bauten lässt er erkennen, nahezu körperlich übernimmt er die Verantwortung für Erfolg oder Scheitern seiner oft fast skurril anmutenden Unternehmungen. Dass Brunel mit diesem Verantwortungs-Ethos zu einem erbitterten Feind jedweder Normung werden musste, kann nicht verwundern: »No man«, so Brunel, »however bold or however high he may stand in his profession, can resist the benumbing effect of rules laid down by authority« – Niemand, so kühn oder angesehen er auch sei, vermag der lähmenden Wirkung der Normen zu widerstehen.

Brunel, ein wohl einzigartiges Faszinosum und doch Sinnbild für ein ganzes Jahrhundert. »The engineer as a hero« hat Robert Thorne einen Vortrag über ihn überschrieben, Hans Magnus Enzensberger gar hat ihm ein eigenes Gedicht gewidmet: »Jede Katastrophe ein Sieg, jeder Sieg eine Katastrophe. Soviel Energie hat nur ein Ertrinkender. [...] Der große Ingenieur, klein von Gestalt: Ein Nervenriese. Manischer Frühaufsteher, 50 Zigarren am Tag. Von einem Projekt zum andern jagte er in seiner schwarzen Brischka, stieg aus, melancholisch, ein Zerstörer, der Vergils Eklogen liebte, und schrie: Ich kann niemand brauchen, der mir dreinredet.«

Und wir? Längst haben wir uns von den Helden verabschiedet. Abweichung, nicht Unrecht markiert die Grenzüberschreitung in unserer vernormten Welt. Verantwortung für das Gelingen des eigenen technischen Werks ist auf eine Frage der Versicherung reduziert. Glauben wir allen Ernstes, ein solches Klima verantwortungsloser Verantwortlichkeiten könne gerade die jungen Frauen und Männer, die wir uns wegen ihres Mutes, ihres Engagements, ihrer Genauigkeit, ihrer Kreativität wünschen würden, dazu bewegen, Bauingenieur zu werden? Nein, Verantwortung einst und jetzt –

das ist nicht gleich. Das Wort blieb, die Inhalte haben sich verändert.

Eine zweite, darüber hinaus weisende Facette von Verantwortung ist zu bedenken. Wir kommen nicht umhin, den Begriff auch im Sinne einer »responsabilité morale« zu fassen, wie sie der Lalande benennt – der Verantwortung im Sinne der Pflicht des Menschen als eines vernünftigen Wesens, sich der positiven oder negativen Bewertung seiner Taten zu stellen. Hans Jonas hat sich dieser Aufgabe in seinem Werk *Das Prinzip Verantwortung* gewidmet. Explizit hat er darauf hingewiesen, dass Tugenden allein heute nicht mehr ausreichen: Eben weil unser heutiges Wirken so lange Zukunftsschatten zu werfen vermag wie niemals zuvor, bedürfen wir eines weitergehenden, auf die Zukunft gerichteten Prinzips. Das ist neu, das war so noch nicht.

Ein letzter Blick zurück. Bis in die Neuzeit hinein war jedes Bauen eingebunden in einen relativ fest gefügten ethischen Kontext. Seine Aufgabe erfüllte der mittelalterliche Planer, der Konstrukteur nahezu anonym. Im 6. Jahrhundert legte Kaiser Justinian fest, es sei nicht erlaubt, den Namen irgendeiner Person an einem Bauwerk anzubringen, ausgenommen den des Kaisers oder der Person, auf deren Kosten das Bauwerk errichtet wurde. Selten nur entdecken wir ein flüchtig in Stein gehauenes Bildnis des Kathedral-Baumeisters, versteckt unter einer Kanzel, im Scheitel eines Gurtbogens oder am Rande eines Pfeilers. Die Verantwortung für sein Tun war aufgehoben im Wertesystem der Gruppe. Die Aufgaben waren recht klar, auch die Ziele, die Rhythmen, auch die Zeit, die alles brauchte.

Das änderte sich in der Renaissance. Ist es ein Zufall, dass diese Veränderung mit der Geburt des Ingenieurs zusammenfällt? 1698 publiziert Christoph Weigel seine berühmte Tafel zum »Ingenieur«. Sie verdeutlicht die ganze Spannung des inzwischen vollzogenen Umbruchs: Je stolzer geschwellt die Brust, desto stärker beginnt das ehedem klar gefügte Ziel zu verschwimmen, kommt der beigegebene Kommentar doch einer eindringlichen Mahnung gleich: »Was hilft die Städte messen, und Gottes Stadt vergessen?«

Und schon kommen Aufklärung und Industrialisierung, die Möglichkeiten des Ingenieurs wachsen exponentiell, auch die Dimensionen seiner Bauten, auch die Geschwindigkeiten ihrer Entstehung. In weniger als einem Jahr gelingt es Paxton 1851, den Kristallpalast zu errichten, und doch bedeckt er eine Fläche, die St. Peter spielend aufzunehmen vermöchte. Eine ungeheure Beschleunigung aller Entwicklungen wird zum wesentlichen Charakteristikum der neuen Zeit. »Werden« ersetzt das »Sein«. Der Ingenieur – verurteilt zum »souveränen Werden« (Nietzsche) – ist fast atemlos ob seiner Macht, und plötzlich stellt sich ihm die Frage der Verantwortung neu, schonungslos und scharf:

**Verantwortung als Pflicht der Macht,
Verantwortung als Pflicht zur Zukunft.**
Die erste Antwort, die noch im 18. Jahrhundert auf diese Herausforderung entwickelt wird, ist wohl bekannt, weil noch vertraut: Der Sinn – denn um nichts anderes geht es ja – allen ingeniösen Wirkens liegt in der Domestizierung der widerspenstigen Natur. Über die Beherrschung der Natur die Mühseligkeit menschlicher Existenz verringern zu helfen, »Baumeister einer besseren Welt«, einer Welt hier, im Diesseits zu sein – das ist das neue Bekenntnis, die neue Verantwortungskonstruktion der Ingenieure.

Was ist ein Bauingenieur? 1828 kann Thomas Tredgold in England eine beneidenswert eindeutige Antwort geben: »Civil engineering is the art of directing the great sources of power in nature for the use and convenience of man.« Und Carl Friedrich von Wiebeking entwickelt zur selben Zeit in Bayern, sorgfältig gegliedert in fünf Abteilungen, ein System der Bauwissenschaften, dessen Titel Programm ist: *Von dem Einfluß der Bauwissenschaften auf das allgemeine Wohl und die Civilisation*. Civilisation, aménagement – das sind nun die zentralen Ziele, für die an den neuen Polytechnika in Frankreich ebenso wie in deutschen Landen gelehrt und gelernt wird: Eroberung und Erschließung noch rauher, ungeformter, wilder Territorien. Dafür baut der Ingenieur seine wohlbefestigten Straßen, dafür erkämpft er seine feinsinnig durchdachten und bereits rechnerisch kalkulierten Brücken.

Nahezu programmatisch wie Wiebekings Titel mutet jene Tafel an, mit der uns 1874 der Biograph Samuel Smiles den Ingenieur John Smeaton nahe zu bringen sucht. Smeaton geht vor allem wegen seiner Arbeiten zur Entwicklung des Zements in die Geschichte des Betonbaus ein, sein vielleicht bedeutendstes Bauwerk aber ist das 1756 bis 1759 errichtete Eddystone Lighthouse. Eben davon erzählt die Tafel: Tag für Tag erspäht Smeaton, ein tiefreligiöser Mensch, den Baufortschritt, hält Ausschau nach jenem kleinen, unzugänglichen Felsstück vor der Küste Cornwalls, auf dem sein großes Zivilisationswerk unter unsäglichen Mühen schließlich erfolgreich realisiert werden kann – der Leuchtturm, der endlich den Schiffen sichere Fahrt um die feindlichen Klippen des stürmischen Atlantiks gewähren soll.

Die tiefe Überzeugung einer kulturellen, zivilisatorischen Aufgabe ist die eigentliche Ursache für den Siegeszug der Ingenieure im 19. Jahrhundert. Nicht zuletzt das *Deutsche Wörterbuch* der Gebrüder Grimm trägt 1877 einer solchen, höchst attraktiven Selbstkonstruktion indirekt Rechnung. Zur Ethymologie des Begriffs Ingenieur verweist es auf eine Quelle aus dem 17. Jahrhundert: »Ingenieur«, so heisst es dort, sei »ein Bild für einen fein berechnenden Menschen. [...] Wer die Teutschen in einen Verstand bringen woll, muß ein kluger und sehr guter Ingenieur sein.«

Und heute?
Beherrschung der Natur als Ziel ingeniösen Wirkens? Beherrschung der Natur als Maß für menschlichen Fortschritt? Längst hat die Formel einen faden Beigeschmack erhalten. Längst mussten auch wir Bauingenieure lernen, dass Technik, jenes wunderbare Geschenk des Prometheus, sich zu Pandoras Büchse wandeln kann, dass sie beängstigend rasch vom nützlichen Mittel zum bloßen Selbstzweck zu werden droht.

Das Dumme ist, dass wir es noch nicht vermocht haben, überzeugende neue Antworten auf die Fragen nach dem tieferen Sinn unseres Tuns und unserer Verantwortung zu formulieren und zu praktizieren. Ingenieure wie Smeaton kämpften für civilisation, aménagement, Fortschritt. Sie waren Kämpfer, und dies machte ihre Stärke, ihre Qualität aus, auch ihre Attraktivität, ihren Ruhm. Der Hunger nach Unendlichkeit zog die besten in ihre Schulen. Sind wir nicht nur noch Krieger – verpflichtet allein dem Ziel, unsere Arbeit halbwegs ordentlich zu verrichten, unseren Job zu tun, für welches Ziel auch immer?

Unlängst wurde in der Ruine der alten Akademie der Künste am Pariser Platz in Berlin nur wenige Male ein gleichwohl viel beachtetes Zwei-Personen-Stück Esther Vilars aufgeführt. In der fiktiven Geschichte interviewt 1980 ein Mann der Staatssicherheit namens Bauer den unter rätselhaften Umständen nach Ost-Berlin eingeladenen, zuvor aus der Spandauer Haft entlassenen ehemaligen Generalbauinspektor Albert Speer. Zur Rechtfertigung seiner Arbeit als des Führers Architekt an eben dem Ort, in dem das Stück nun, fünfzig Jahre nach 1945 aufgeführt wird, macht Speer eine beängstigend einfache Unterscheidung: »Sie«, so Speer zu Bauer, »sind in der Politik, und ich bin Manager, und somit handeln wir beide nach einer völlig unterschiedlichen Ethik. Ein Politiker folgt der Gesinnungs-Ethik. Seine Frage heißt: Was ist richtig? Für den Manager aber ist es die Ergebnis-Ethik, die zählt. Für ihn lautet die Frage: Was ist machbar? Und was machbar ist, Herr Bauer, das wird gemacht. Ob das Machbare das richtige ist, das entscheiden andere.«

Was ist machbar, fragten sich sicherlich auch Männer wie Smeaton, Tredgold oder Wiebeking. Jedoch komme ich um den Eindruck nicht umhin, dass sie sich gleichwohl der Frage nicht verweigert hatten nach dem, was richtig sei. Haben wir das verlernt?

Ausblick

Gebaut wird nicht mit Worten. Wenig zu tun hat solche Rede mit dem Alltag eines Büros, mit stetig wucherndem Geflecht sich zum Teil widersprechender Normen, Eurocodes und Bemessungsvorgaben, mit Zulassungen, Zustimmungen und Bauproduktenrichtlinien, mit Termin- und Kostendruck, mit Not und Kunst der Akquisition, mit zunehmend anonymisierten Bauherren und allzu mächtigen, wenig geübten Projektsteuerern. Unzeitgemäß ist solche Rede. Sie soll es auch sein. Vom Zeitgemäßen gibt es genug. »Du musst entscheiden, wie Du leben willst, nur darauf kommt es an« – sang des Berliners große alte Dame, Hildegard Knef, in den Sechzigerjahren. So simpel, so schwer. Auch wir Bauingenieure müssen uns entscheiden, wie wir uns selbst konstruieren wollen – darauf kommt es an. Erst wenn wir es vermögen, alte Tugenden überzeugend neu zu beleben, erst wenn wir glaubwürdige Antworten auf die Frage nach der Verantwortung des heutigen Ingenieurs zu formulieren – und zu leben! – lernen, erst wenn wir den Mut finden, jungen Studentinnen und Studenten nicht nur die Rätsel der Statik, der Verbundwerkstoffe, der Bodenmechanik oder des Baumanagements zu verstehen helfen, sondern auch jenseits aller Ermüdungs- und Lebensdauerprognosen ihren Hunger nach Unendlichkeit wieder zulassen und stillen – erst dann wird es uns gelingen, wieder Baumeister der Zukunft zu werden. Erst dann könnte es gelingen, dem Verschwinden des Ingenieurs erfolgreich entgegenzutreten.

Dazu gehört wie bei jeder ernsthaften Revision die Bereitschaft, alles infrage zu stellen – unsere scheinbar selbstverständlichen Paradigmen ebenso wie unsere scheinbar selbstverständlichen Praktiken. Dazu gehört die unvoreingenommene Frage nach der bleibenden Qualität unserer Bauten. Wenig hat das zu tun mit Qualitätssicherung, mehr mit Nachhaltigkeit. Dazu gehören ehrliche, ganzheitliche Bilanzen über unser Tun: Was gewinnen wir jenseits des Honorars, was verlieren wir vielleicht, und ist es das wert? Dazu gehört der Mut, auch nein zu sagen. Dazu gehört selbst das Arbeits- und Beschäftigungsideal einer rastlosen Gesellschaft. Und nicht zuletzt gehört dazu der unbequeme Gedanke, dass wir vielleicht, trotz aller Kenntnisse und Erfolge im einzelnen, nicht über die beste Technik aller Zeiten verfügen, dass wir vielleicht nicht die besten Ingenieure aller Zeiten sein könnten.

Plötzlich sind wir frei und offen. Und plötzlich, auf solcher Folie gelesen, auf dem Fundament einfacher Tugenden und gelebter Verantwortung, bekommen die eingangs benannten, zu groß klingenden Leitlinien für den Ingenieur der Zukunft doch ihren Sinn ... vom Verfügungswissen zum Orientierungswissen, ... vom linearen zum ganzheitlichen Denken, ... vom Spezialisten zum Generalisten, ... vom Technokraten zum auch gefühlsbetonten Ingenieur.

Mir kommt unversehens Leon Battista Alberti in den Sinn, legendärer *uomo universale* der Renaissance, über dessen weitgestreute Interessen und Fähigkeiten so Wundersames berichtet wird. Nicht nur Baumeister, nicht nur Autor des Standardwerkes *de re aedificatoria*, auch Mathematiker, Physiker, Jurist. Ein höchst sympathischer Erfolgsmensch: Beim Anblick prächtiger Bäume muss er weinen, »die Menschen können alles, wenn sie nur wollen«, ist sein Gebot. Vielleicht liegt gerade im Spielerischen Albertis vornehmste Tugend. In den Tiefen eines Antiquariats stieß ich unlängst auf ein Buch mit dem wundersamen Titel: *The existential pleasures of engineering*, ja, auch das: Das Vergnügen, die Freude, ein Ingenieur sein zu dürfen! Spuren hinterlässt doch nur der, der mit dem Herzen baut.

Im Ergebnis bedeutet dies alles nicht mehr und nicht weniger, als: das ingeniöse Bauen wieder und immer neu als kulturelle Aufgabe zu definieren – und uns selbst, die Bauingenieure, als die dafür zuständige und verantwortliche Elite.
Werner Lorenz

Der Text entspricht, leicht überarbeitet, einem Vortrag anläßlich der Verabschiedung der vier Gründungspartner der Ingenieurgruppe Bauen in Karlsruhe am 16. Februar 2001.

Ingenieurrationalität
Bauingenieure als »Techniker« oder Professionals

Technische Rationalität und Ingenieurrationalität

Eine weit verbreitete Gedankenlosigkeit, manchmal auch ein regelrechtes Vorurteil, erblickt in der Praxis von Ingenieuren den Ausdruck rein technischer Rationalität. Das mag in technikoptimistischen Zeiten, die inzwischen vergangen sind, ein Lob gewesen sein; heute ist es im Feuilleton und in sozialwissenschaftlichen Analysen ein Muster der Kritik. Die Neigung zur Gleichsetzung von Ingenieurpraxis und technischer Rationalität trifft sogar auf solche wohlmeinenden Autoren zu, die den Ingenieuren im Sinne einer humanen und ökologischen Verbesserung von Technik die Rücksicht auf nichttechnische Werte und den Ingenieurfakultäten die Einbeziehung von Ingenieurethik in das Ausbildungsprogramm anempfehlen wollen. Auch die verbreitete Sorge der deutschen Bauindustrie, in der Ausbildung würde das Kostendenken vernachlässigt, unterstellt den Professoren des Bauingenieurwesens eine selbstvergessene Beschränkung auf technisch-wissenschaftliche Perfektion, auf Gesichtspunkte der Berechenbarkeit und der ausführungstechnischen Machbarkeit. Wenn man dem folgt, soll also der den Ingenieuren angeblich eigenen Rationalität noch etwas Verbesserndes hinzugefügt werden.

Mit der Unterstellung, das Denken und Handeln von Ingenieure sei auf technische Rationalität zu reduzieren, sind folgende, nicht immer gemeinsam auftretende Aspekte gemeint:

I

Reduzierung der vielen Gesichtspunkte, die im Handeln eine Rolle spielen oder spielen sollten, auf die technische Effektivität, allenfalls unter Einschluss der ökonomischen Effizenz, woran es aber nach der zitierten Unternehmerauffassung auch schon mangelt. Ingenieure sind hiernach also noch eingeschränkter als Betriebswirte; Rückführung möglicher Formen des Handelns auf Zweckrationalität mit den Unterformen des instrumentellen und des strategischen Handelns. Zu kommunikativem Handeln, zur situativen Verständigung von Interaktionspartnern auf Ziele und normative Orientierungen sind nach dieser Meinung Ingenieure weder fähig und willens noch durch die Sachnotwendigkeiten ihrer Arbeit genötigt, so dass derartige Orientierungen von außen kommen müssten, von Bauherren, Politikern, von Intellektuellen oder von der kritischen Öffentlichkeit. Als subjektive Voraussetzung wird den Ingenieuren eine reduzierte Sprachkompetenz unterstellt; soweit Orientierung jedoch an Normen erfolgt, und damit sind nicht nur technische Normen, sondern auch das Recht und eigene Berufsnormen gemeint, geschehe dies bei Ingenieuren, in dem sie stur den Wortlaut der Normen befolgen. Zu einer distanzierten Prüfung des jeweiligen Geltungsanspruchs von Normen seien Ingenieure nicht fähig; was die Rolle der Wissenschaft in der Praxis angeht, so wird technische Rationalität darin erblickt, dass Ingenieurpraxis nichts anderes als angewandte Ingenieurwissenschaft und diese nichts anderes als technisch verfügbar gemachte Mathematik und Naturwissenschaft sei. Kreativität, Phantasie, der subjektive Beitrag zur Schaffung von Neuem kommen in diesem Zerrbild je nach dominierender Gesamtsicht der Rolle der Technik in der Gesellschaft ganz unterschiedlich vor, mal als Unterstellung entfesselter Phantasie, mal als Kritik an gestalterischer Armut.

Es ist klar, dass es sich bei diesen Vorstellungen in der Tat um ein Zerrbild handelt. Dennoch sollte nicht vergessen sein, dass technische Rationalität früher ein positiv besetzter Begriff war und dass in den Zwanzigerjahren des vorigen Jahrhunderts in den USA und in Europa eine sich selbst so bezeichnende »technokratische Bewegung« existierte, die voller Selbstbewusstsein die negativen Erscheinungen des modernen Kapitalismus bekämpfen wollte. Auch wird sich mancher daran erinnern, dass in Zeiten des Kalten Krieges Hoffnungen kultiviert wurden, dogmatisch-diktatorische Regime würden durch den versachlichenden Einfluss von »Technokraten« in den Regierungen langsam liberalisiert werden können.

Die Auseinandersetzung mit dem skizzierten Zerrbild sollte nicht im Schema der angeblichen »zwei Kulturen« erfolgen. Nicht allein die Geistes- und Sozialwissenschaften kultivieren dieses Bild der Ingenieurpraxis, sondern auch Selbstkritik im Kreis der Ingenieure hat manche der genannten Aspekte zum Thema, zum Beispiel die Kritik an ästhetischer Armut im Brückenbau, an unkritischer EDV-Nutzung oder die Kritik an der Hörigkeit gegenüber technischen Normen. Tagungen wie das Stuttgarter Symposium »Conceptual Design of Structures« (IASS 1996) belegen den Willen, die Entwurfskompetenz der Ingenieure zu stärken, damit aber auch Hinweise auf Ausbildungsmängel. Und die Sozialwissenschaften hatten bisher generell, nicht nur bei der Auseinandersetzung mit Technik und Ingenieurarbeit, das Problem, die kreative Seite sozialen Handelns begrifflich angemessen zu fassen. In allerjüngster Zeit allerdings vermehren sich, verbunden mit dem inzwischen geflügelten Wort von der »Zweiten Moderne«, sozialwissenschaftliche

II

Diagnosen einer angeblichen Krise der Wissenschaftsgläubigkeit und die Wiederentdeckung des »subjektiven Faktors«, auch der Bedeutung des Erfahrungswissens. Bei manchen dieser Diagnosen verbirgt sich allerdings eine uneingestandene Selbstbefreiung von falschen Theorien und speziell von rationalistischen Konzepten menschlichen Handelns hinter Diagnosen gesellschaftlichen Wandels, so bei der des Übergangs von der ersten, der einfachen, zur zweiten, der reflexiven, Moderne.

Diese Erfahrungen führen zum Thema dieses Beitrags, wie die Rationalität der Ingenieurpraxis wirklichkeitsnah zu beschreiben ist. Was hat die Rationalität der Ingenieurpraxis, im Guten wie im Schlechten, schon stets ausgemacht, und welche Wandlungen erfährt sie im Zuge der Verwissenschaftlichung? Was ist daran falsch oder verkürzt, wenn Bauingenieure als »Techniker« und als angewandte Ingenieurwissenschaftler tituliert werden? Und hat das Gelingen oder Misslingen von Ingenieurbauwerken oder die geglückte oder missglückte Zusammenarbeit von Architekten und Bauingenieuren etwas damit zu tun, dass oder ob Ingenieure bloße »Techniker« sind? Worauf beruht eigentlich die Sicherheit und Verfügbarkeit unserer Bauten? Sind etwa diejenigen Bauten die sichersten, die ein bloßes Produkt angewandter Mathematik und Mechanik sind – je mehr Sicherheitstheorie, umso sicherer?

Zugang zur Beantwortung dieser Fragen gewinnen wir, indem wir zwischen technischer Rationalität und Ingenieurrationalität unterscheiden. Unter dieser verstehen wir die integrale, alle Aspekte des Handelns einschließende Rationalität des Praktikers. Technische Rationalität bildet dabei nur einen von vielen Aspekten. Selbstverständlich stützt sich Ingenieurpraxis in ihrem Kern auf technische und ingenieurwissenschaftliche Kompetenz. Ebenso selbstverständlich eröffnen das fortgesetzt wachsende wissenschaftliche Wissen und die Entwicklungen in Fertigungstechnik, Materialwissenschaft und Bauinformatik der Ingenieurpraxis immer neue und erweiterte Möglichkeiten des Planens und Bauens. Aber auf welchem Niveau dieser Entwicklung wir uns auch befinden, niemals reduziert sich Praxis auf unvermittelte Wissensanwendung, und zwar ganz unabhängig davon, ob es sich um wissenschaftliches oder um Erfahrungswissen handelt. Ganz im Gegenteil ist die Anwendung von Wissen und von technischen Möglichkeiten stets davon abhängig, dass der Praktiker zunächst die Voraussetzung zur Anwendung dieses Wissens schafft. Praktische Rationalität des Ingenieurs zeigt sich gerade darin, dass und inwiefern sie (sinnvollen) Gebrauch von Wissen und von technischen Möglichkeiten macht. Das Adjektiv »sinnvoll« wurde in Klammern hinzugefügt, um darauf hinzuweisen, dass es nicht nur um »guten« Gebrauch von Wissen geht, sondern dass Wissen sich in keinem Fall aus sich selbst anwendet, sondern handelnd angewendet wird. Der Handelnde weiß, dass er etwas weiß und inwiefern dieses Wissen in Bezug auf Situation und Aufgabe unter Anwendungsvorbehalten steht.

Praxis und formale Operationen – das Zwei-Ebenen-Modell der Ingenieurpraxis.

Das Verhältnis von praktischer Ingenieurrationalität und technischer Rationalität soll an einem Modell erläutert werden. Hierbei wird die Tragwerksplanung als Beispiel gewählt. Das Modell unterscheidet eine eigentliche Praxisebene (Ebene 1) und eine Ebene formaler Operationen (Ebene 2) im Dienste der eigentlichen Praxis. Im Kern besteht die Praxis der Tragwerksplanung aus zwei Teilschritten, aus Entwurf und Berechnung, aus der Produktion von Lösungsvorgaben und ihrer Analyse. Beide Teilschritte sind kreisförmig verbunden. Ergibt zum Beispiel ein Standsicherheitsnachweis ein unzulässiges oder unbefriedigendes Resultat, führt dies zu Modifikationen am Entwurf. Der Grad dieser Zirkularität hängt von der Erfahrung des Praktikers, von der Vertrautheit mit der Aufgabe und von deren Komplexität und vom Verhalten der anderen Baubeteiligten ab. Es wäre schon eine erste folgenreiche Verkürzung eines angemessenen Bildes der Praxis, diese nur als Problemlösungsprozess zu beschreiben. Der Versuch einer Problemlösung setzt voraus, dass ein Problem zuvor einigermaßen gestellt, konstituiert ist. Die Auftraggeber haben oft nur diffuse Vorstellungen von dem, was sie wollen oder wollen könnten. Auch der Kontext des späteren Bauwerks stellt sich anfänglich nicht so strukturiert und geordnet wie im Rückblick dar. Deshalb ist es richtiger, von der Gleichzeitigkeit von Problemkonstitution und Problemlösung zu sprechen.

Der Prozess des Entwerfens lebt von der Phantasie, von der Kreativität, vom »inneren Auge« des Ingenieurs. In ihn fließen individuelle und institutionelle Erfahrungen, Leitbilder, Routinen, Muster ein, und dies auch unabhängig vom Grad der Reflexion des Handelnden auf diese »Entwurfsprothesen«. Die sachliche Arbeit lebt im Ergebnis auch von der Interaktion mit Auftraggeber, Architekt, anderen Planern und von der Fähigkeit des Tragwerksplaners, sich in die Perspektiven der anderen Beteiligten zu versetzen. Schlechte Entwürfe können später auch nicht mehr gesund gerechnet werden – eine Binsenweisheit der Praxis. Der Standsicherheitsnachweis oder, wie die Juristen sagen, die Sicherheitsaussage ist nur eine von zahlreichen zu produzierenden Aussagen, neben denen etwa zur Wirtschaftlichkeit, zur Ausführbarkeit, zur rechtlichen Zulässigkeit, zur ästhetischen Gestalt und umweltbezogenen Einbindung. Aus diesem Grund kann in Bezug auf das Wechselspiel von Entwurf und Berechnung die Bedeutung des ersten der beiden Schritte, also des Entwurfs, gar nicht genug betont werden. Ingenieurrationalität entscheidet sich daher schon bei diesem ersten Schritt und nicht erst bei der oft artistischen Produktion von Aussagen. Diese Aussagen werden im übrigen nicht nur über einen Entwurf, sondern auch für andere Baubeteiligte abgegeben, seien dies Behörden, der Bauherr, ausführende Firmen. Die Rationalität der produzierten Aussagen hat eines ihrer Kriterien im Informationsbedarf dieser Adressaten. Die Aussagen schaffen gemeinsam mit dem Entwurf Ordnung in einer zuvor ungeordneten, oft chaoti-

Abel, Jörg 1997 *Von der Vision zum Serienzug*. Techniksgenese im schienengebundenen Hochgeschwindigkeitsverkehr, Berlin.
Acham, Karl 1984 *Über einige Rationalitätskonzeptionen in den Sozialwissenschaften*. In: Schnädelbach, Herbert (Hg.) 1984 Rationalität. Philosophische Beiträge. Frankfurt. S. 32 - 69.
Beck, Stefan 1997 *Umgang mit Technik*. Kulturelle Praxen und kulturwissenschaftliche Forschungskonzepte. Berlin.
Böhle, Fritz; **Bolte**, Annegret; **Drexel**, Ingrid; **Weishaupt**, Sabine *2001 Grenzen wissenschaftlich-technischer Rationalität und "anderes" Wissen*. In: Beck, Ulrich; Bonß, Wolfgang Die Modernisierung der Moderne. Frankfurt.
Duddeck, Heinz (Hg.) 2001 *Technik im Wertekonflikt*. Leverkusen (im Erscheinen).
Ekardt, Hanns-Peter 1998a *Was heißt Ingenieurverantwortung?* Verantwortung erster und zweiter Ordnung und die Alltäglichkeit professioneller Selbstkontrolle. In: Schmitt, Bettina (Hg.) Über Grenzen: Neue Wege in Wissenschaft und Politik. Frankfurt, New York
Ekardt, Hanns-Peter 1998b *Die Stauseebrücke Zeulenroda*. Ein Schadensfall und seine Lehren für die Idee der Ingenieurverantwortung. In: Stahlbau 1998. S. 735 - 749.
Ekardt, Hanns-Peter 2000a *Risiko in Ingenieurwissenschaft und Ingenieurpraxis*. In: Braunschweigische Wissenschaftliche Gesellschaft, Jahrbuch 1999. Braunschweig. S. 25 - 45.
Ekardt, Hanns-Peter 2000b *Sicherheit in der Ingenieurpraxis*. Zwischen Ingenieurwissenschaft und Ingenieurverantwortung. In: Baukammer Berlin (Hg.) Mitteilungsblatt 2/2000. S. 55 - 62.
Ekardt, Hanns-Peter; **Manger**, Daniela; **Neuser**, Uwe; **Pottschmidt**, Axel; **Roßnagel**, Alexander; **Rust**, Ina 2000 *Rechtliche Risikosteuerung*. Sicherheitsgewährleistung in der Entstehung von Infrastrukturanlagen. Baden-Baden.
Ferguson, Eugene S. 1993 *Das innere Auge*. Von der Kunst des Ingenieurs. Basel.
FOGIB DFG-Forschergruppe 1997 *Ingenieurbauten - Wege zu einer ganzheitlichen Betrachtung*. Uni Stuttgart, Institut für Konstruktion und Entwurf 2.
Heymann, Matthias; **Wengenroth**, Ulrich *Die Bedeutung von "tacit knowledge" bei der Gestaltung von Technik*. In: Beck, Ulrich; Bonß, Wolfgang. Die Modernisierung der Moderne. Frankfurt.
IASS 1996 *Conceptual Design of Structures, Symposium Stuttgart*. Institut für Konstruktion und Entwurf 2. Herausgeber: Organizing

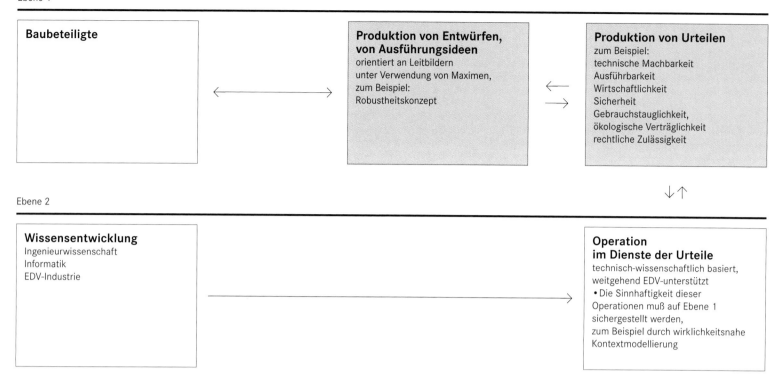

schen Wirklichkeit. Hierzu gehören zahlreiche Modellbildungsleistungen und das Verantworten der damit verbundenen Vorbehalte. Diese gestalterische und gedankliche Ordnungsleistung ist ein Ausdruck praktischer Rationalität.

Im Dienste der Produktion dieser Aussagen werden in großem Umfang formale Operationen auf technisch-wissenschaftlicher Basis durchgeführt, heute fast vollständig EDV-gestützt (Ebene 2 des Modells). Diese kontextdefinierten Operationen nutzen die auf Ebene 1 erbrachten Ordnungsleistungen. Rationalität auf dieser Ebene ist gebundene, formale Rationalität. Sie erweist sich in logischer Schlüssigkeit, Widerspruchsfreiheit, rechnerischer Richtigkeit. Sie äußert sich als ein Handeln nach Regeln innerhalb einer vorab gestifteten Ordnung. Es besteht auch durchaus eine Wechselwirkung mit der oberen, der eigentlichen Praxisebene. Der Fortschritt der Ingenieurwissenschaft, die ständige Erweiterung der Rechner-Hardware und -Software und der damit wachsende Umfang formaler Operationen ermöglichen differenziertere und wirklichkeitsnähere Aussagen und damit die Untersuchung zahlreicher Entwurfsalternativen. Die Sinnhaftigkeit der Operationen auf Ebene 2 muss aber in jedem Fall auf Ebene 1, der eigentlichen Praxisebene, bestimmt werden. Praktische, materiale Rationalität auf Ebene 1 und formale, operationale Rationalität auf Ebene 2 steigern sich gegenseitig.

Bewegt man sich im vorgeschlagenen Zwei-Ebenen-Modell, dann schließt die behauptete Reduzierung der Ingenieurrationalität auf technische Rationalität zwei Aspekte ein: die Verkümmerung des eigentlichen Entwerfens im Verhältnis zur Aussagenproduktion und das unreflektierte Ausleben operativer Fertigkeiten auf Ebene 2, ohne dass die Notwendigkeit hierfür geklärt wäre. Es darf vermutet werden, dass die meisten Ingenieure die Behauptung einer solchen Einschränkung für ihr eigenes Handeln nicht gelten lassen würden.

Abschließend ist auf den zentralen Unterschied im Geltungsanspruch der Handlungen auf beiden Ebenen hinzuweisen. Die Operationen auf Ebene 2 und ihre Ergebnisse unterliegen wissenschaftlichen Wahrheitsansprüchen, sie unterliegen Ansprüchen innerer Konsistenz und formaler Korrektheit, unbeschadet der Sinnhaftigkeit der in die Kalküle eingehenden Variablenwerte. Zum Beispiel kann die Frage, ob Gleichgewichtsbedingungen bei gegebenem System und bei gegebenen Einwirkungen erfüllt sind, mit einem eindeutigen Ja oder Nein beantwortet werden. Auf Ebene 1, der eigentlichen Praxisebene, wird dagegen der Geltungsanspruch der Richtigkeit erhoben, worunter viele Einzelgesichtspunkte wie Sicherheit und Gebrauchstauglichkeit, Wirtschaftlichkeit, rechtliche Zulässigkeit und soziale und ökologische Verträglichkeit sowie ästhetischer Anspruch und die Integration all dieser Aspekte zu verstehen sind.

VI

Ingenieuren in Bezug auf diese eigentliche Praxisebene vorzuhalten, sie seien auf technische Rationalität und ihre Geltungsansprüche eingeschränkt, läuft in vielen Fällen auf einen Kategorienfehler hinaus. Ein Bauwerk mag einfach misslungen sein, sei es wegen der Rücksicht auf wirtschaftliche oder auf andere Einschränkungen, sei es aus entwerferischer Inkompetenz, aber das ist nicht dasselbe wie die allzu leichtfertig unterstellte Reduzierung des Ingenieurs auf technische Rationalität. Das ist nicht eine Frage der Motive des Handelnden, sondern eine Frage der inneren Notwendigkeiten des Arbeitsprozesses; diese erzwingen die Überschreitung der engen Grenzen technischer Rationalität.

Professionalität als Gestalt praktischer Rationalität – das Gegenbild technischer Rationalität

Nach den bisherigen Ausführungen kann Ingenieurarbeit, zumindest im Bereich der technischen Infrastruktur, nicht von einem so engen Konzept wie dem technischer Rationalität geprägt sein, und dass die Ingenieurpraxis von der subjektiven Einstellung des »Technikers« geprägt ist, ist höchst unwahrscheinlich, weil eine solche Einstellung gegen die Notwendigkeiten des Arbeitsprozesses durchgehalten werden müsste. Das schließt im Einzelfall selbstverständlich nicht qualitativ schlechte Arbeit aus. Demgegenüber ist das sachlich näher liegende Modell praktischer Ingenieurrationalität das der Professionalität. Damit ist nicht gemeint, dass Bauingenieure eines bestimmten Tätigkeitsbereichs, zum Beispiel der Tragwerksplanung, Professionelle seien. Dies hinge noch von vielen anderen Faktoren ab. Behauptet wird aber, dass Professionalität der für Ingenieurarbeit im Infrastrukturbereich charakteristische Rationalitätstypus ist.[VII] Professionalität des Handelns in diesem Bereich zeigt sich unter anderem in folgenden Verhaltensmerkmalen: Der Bedeutung des Entwurfs (zum Beispiel für die Tragwerkssicherheit) entsprechend wird eine bewusste Entwurfskultur gepflegt, obwohl der Ausfall entsprechender Entwurfsanstrengungen durch den Staat oder andere Baubeteiligte weniger leicht kontrolliert und sanktioniert werden kann als der Ausfall von Nachweisleistungen; über ingenieurwissenschaftliche Theorie wird nicht nur (selbstverständlich) verfügt, sondern es werden auch bewusste Anstrengungen zur Schaffung der erforderlichen nichttheoretischen Voraussetzungen des Theorieeinsatzes erbracht. Dies betrifft unter anderem die Sorgfalt bei den Modellbildungsleistungen und die zweckorientierte Wahl der theoretischen Mittel; es wird eine ausgesprochene Kultur des Abwägens gepflegt. Dies betrifft die Abwägung zwischen und die Gewichtung von zugleich zu berücksichtigenden Werten. Es betrifft noch grundsätzlicher das ständige Abwägen zwischen Aufwandssteigerung und Zugewinn an Bearbeitungsqualität. Hierzu gehört die Fähigkeit, bewusste Entscheidungen über den Stopp weiteren Aufwands zu treffen; Normenorientierung, ein Grundmerkmal jeglichen sozialen Handelns, hat bei Ingenieurarbeit im Infrastrukturbereich eine gesteigerte Bedeutung. Professionalität zeigt sich hier in der unabdingbaren Normendistanz, in der Fähigkeit und Bereitschaft, bei aller Verpflichtung auf die Norm dennoch ihren situativen Geltungsanspruch zu prüfen. Hierzu bedarf es des Wissens um die in den Normen verkörperten Prinzipien und theoretischen Voraussetzungen, aber auch der psychischen Kraft zur Distanzierung und zur Austragung von Konflikten mit sturen Verfechtern des Normenwortlauts. Diese Qualität bezeichnen wir als Verantwortung zweiter Ordnung im Unterschied zur unmittelbaren Verantwortung den Normen gegenüber; in der Koordination der Zusammenarbeit der Beteiligten in Projekten und in der Abstimmung der Leistungserbringung solcher Projektpartner, die eng voneinander abhängig sind, wird Verantwortung über diese Schnittstellen hinweg übernommen. Wegen dieser wechselseitigen Abhängigkeit werden Vorleistungen erbracht, im vollen Wissen um das Risiko des Ausfalls der Gegenleistung. In der neueren sozialwissenschaftlichen Theorie der Netzwerke wird für diesen Fall von »Vertrauen« als Steuerungsmedium gesprochen. Zur Professionalität der Zusammenarbeit gehört weiter die Fähigkeit, Rollenkonflikte zu verarbeiten und die Perspektive des anderen einzunehmen; bei allen Planungstätigkeiten, bei der Planung im Verkehrs- und im Wasserbereich, aber auch bei der Objektplanung im Konstruktiven Ingenieurbau bringt die langfristige planmäßige Nutzungsdauer einen Bezug zu den künftigen Nutzern der nächsten Generationen mit sich. Professionalität zeigt sich in der Fähigkeit und Bereitschaft, sich zum Anwalt dieser künftigen Nutzer und Betroffenen zu machen, insofern der Markt und das Recht dies nicht im erforderlichen Maße tun; zur Professionalität gehört schließlich das Verantworten von unvermeidbaren Wissensvorbehalten und die Reflexion auf diesen Sachverhalt. Im Bauwesen findet technische Entwicklung weitgehend durch Projekte statt. Auch bei Projekten ohne einen ausgeprägt innovativen Charakter bringt die Einbindung in den Kontext Begrenzungen des an sich erforderlichen Wissens mit sich (man denke an Baugrundüberraschungen). Technikentwicklung durch Projekte mit innovativem Charakter wird auch als »experimentelle Praxis« bezeichnet, die durch »evolutionäre Risiken« gekennzeichnet ist, Risiken, die man erst kennenlernt, indem man sie eingeht und die sich daher auch einem formalen Risikokalkül entziehen.

Schlussbemerkung

Die Darstellung sollte zeigen, dass die Rationalität der Ingenieurarbeit nicht als bloße technische Rationalität beschrieben werden kann. Die sachlichen Anforderungen und Umstände der Arbeit bringen das Erfordernis einer professionellen Einstellung und eines professionellen Handelns mit sich. Insbesondere bei freiberuflich tätigen Ingenieuren erzwingt die Praxis, ständig die Erfordernisse ökonomischer Behauptung auf dem Planungsmarkt und der Wahrung der professionellen Selbstachtung auszutarieren. In Bezug auf die lebenswichtigen Funktionen bautechnischer Infrastruktur für die Gesellschaft sind professionell handelnde Ingenieure, ob verbandlich organisiert oder nicht, allein im Zuge ihrer Berufspraxis an der Förderung des öffentlichen Wohls beteiligt. Und dies nicht als Werkzeuge und Vollzugsorgane staatlicher Techniksteuerung, sondern im Wege professioneller Selbstkontrolle und Selbstbeschränkung. Dies macht ihre Rationalität aus.

Hanns-Peter Ekardt

Committee, K.-U. Bletzinger u.a.
Joas, Hans 1996 *Die Kreativität des Handelns.* Frankfurt.
Krohn, Wolfgang; **Krücken**, Georg 1993 *Risiko als Konstruktion und Wirklichkeit.* In: Krohn, Wolfgang und Krücken, Georg (Hg.) Riskante Technologien, Reflexion und Regulation. Frankfurt. S. 9 - 44.
Lenk, Hans 1991 *Ethikkodizes - zwischen schönem Schein und "harter" Alltagsrealität.* In: Lenk, Hans; Maring, Matthias (Hg.) Technikverantwortung. Güterabwägung - Risikobewertung - Verhaltenskodizes. Frankfurt, S. 327-345.
Scheer, Joachim 2000 *Versagen von Bauwerken.* Ursachen, Lehren. Band 1: Brücken. Berlin.
Schmutzer, Manfred E.A. 1994 *Ingenium und Individuum.* Eine sozialwissenschaftliche Theorie von Wissenschaft und Technik. Wien, New York.
Weyer, Johannes 1997 *Konturen einer netzwerktheoretischen Techniksoziologie.* In: Weyer, Johannes; Kirchner, Ulrich; Riedl, Lars.; **Schmidt**, Johannes F.K. (Hg.) *Technik, die Gesellschaft schafft.* Berlin. S. 23 - 52.

I Zur Konzeption des Rationalitätsbegriffs vgl. **Acham**, Karl 1984, S. 32 und **Beck**, Stefan 1997, S. 307.
II Vgl. **Joas** 1996, S. 15 und Stefan **Beck**, S. 307
III Vgl. die Beiträge von **Böhle/Bolte/Drexel/Weishaupt** und von **Heymann/Wengenroth** in Beck/Bonß 2001.
IV Dass es sich selbstverständlich so nicht verhält, wird in dem eindrucksvollen Buch von Joachim Scheer zu Brückenschäden deutlich (**Scheer** 2000).
V Zur grundsätzlichen Bedeutung des Entwurfs vgl. die FOGIB-Studie der TU Stuttgart (FOGIB 1997); zur Bedeutung des Entwurfs für die Sicherheitsgewährleistung im Verhältnis zum Sicherheitsnachweis vgl. **Ekardt** 2000a
VI In der FOGIB-Studie wird die Integration der Bewertungsaspekte im Rahmen von Entwurfswettbewerben für Ingenieurbauwerke systematisch vorgeführt (FOGIB 1997).
VII Das ist eine arbeitslogisch notwendige, auch kontrafaktisch aufrecht zu erhaltende Behauptung. Die faktischen Versäumnisse zum Beispiel im entwerferischen Bereich machen diese Behauptung nicht falsch. Auch dort, wo ein Tragwerksplaner gar keine wirklichen Beiträge zum Entwurf eines Tragwerks für ein Gebäude unternommen, sondern die Vorgaben des Architekten übernommen und nur den Standsicherheitsnachweis geführt hat, hat er im Prinzip doch entworfen.

Den Daten Flügel verleihen

Die Ingenieure Fischer und Friedrich

Roland Fischer   Karl Friedrich

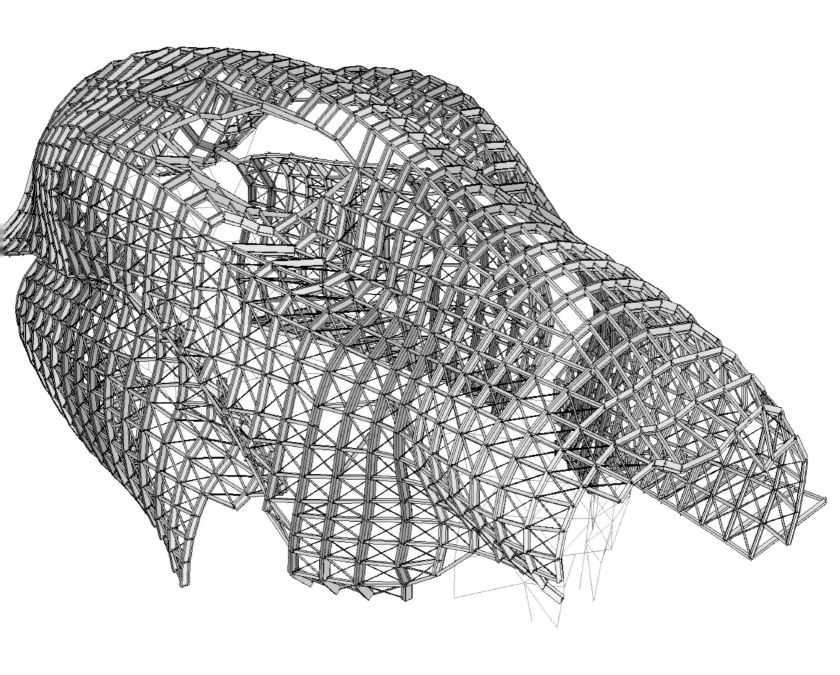

Oben: Eine äußerst komplexe Ingenieuraufgabe: die Umsetzung des Gehry-Entwurfs zur Konferenzhalle der DG Bank Berlin in ein Tragwerk **Unten:** Die Konferenzhalle im Bau. Im Vordergrund ein noch unverkleideter Abschnitt

Oben: Die Volksbank Pforzheim (mit Architekten Kauffmann, Theilig & Partner): Detail der Lochdecke. Im Vordergrund: eine der windschief angeordneten Stahlrohrstützen, die in den Knotenpunkten des Dachträgerrosts angreifen und von dort die Dachlast abtragen **Unten links:** Die Lochdecke in der Aufsicht **Unten rechts:** Blick in den Innenhof mit der gelochten Stahlbetonkonstruktion der Decke

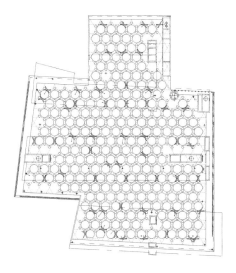

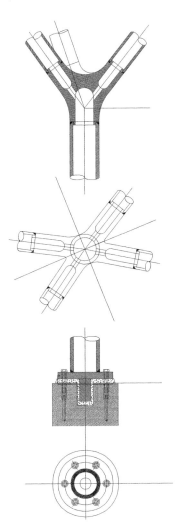

Oben: Konzipiert als Weg in der Landschaft: die Rad- und Fußgängerbrücke über den Sörenbach in Waiblingen
Unten: Annäherung an die Natur auch im Detail: Kopf und Basis der filigranen Baumstützen

Oben: Geschäftsgebäude in Krefeld (mit Architekten Behnisch & Partner): Blick auf eines der weit auskragenden Gebäudeenden **Unten:** Schnittzeichnung der Abfangekonstruktion mit Stahlverbundüberzug, Stahlverbundstützen und Abhängungen für die weit auskragenden Deckenteile

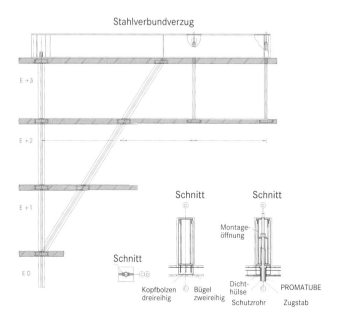

Als der Londoner Architekt Richard Horden – bekannt für seine Leichtbaukonstruktionen und sein Faible für Raumfahrt-Projekte – 1996 an die TU München berufen wurde, zeigte er in seiner Antrittsvorlesung eine von ihm gefertigte Karte von Süddeutschland. Große Technologiefirmen, wichtige Ingenieurbüros und kleinere Handwerksbetriebe mit spezialisiertem Hightech-Know-how waren auf dieser Karte in bunter Mischung verzeichnet – siebzig Namen, die den heranwachsenden Architekten das technologische Potenzial ihrer Umgebung vor Augen führen sollten. Im Raum Stuttgart zum Beispiel markierte Richard Horden die Firmen DaimlerChrysler, Porsche, Festo, das Institut für Leichte Flächentragwerke und die Büros Schlaich und Bergermann und Werner Sobek. So subjektiv wie der Blickwinkel des Engländers auf die Ballung von ingenieurtechnischem Know-how zwischen Stuttgart, München und dem Bodensee ausfiel, so fern lag ihm wohl auch der Anspruch auf Vollständigkeit. Und so ist es nur eine Vermutung, dass sich auf dieser Karte heute auch das Stuttgarter Büro Fischer und Friedrich finden könnte.

Über die Landesgrenzen bekannt wurden die Ingenieure Roland Fischer und Karl Friedrich mit der Tragwerksplanung eines kleinen, jüngst in ganz Europa publizierten Projekts von Frank Gehry: dem dreißig Meter langen, zwölf Meter breiten und zehn Meter hohen Konferenzsaal im Inneren der DG-Bank am Pariser Platz in Berlin. Diese doppelt gekrümmte Schalenkonstruktion aus 35 stählernen Spanten war nicht nur eine Herausforderung an die Planung der Konstruktion. Sie musste darüber hinaus mit der Genauigkeit eines Riesenuhrwerks ins Innere des bereits fertig gestellten, verglasten Atriums hineinpräpariert werden.

Die beiden Ingenieure rücken dieses Projekt bei der Aufzählung ihrer Aufträge allerdings etwas in den Hintergrund. Fast alle anderen Aufträge resultierten aus der kontinuierlichen, auf der Ebene von Wettbewerben beginnenden Zusammenarbeit mit Architekturbüros wie Behnisch und Partner, Mahler Günster Fuchs, Schuster, Kaufmann und Theilig und Günter Herrmann – der im Sommer 2001 eingeweihte Berliner Konferenzsaal hingegen ist eben ein Sonderfall.

Andrerseits illustriert gerade dessen Planung eine These der Ingenieure, wie sie als junges Büro in der Konkurrenz größerer und international operierender Büros bestehen können. Auch ein kleines Ingenieurbüro habe heute Chancen, so Karl Friedrich, weil es »Informationen besonders schnell passieren lässt«. Was hat aber der schnelle Informationsfluss mit der Realisierung eines Konferenzsaals zu tun? Dazu ein Blick auf dessen Entstehungsgeschichte:

Frank Gehry entwarf für den überdachten Innenhof der Bank einen skulpturierten, freistehenden Saal, der ob seiner gefalteten Öffnung mit einer Riesenmuschel und wegen der grauglänzenden Oberflächen mit einem Walfisch verglichen wurde. Als Vorgabe bekamen die Ingenieure von dem Architekten eine mit dem CATHIA-Programm gezeichnete dreidimensionale Form an die Hand. Gehry war in diesem Fall von seiner Vorliebe für kleine plastische Entwurfsmodelle abgewichen und hatte die Form direkt im Computer skizziert. Die mit CATHIA erstellte Zeichnung hatte vor allem das architektonische Ziel, eine bewegte Haut möglichst handhabbar und plastisch entwerfen zu können. Das Programm, sonst im Automobilbau benutzt, ist für die Umsetzung in eine baubare Werkplanung allerdings kaum geeignet.

Die vorgegebene Form sollte deshalb von den Ingenieuren möglichst ohne Abstriche an die ausdrucksstarke Plastizität realisierbar gemacht werden. Zwei »Übersetzungs«-Probleme waren zu bewältigen: Erstens bestand die mit CATHIA entworfene Skulptur aus einer frei geformten dünnen Haut, während die reale Konstruktion natürlich eine abhängig von der gewählten Ausführung beachtliche Dicke aufweisen würde. Zweitens musste die an den Rändern teils ausschwingende Fläche aus kraftschlüssigen Elementen zusammengesetzt und überhaupt zum Tragen gebracht werden. Eine erste Überlegung, die Schalenfläche mit der Spritzbetontechnologie noch als relativ homogene Haut aus Stahlbeton herzustellen, erwies sich wegen der doppelt gekrümmten Schalflächen als zu aufwendig.

Fischer und Friedrich, die den Auftrag über den beauftragten Unternehmer erhielten, mussten zunächst die Hürde der baufremden Datensprache überwinden. Ein weiteres Büro wurde hinzugezogen, um diese aus CATHIA für CAD manipulierbar zu machen. Als Tragwerk entschied man sich für parallele Reihen von lasergeschnittenen Stegblechen, die eine exakt eingehaltene Geometrie der Außen- und Innenflächen garantierten, weil sich so die Stege der einzelnen Spanten als Anschlag für die Verkleidung verwenden ließen. Auf der Basis dieses Tragwerks entwickelten die Ingenieure dann ein statisches Rechenmodell. Nach der Festlegung der Querschnitte mussten mittels CAD die Informationen für die einzelnen Hersteller räumlich konstruiert und in Schnittdaten für die automatisierte Fertigung umgewandelt werden.

Neben der eigentlichen Tragwerksplanung rückte dabei die Frage, wie die Daten von System zu System transponiert werden können, ohne die Grundintention der Form aufzugeben, in den Mittelpunkt. Dieser Datentransport verlangt nach einem architektonisch denkenden Ingenieur an einer Stelle, die für den Architekten kaum mehr kontrollierbar ist. Außer den Daten gibt es bei der Übersetzung von der bildschirmgroßen Skizze zur haushohen Skulptur schlicht kein aussagekräftiges »Zwischenprodukt« mehr, anhand dessen die Authentizität der ursprünglichen Form überprüft werden kann.

Wenn Fischer und Friedrich davon sprechen, dass die Information bei ihnen »schnell zirkuliert« und dass man die Daten »bis ins letzte ausquetschen können muss«, dann ist nicht von Rechnerleistung die Rede – komplizierte Konstruktionen lassen sich heute auf jedem PC rechnen. Gemeint ist die persönliche Erfahrung im Umgang mit einer auf Datentransfers basierenden Planung. Dafür braucht es – zumindest bei solchen Sonderfällen – den umso direkteren Austausch mit dem Architekten, die interpretierende Einschätzung über gefaxte Skizzen, die verbal beschreibende Vergewisserung über Telefongespräche und ein grundsätzliches Einverständnis des Ingenieurs mit der Form, das es erlaubt, zunächst selbstverständlich erscheinende Lösungswege zu verlassen.

Gemischte Strukturen

Bei Gehrys Konferenzhalle wird auch dem Laien sofort klar, dass sich unter der expressiven Haut konstruktive Extravaganzen verbergen. Die große Mehrzahl der Aufgaben aus dem Büro Fischer und Friedrich verlangen allerdings »Experimente«, die mit weitaus einfacheren Mitteln zu bewerkstelligen sind.

Dazu muss man sich den Spagat vergegenwärtigen, den die Entwicklung der Architektur in den letzten Jahren gemacht hat und der auch das konstruktive Denken veränderte. Der internationale Konkurrenzdruck, die Mediatisierung der Architektur und die Verbreitung freier Formen setzen heute auch die Auftraggeber von konventionellen Bauaufgaben unter Druck, spektakuläre Gestaltungseffekte zu verlangen. Neben der Umsetzung des Programms wird nach architektonischen Sonderformen gesucht, die dem Gebäude einen medienwirksamen Charakter geben. Dies führt dazu, dass viele Wettbewerbsentwürfe heute – trotz der Vorgabe von sehr engen Kostenrahmen – einen Mix von heterogenen Konstruktionen notwendig machen. Diese Mischung hat das Ideal einer stringenten, aus einem Guss durchgeführten Konstruktion weitgehend obsolet werden lassen.

Die Ingenieure Fischer und Friedrich sind an vielen Wettbewerbsprojekten beteiligt, bei denen die architektonischen Gestaltungsziele ohne einen besonderen konstruktiven Aufwand des Tragwerks nicht umgesetzt werden können. Zu Beginn der Zusammenarbeit ist heute weniger denn je klar, welche Art des Tragwerks und welches Material die Umsetzung des architektonischen Ziels sinnvoller Weise erlaubt. »Am Anfang ist alles offen«, sagt Karl Friedrich. Diese Offenheit der Mittel kann zu deutlichen Veränderungen am Ursprungskonzept führen.

Bei dem Geschäftshauskomplex Volksbank Pforzheim der Architekten Kauffmann und Theilig etwa, das Fischer und Friedrich zusammen mit Schlaich und Bergermann bearbeitet haben, war ein riesiges gläsernes Dach vorgesehen, das vier mehrgeschossige Baukörper überspannt. Die Architekten dachten an eine verglaste Netzkonstruktion aus Stahl. Aus klimatischen und energetischen Gründen und wegen der hohen Kosten wurde diese Idee dann verworfen. Der realisierte Entwurf zeigt ein sogenanntes Lochdach, eine Stahlbetonkonstruktion mit einer Vielzahl runder Öffnungen, die bis zu drei Meter Durchmesser haben. Durch die Planung gerader Bewehrungsstränge und den Umstand, dass der Blechrand der Öffnungen als Schalung verwendet wurde, erreichten die Ingenieure eine wirtschaftlich vertretbare Lösung.

Dabei ist die gelochte Stahlbetonkonstruktion selbst nichts Besonderes, wohl aber ihre »Umdeutung« als Lichtdecke in Analogie zu einer fragilen Stahlkonstruktion. Dass dabei eine Form entstanden ist, die – zumindest im Rohbau – wie eine imposante Negativform zu Frank Lloyd Wrights Johnson Offices in Racine, Wisconsin, aussieht, war wohl kaum beabsichtigt, ist aber ein interessanter Nebeneffekt.

Beim Schulungszentrum in Bitburg verfolgten die Architekten Behnisch und Partner ihre jüngst auch beim Buchheim-Museum am Starnberger See eingesetzte Gestaltungsdevise, eine vorgefundene Hanglage auszunutzen: Eine Reihe schmaler Baukörper wurde übereinandergestaffelt und dabei möglichst expressiv vom Boden abgelöst. Angesichts des vorgegebenen Kostenrahmens wäre eine »konventionelle« Umsetzung des Planungsziels mit vorgespannten, weit auskragenden Stahlbetondecken zu teuer geworden. Stattdessen brachten die Ingenieure die Lasten von Decke zu Decke nach oben, um sie dann auf dem voluminösen Dach in einer einfachen Fachwerkkonstruktion nach hinten abzuleiten.

Zu den üblichen Wettbewerbskonzepten, die die Ingenieure betreuen, gehört heute, dass Architekten ein herkömmliches Bürogebäude aus Stahlbeton um einen als Stahlskelett frei geformten Veranstaltungssaal ergänzen wollen; oder dass große Industriehallen noch einen in die Fassade »geklemmten« Ausstellungsraum bekommen sollen, der in Material und Tragwerk aus dem Rahmen fällt. »Einen Rohbau als reines Stahlskelett zu entwerfen ist fast schon eine Seltenheit«, sagt Karl Friedrich. Vor Jahren hätte man die Heterogenität der gemischten Konstruktionen vielleicht noch als eklektizistisch bezeichnet, heute scheinen sie selbstverständlich zu sein.

Nicht ganz so selbstverständlich ist der Umstand, dass das Verschwinden des Ideals einheitlicher Konstruktionssysteme fast ohne ästhetische Debatte vonstatten ging, sieht man von der Inflation des Begriffs »Hybrid« einmal ab. Der durch die Kostenkontrollbüros hervorgerufene Zwang, für jede Entwurfseinheit eine kostengünstige Lösung zu finden, und der sich immer weiter diversifizierende Markt der Bauelemente haben solche Veränderungen quasi von selbst Realität werden lassen.

Über eine »mangelnde Eindeutigkeit« oder die »fehlende Klarheit« heutiger Konstruktionen zu lamentieren, halten die Stuttgarter Ingenieure allerdings für falsch. Die Verpflichtung des Ingenieurs, aus einer Vielzahl von Möglichkeiten die jeweils effektivste auszuwählen und das Tragwerk in allen seinen Teilen zu optimieren respektive an die Umstände anzupassen, bietet auch Vorteile und Freiheiten, die es früher nicht gab.

Dies zeigt sich etwa bei der Sörenbach-Brücke in Waiblingen, die die Ingenieure selbst entworfen und realisiert haben. Das starke Gefälle, das die Fußgängerbrücke zu überwinden hatte, schloss eine lineare Verbindung über die stark befahrene Straße und den Bach eigentlich aus. »Wir orientierten uns an den Obstbäumen, die in unregelmäßigem Abstand den Wegrand säumten. Wir dachten an eine geschwungene Wegeführung der Brückenplatte, die so dünn wirken sollte wie Papier. Das eigentliche Tragwerk, sonst immer am Anfang der Überlegungen, kam erst an zweiter

Stelle.« Ausgeführt wurde dann eine Konstruktion aus Baumstützen, die die Last an möglichst vielen Punkten abtragen kann.

Nicht die Form oder gar die Baumstützen sind dabei das Aufregende – »vielleicht würde das Projekt, wenn wir heute damit begännen, wieder ganz anders aussehen«. Die Ingenieure reizt die Möglichkeit, mit dem zur Verfügung stehenden konstruktiven Potenzial direkt und unmittelbar wie vielleicht nie zuvor »auf das ganze Faktorenbündel des Bauprogramms reagieren zu können und sich dann auf die subjektiv wichtigen Faktoren zu konzentrieren«.

Frei Otto hat in einem Interview mit François Burkhardt vor einiger Zeit erklärt, welche Voraussetzungen für neue Entwicklungen im Ingenieurbau gegeben sein müssen. Unter anderem brauche es sehr viel Zeit und Forschung, manchmal jahrelange Ausdauer. »Developments often take years.«

Die Fälle, in denen es dank eines aufgeschlossenen Bauherrn möglich war, eine neue Konstruktion zuerst zu testen und dann zu realisieren, lassen sich auch im Büro Fischer und Friedrich an einer Hand abzählen. »Die Situation hat sich heute verändert, vieles ist einfach nicht mehr machbar. Wir haben ja selbst von der besonderen Situation in den Achtzigerjahren profitiert, in der wir bei Schlaich und Bergermann gleich an großen Projekten arbeiten konnten und gleichzeitig noch die Rückkoppelung zur Forschung hatten.«

Trotzdem: wenn auch die Zeit der immer filigraneren Konstruktionen, der verspielten Gussteile, der aufgelösten Stützen und der gebäudehohen Ganzglasfassaden passé zu sein scheint, so erwähnen Fischer und Friedrich doch neue Herausforderungen, die sie reizen würden: tragende Glaselemente zu verwenden, ohne gleich an die Grenzen der Baunorm zu stoßen; mit Stahl verklebte Gläser als Verbundkonstruktionen einzusetzen; neue Konzepte für den Brandschutz entwickeln, so dass die Hürde, mit F 90 im Hochbau auf Stahlbeton angewiesen zu sein, übersprungen werden kann.

Es bleibt das Dilemma, dass die Forschung immer zeit- und kostenintensiver geworden ist, während bei der Planung von den Ingenieuren immer schneller Ergebnisse verlangt werden.

Und manchmal spielt die Konkurrenz zwischen großen und kleinen Ingenieurbüros dann doch eine Rolle. Wenn, wie eingangs geschildert, das Beispiel von Gehrys Berliner Walfisch-Skulptur zeigt, dass sich auch ein kleines und relativ junges Büro in der Phalanx der großen Namen behaupten kann, so sind die Möglichkeiten bei der Erforschung neuer Materialien weniger gleichmäßig verteilt. Da entscheiden dann doch die Größe des Auftrags und die Ressourcen des Büros.

Kaye Geipel

Ulrich Müther
Landbaumeister aus Binz

Der »Teepott« in Warnemünde (mit den Architekten Kaufmann, Pastor und Fleischhauer), 1968. Die sieben Zentimeter dünne Schale überspannt eine Fläche von 1200 Quadratmetern.

Die als Ferrozement-Schalenbau errichtete Rettungsstation am Strand von Binz
(mit dem Architekten Dietrich Otto, Binz), 1968

Oben: Musikpavillon in Saßnitz (mit den Architekten Otto Patzelt, Dietmar Kuntzsch), 1987. **Mitte**: Die mit vier Hyparflächen überdachte Stadthalle Neubrandenburg (mit dem Architekten Karl Kraus) 1973. **Unten**: Das Planetarium in Wolfsburg, 1980, eine Dreiviertelkugelschale mit einem Durchmesser von 17,80 Metern

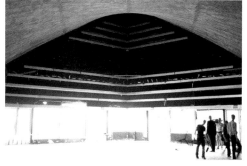

Das »Ahornblatt« in Berlin (mit den Architekten Gerhard Lehmann und Rüdiger Plaethe), 1972/73. **Oben**: Fünf Hyparflächen überdecken den großen Raum. **Mitte**: Die doppelt gekrümmte Schalenkonstruktion vor den Hochhäusern der Fischerinsel. **Unten**: Der Innenraum

Das Restaurant »Seerose« in Potsdam (mit dem Architekten Dieter Ahting), 1980

Wer baut denn heute noch Schalen? Anders gefragt: Wer kann das noch? Ausgerechnet ein Landbaumeister aus Binz? In der DDR wurden doch nur Plattenbauten errichtet, von der Stange – und das am laufenden Band. Die »Platte« galt lange Jahre – nicht nur bei Architekten – als Synonym für DDR-Architektur. Dass daneben durchaus respektable Bauten entstanden, wurde (im Westen) nicht wahrgenommen. Wie auch? Wer »drüben« keine Verwandten hatte, konnte nicht einreisen und war auf spärliche Informationen in Büchern und Zeitschriften angewiesen. Bei Erich Loest konnte man lesen: »... dort wiederholte ich meine Gedanken über die Austauschbarkeit neuzeitlicher Wohnungen und blickte hinaus auf die Wohnscheibe gegenüber und stellte mir vor, wie dort tausend Schrankwände tausend Couchs gegenüberstanden.« Und auch Brigitte Reimann, die durch ihre Freundschaft mit Hermann Henselmann bestens über den Architektur-Alltag in der DDR informiert war, bestätigt dieses Bild. In ihrem Roman *Franziska Linkerhand* heißt es: »Was sie hier sehen, meine junge Freundin, ist die Bankrotterklärung der Architektur. Häuser werden nicht mehr gebaut, sondern produziert wie eine beliebige Ware, und an die Stelle des Architekten ist der Ingenieur getreten. Wissen Sie, an wen die UIA in diesem Jahr ihre Preise für die Architektur verliehen hat? An die Ingenieure Nervi und Candela.«

Die verstaubt-biedere (Ost-)Zeitschrift *Architektur der DDR* vermochte an der Vorstellung, DDR-Architektur sei mit der »Platte« hinreichend genau beschrieben, nichts zu ändern. Entsprechend hartnäckig hielt sich das Vorurteil.

Mit einer Hommage an die DDR-Architektur der Sechziger- und Siebzigerjahre setzte *Die Zeit* 1999 ein Zeichen. Mit einer Reihe wichtiger Bauten (Karl-Marx-Allee, Berlin; Uniturm, Leipzig; Palast der Republik, Berlin; »Teepott«, Warnemünde) wurde die »andere« DDR-Architektur gezeigt. Die Überschrift lautete gleichwohl »Hoch lebe die Platte«. Das DDR-Stigma scheint unausrottbar.

Ich hatte mich seinerzeit dafür entschieden, für das *Zeit-Spezial* einen Beitrag über den »Teepott« zu schreiben. Der 1968 neben dem alten Leuchtturm in Warnemünde errichtete Schalenbau wurde zu DDR-Zeiten als Restaurant genutzt. Von dort aus konnte man den ein- und ausfahrenden Fährschiffen und dem Trubel auf der Strandpromenade zuschauen. Der Bautypus war mir geläufig, aber aus eigener Anschauung kannte ich die auf drei Punkten lagernde Hyparschale noch nicht.

Was zunächst eher beiläufig als Recherche für den *Zeit*-Artikel begann, weitete sich rasch aus. Der Reise zum »Teepott« folgte ein Besuch bei Ulrich Müther, dem Erbauer der eleganten Schale an der Warnemünder Strandpromenade.

Müthers Schalen

Ja, Ulrich Müther, der sich selbst gern als »Landbaumeister aus Binz« bezeichnet, beherrscht das Metier des Schalenbaus. Seine Bauten müssen einen Vergleich mit Torroja, Candela, Isler nicht scheuen. Er weiß dem Material Beton, mit dem man eher Massivität, Schwere, ja sogar Plumpheit assoziiert, Flügel zu verleihen. Er hat Dutzende von Schalen gebaut – allein auf Rügen zeigte er mir mehrere Bauten in Baabe, Binz, Glowe, Saßnitz und Sellin. Eine ausführliche Foto-Exkursion – nach Rostock, Neubrandenburg, Berlin und Potsdam – schloss sich an.

Eines hatte die Reise zu vielen seiner Schalenkonstruktionen überdeutlich werden lassen: Es war höchste Zeit, auf seine Bauten aufmerksam zu machen. Die meisten waren (und sind) in bemitleidenswertem Zustand, nicht, weil sie baufällig wären, sondern weil sie – von wenigen Ausnahmen abgesehen – schonungslos dem Vandalismus preisgegeben sind.

Am Strand von Baabe, Rügen, dämmert die luftig-leichte Pilzschale des ehemaligen Restaurants »Inselparadies« vor sich hin. Mittlerweile sind alle Glasscheiben mutwillig zerschlagen. Trotz privilegierter Lage unmittelbar am Ostseestrand ist offenbar niemand bereit, die Schale mit etwas Geld und viel Herzblut wieder zu beleben.

Am Strand von Glowe, Rügen, harrt die asymmetrisch geschwungene Hyparschale der »Ostseeperle« einer sinnvollen Nutzung. Früher wurde sie als Restaurant genutzt, heute gibt es Bockwurst und Bier in einer Baracke nebenan.

Für die – auf drei Beinen ruhende – Schale des Warnemünder »Teepotts« wird seit Jahren über eine neue Nutzung nachgedacht. In jüngster Zeit wurde ein neuer Anlauf unternommen, bei dem Ulrich Müther in die Planungen für Sanierung und Renovierung einbezogen wurde.

Die Mehrzweckhalle in Rostock-Lütten-Klein wird von einer 47 mal 47 Meter großen, aus vier Hyparflächen gebildeten Schale überdacht. Sie steht schon lange leer. Ist es tatsächlich so schwer, dafür eine neue Nutzung zu finden?

Für einen der grazilsten und aus meiner Sicht schönsten Müther-Bauten gibt es kaum noch Aussicht auf Erhaltung: Die aus zwei gegeneinander versetzten Hyparschalen komponierte, ursprünglich für Ausstellungszwecke gebaute Halle (im vor sich hin dümpelnden Rostocker Messegelände) wird gegenwärtig als Kfz-Werkstatt kaputt genutzt.

Eine der ganz wenigen noch intakten (weil gut gepflegten) Schalenbauten von Ulrich Müther kann in Potsdam besucht werden: Das Restaurant »Seerose« vermittelt – wenn auch in viel kleinerem Maßstab – eine Vorstellung von der Kraft und der Ausstrahlung des Innenraums unter der Schale des (inzwischen abgerissenen) »Ahornblatts« in Berlin. International anerkannte und renommierte Ingenieure wie Jörg Schlaich, Stefan Polónyi, Heinz Duddeck, Heinz Isler, Herbert Kupfer, Gerhard Pichler u.a. hatten vergeblich den Erhalt des »Ahornblatts« gefordert. Dass es trotzdem abgerissen wurde, ist ein Skandal.

Zusammenarbeit mit Architekten

Ulrich Müthers »VEB Spezialbetonbau Rügen« war bei allen seit 1963 in der DDR entstandenen Betonschalen beteiligt. Er übersetzte die Schalenbau-Planungen in Beton. Aber die Bauwerke entstanden immer durch die Zusammenführung verschiedener Ideen.

Erich Kaufmann, Rostock

Der noch heute in Rostock lebende Architekt Erich Kaufmann hat in den ersten Jahren mehrere Bauten mit Ulrich Müther realisiert. »Ich habe Müther ins Geschäft gebracht«, sagt er. »Wir kannten uns ja schon seit 1951, wir haben zusammen in Neustrelitz studiert. Mit dem Bau der Messehallen in Rostock-Schutow ergab sich die erste Gelegenheit für eine Zusammenarbeit. Ich war damals Hauptarchitekt von ›Lütten-Klein‹ [einer Wohnsiedlung am Stadtrand von Rostock]. Und so kam es, dass Müther auch die dortige Mehrzweckhalle gebaut hat – und kurz danach den ›Teepott‹ in Warnemünde. Zur 750-Jahr-Feier sollte da [wo der alte Teepott vorher war] ›was Besonderes‹ entstehen.«

Erich Kaufmann macht Ulrich Müther die Autorenschaft für den Teepott streitig und beschreibt seine Zusammenarbeit mit Ulrich Müther eher distanziert.

Gerhard Lehmann, Berlin

Lehmann war für den Entwurf des – wie es zunächst hieß – Gesellschaftlichen Zentrums Fischerkiez (später: »Ahornblatt«) verantwortlich. Rüdiger Plaethe war sein Mitarbeiter. Die städtebauliche Konzeption für das gesamte Areal stammte von Helmut Stingl († 2000). Die Konstruktion der Schale lag in Ulrich Müthers Händen. Dass das Ahornblatt heute nur noch mit Müther in Verbindung gebracht wird, registriert Lehmann etwas enttäuscht – aber ohne Zorn. Überrascht und konsterniert reagierte Lehmann allerdings darauf, daß Erich Kaufmann sagt, der Entwurf des Ahornblattes sei von ihm, nicht von Lehmann.

Der Anstoß zum Bau des »Ahornblatts« kam – ähnlich wie bei »Teepott« und »Seerose« – aus dem Wunsch »nach etwas Besonderem« für einen bestimmten Anlass. In diesem Fall waren es die für 1973 geplanten Weltjugendfestspiele, für die sich die Bezirks- und Parteileitung gewünscht hatte, beim Aufmarsch vom Marx-Engels-Platz aus Bautätigkeit sehen zu können. »Stingl malte die Figur für so ein monolithisches ›Gesellschaftliches Zentrum‹ auf den Lageplan. Gedanklich kam der ›Teepott‹ ins Spiel – und das ganze dann in Form eines Ahornblattes. Die Schale selbst war schon Müthers Verdienst. Alles andere habe ich mit Plaethe zusammen gemacht. Die Zusammenarbeit mit Müther war gut – manchmal aber auch ein bisschen aneinander vorbei.«

Dieter Ahting, Potsdam

Dieter Ahting war – als Abteilungsleiter beim »VEB Stadtbau, Projektierung, Bereich Innenstadt« – für den Bau des Restaurants »Seerose« verantwortlich. Auch hier ging es um die besondere Akzentuierung einer bereits Ende der Siebziger geplanten »sozialistischen Magistrale«. »Die jetzige Achse Breite Straße -Neustädter Tor sollte zur Magistrale werden. Hochhäuser wurden gebaut, Kaufhäuser geplant, aber nicht alle errichtet. Und an der Alten Neustädter Havelbucht, die einmal bis zur anderen Straßenseite herüberreichte und aufgeschüttet worden war, sollte ›etwas Besonderes‹ entstehen. In den ersten Perspektiven kann man das bereits erkennen. Ich war damals in einem Sonderplanungsstab für den Entwurf zuständig. Mir schwebte so etwas vor wie das Restaurant, das Candela in Xochimilco, Mexiko, gebaut hatte. Auf Umwegen habe ich mir damals das bei Callwey erschienene Buch besorgt. Das andere Vorbild: ein Schalenbau in Baku, am Schwarzen Meer.«

Ein großes Problem tauchte im Zusammenhang mit der Schale auf: »Mit unseren Mitteln hätten wir das alles eigentlich nur mit Asphalt dichten können - und das wäre im Laufe der Zeit aufgrund der Sonneneinstrahlung langsam abgerutscht... Als dann in Potsdam ein großes Fest – mit Erich Honnecker als prominentestem Gast – ins Haus stand, war plötzlich alles möglich – und wir bekamen sogar die damals einzige dafür geeignete Folie (aus Holland).

Natürlich war Müther der Schalenexperte, der Ingenieur für den Bau der Seerose. In der ersten Phase gab es eine intensive Zusammenarbeit mit ihm. Als es dann aber wirklich ans Bauen ging, haben wir vieles selbst übernommen.«

Dietmar Kuntzsch, Otto Patzelt, Berlin:

Der muschelartige Musikpavillon in Saßnitz (1987), einer der letzten DDR-Schalenbauten überhaupt, wurde von Dietmar Kuntzsch entworfen. Otto Patzelt, als Ingenieur für die Konstruktion des Pavillons verantwortlich: »Ohne Müther wäre [beim Schalenbau] nichts gelaufen!« Der Kommentar von Dietmar Kuntzsch dient als Schlusswort: »Müther war schon der Motor für den ost-deutschen Schalenbau.«
Wilfried Dechau

Biographische Daten

1935 in Binz geboren. Zimmermannslehre, Bauingenieurstudium in Neustrelitz, vierjährige Berufspraxis bei der Planung von Kraftwerken in Berlin **1958** Technischer Leiter der vom Vater gegründeten Baufirma **1960** Umwandlung (zwangsweise) in eine PGH (Produktionsgenossenschaft des Handwerks). Vorsitzender: Ulrich Müther **1963** Abschluss des Bauingenieur-Fernstudiums an der TU Dresden. Diplomarbeit wird noch im selben Jahr in Binz als Dach über dem Mehrzwecksaal des Ferienheims »Haus der Stahlwerker« realisiert **1966** Messehalle in Rostock-Schutow; Gaststätte »Inselparadies« in Baabe **1967** Mess- und Versuchsbau für große Hyparschalen, genutzt als Bushaltestelle, Binz **1967/68** Gaststätte »Teepott« in Warnemünde; Mehrzweckhalle in Rostock-Lütten-Klein ; Restaurant »Ostseeperle« in Glowe **1968** Rettungsstation in den Dünen von Binz **1972** Umwandlung der PGH in einen VEB. Direktor: Ulrich Müther. Ausrichtung auf (in der DDR weitgehend konkurrenzlose) Spezialbetonarbeiten **1972/73** Restaurant »Ahornblatt«, Berlin; Stadthalle Neubrandenburg **1979** Raumflugplanetarium Tripolis, Libyen **1980** Raumflugplanetarium Wolfsburg; Restaurant »Seerose«, Potsdam **1987** Konzertmuschel in Saßnitz **1982-90** Planetarien in Medellin, Kuwait, Berlin, Osnabrück, Leipzig und Algier **1990** »VEB Spezialbetonbau Rügen« wird (bis **1999**) weitergeführt als Müther GmbH.

Symbiose
Ingenieur Jörg Schlaich, Architekt Volkwin Marg

Jörg Schlaich   Volkwin Marg

Ausstellungshalle des Messe- und Kongresszentrums Shenzhen: In einem
Abstand von dreißig Metern spannen stählerne Träger vom Rand der Ausstellungsfläche
120 Meter weit bis zur Mittelachse.

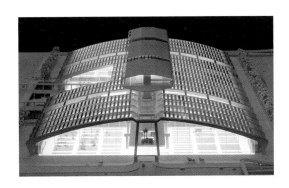

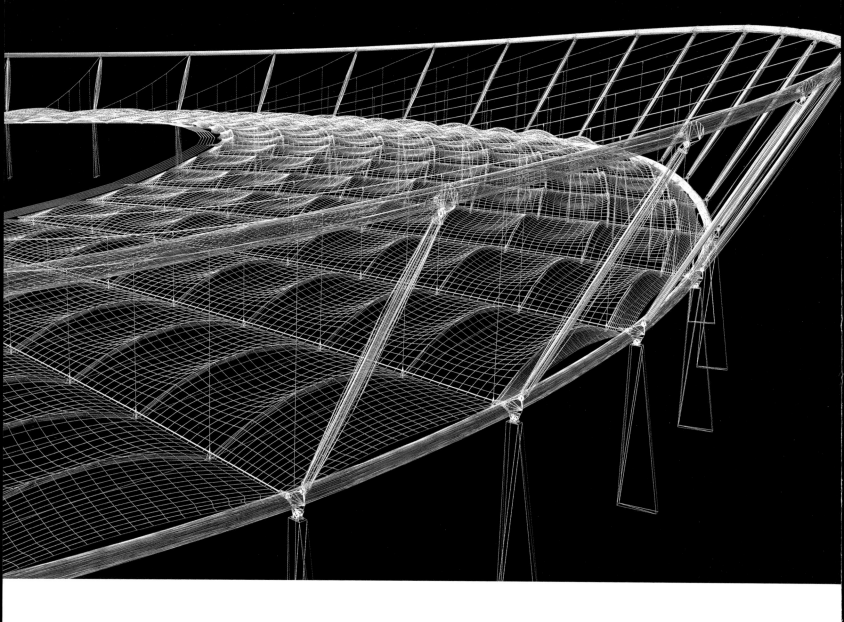

Vorschlag zur Überdachung des Niedersachsenstadions in Hannover: eine leichte, vorgespannte Seilkonstruktion mit Membrane und ein Primärtragwerk aus 36 radialen Seilbindern. Die Kräfte der Binderseite werden in zwei äußeren Druck- und einem inneren Zugring verankert.

Symbiose

Oben: Messehalle 4 in Hannover: Die Ausstellungsfläche wird auf 122 Meter stützenfrei überspannt. **Unten**: Schnitt: Die Form der Träger ist eine Hommage an die »Fischbauchträger« des klassizistischen Hannoveraner Architekten Georg Ludwig Friedrich Laves.

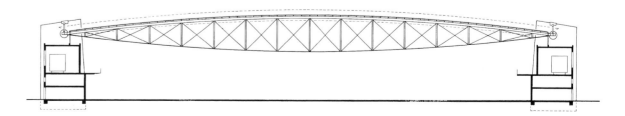

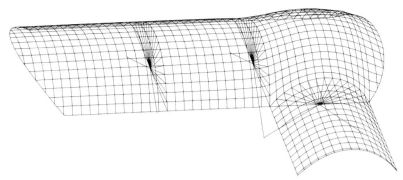
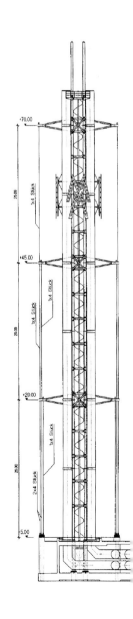

Oben links: Feingliedrig, leicht und transparent: die Innenhofüberdachung des Museums für Hamburgische Geschichte. **Oben rechts**: Das Gitterschalentragwerk besteht aus zwei tonnenförmigen Schalen und einer Übergangskuppel auf L-förmigem Grundriss. **Unten links**: Fußgängerbrücken EXPO 2000: Die in einem Raster von 7,50 mal 7,50 Metern aufgestellten Stützenstäbe bilden zusammen einen Mastenwald. **Unten Mitte**: Bei größeren Spannweiten werden die Stützenstäbe in ein abgespanntes Tragwerk eingehängt, das statische mit zeichenhaften Funktionen vereinigt. **Unten rechts**: Messeturm Leipzig (Schnitt): Die Querkräfte werden mit Hilfe von Stahlseilen abgeleitet.

Ingenieure sind jedem Architekten auf ihrem jeweiligen Spezialgebiet immer um Längen voraus – Architekten hingegen verstehen sich gern als die »letzten Generalisten«, ja, sie müssen es sogar sein, um von allem wenigstens so viel zu verstehen, dass sie sich nicht verzetteln, sondern immer das Ganze im Auge behalten können.

Dem Architekten genügt es zu wissen, was Farbtemperatur bedeutet, und vielleicht weiß er auch noch, dass sie in Kelvin gemessen wird, aber für eine detaillierte Lichtplanung reicht das nicht. Die sollte man lieber dem Spezialisten überlassen. Unerlässlich ist dafür allerdings, dem Lichtplaner sehr genau zu beschreiben, welche Atmosphäre, welche Lichtstimmung man sich in welchem Raum und an welcher Stelle im Raum wünscht.

Die Nachhallzeit eines Raumes kann – je nach Nutzung – von entscheidender Bedeutung sein. Als Architekt weiß man das, aber messen, rechnen oder in eine bestimmte Richtung gezielt beeinflussen kann es nur der entsprechend spezialisierte Ingenieur. Sollen Räume mit guter Akustik entstehen, müssen beide Disziplinen beim Entwurf – möglichst von Anfang an – zusammenarbeiten.

Eine Klimaanlage – bis hin zu den Kanalquerschnitten – dimensionieren, das kann kein Architekt. Aber es muss ihm klar sein, wo und wie sich der Einbau einer Klimaanlage auf den Entwurf auswirkt. Die rechtzeitige Einschaltung eines Spezialisten ist auf jeden Fall unumgänglich.

Mit finiten Elementen muss man als Architekt nicht rechnen können, man muss auch nicht den Ehrgeiz entwickeln, ein revolutionär neues Tragwerk entwerfen zu wollen. Allerdings sollte man eine mehr als ungefähre Vorstellung davon haben, was wieviel trägt und welche generellen Möglichkeiten heutiger Bautechnik wie und wofür genutzt werden können. Spätestens, wenn's knifflig wird, sollte man sich mit einem Tragwerksplaner zusammensetzen und das Problem gemeinsam zu lösen versuchen. Alles andere führt entweder in die Irre oder womöglich zu einem unausgegorenen Entwurf, den ein Statiker zum Schluss »hinrechnen« muss.

Je nach Art und Häufigkeit bestimmter Bauaufgaben ergeben sich manche Kooperationen von Ingenieuren und Architekten beinahe zwangsläufig, manche bewähren sich, und einige wenige führen zu langfristiger Zusammenarbeit, die oft genug ein ganzes Berufsleben hält. Ganz von allein geht das alles aber nicht. Aus der Art, wie sich die beiden Partner Volkwin Marg und Jörg Schlaich gefunden haben und wie sie dabei miteinander umgegangen sind, kann man eine Menge lernen. Gespräche mit beiden haben bei mir den Eindruck hinterlassen, beinahe auf eine ideale Konstellation gestoßen zu sein – daher die auf den ersten Blick vielleicht übertrieben klingende Überschrift »Symbiose«.

Zunächst hatte ich mir vorgenommen, ein Gespräch zu dritt zu versuchen, was aus terminlichen Gründen scheiterte. Im Nachhinein erwies sich das vermeintliche Handikap als ausgesprochen segensreich, wurde doch in den parallel geführten Gesprächen deutlich, wie sehr Marg und Schlaich einander gewogen, ja seelenverwandt sind. Beide reagierten auf dieselben Fragen im Wesentlichen gleich. Wenn im Folgenden daher nur das mit Jörg Schlaich geführte Gespräch wiedergegeben wird, so spricht er – ohne dies explizit zu wollen – im Grunde für beide und nennt sehr bündig und klar die wenigen, aber wichtigen Ingredienzien einer (fast) symbiotischen Zusammenarbeit:

Dechau: Herr Schlaich, wenn Sie sagen ›Das Berufsbild des Bauingenieurs ist wie weniges dadurch gekennzeichnet, dass es technische und gestalterische Begabungen zugleich anspricht‹, wären Sie dann nicht doch am liebsten beides in einer Person? Ingenieur und Architekt?

Schlaich: Nein, das geht nicht, man schafft heute nicht mehr beides, wenn man nicht dilettieren will. Der Hauptunterschied zwischen Architekten und Ingenieuren besteht doch darin, dass der Architekt gelernt hat, komplexe Aufgaben im menschlichen Kontext zu erfüllen und in diesem Bewusstsein entwirft – ein typischer Fall: das Einfamilienhaus.

Die typische Bauingenieur-Aufgabe hingegen ist funktional primitiv, in der Regel monofunktional, z.B. eine Brücke. Und die entwirft er mit seinem Wissen über Tragverhalten, über Werkstoffe, über Fertigungstechniken und mit seiner Fantasie. Jeder muss für seine Aufgabe gerüstet sein. Jeder kann den anderen nur beraten, aber – ganz wichtig – jeder ist in seinem Bereich auch für die Gestaltung zuständig. Ich will Ingenieur sein, und wenn ich ein guter sein will, muss ich mich ständig fortbilden und kann nicht gleichzeitig Architekt spielen. Und ich will dort mit Architekten zusammenarbeiten, wo wir uns gegenseitig brauchen.

Dechau: Welches Verständnis für Ihren Fachbereich setzen Sie beim Architekten voraus?

Schlaich: Mir genügt in der Regel, wenn mein Gegenüber interessiert ist und mir zuhört, so wie ich ihm.

Dechau: Wo ist die Grenzlinie? Wieviel Desinteresse sind Sie bereit zu akzeptieren?

Schlaich: Es kommt auf den Fall an. Es kommt darauf an, welche Rolle die Konstruktion für die Gesamtqualität des jeweiligen Projekts spielt. Bei einem Wohnhaus, das zu 98 Prozent vom Architekten entworfen wird, muss ich ihm keine statischen Zusammenhänge erklären. Aber bei einer Messehalle – ein typisches Beispiel für eine Zusammenarbeit von Ingenieuren mit Architekten – muss jeder verstehen und mittragen, was der andere will, in funktioneller, gestalterischer, farblicher, lichttechnischer Hinsicht. Sonst können wir nicht gemeinsam entwerfen, und ich könnte keine saubere Konstruktion entwickeln.

Bei einem typischen Bau von Behnisch kann ich als Ingenieur entwerferisch nicht viel einbringen. Aber ich kann dafür sorgen, dass das, was er sich vorgestellt hat, sensibel umgesetzt wird. Das ist auch eine hehre Aufgabe des Ingenieurs. Und wenn man vom Ingenieur in solchen Fällen nicht redet, dann ist es gut. Über einen guten Piloten spricht man nach der glatten Landung auch nicht.

Bei einem Bauwerk aber, bei dem die Gestalt durch die Konstruktion geprägt wird, muss ich mich entwerfend mit einbringen.

Dechau: Bleiben wir mal bei Behnisch: das Buchheim-Museum am Starnberger See. Weit auskragender Balkon, aufgestützt auf dürren, elend langen Spaghetti-Stützen. Architektonisch aufregend. Aber konstruktiv? Wäre das jetzt ein Fall, bei dem Sie Behnisch gesagt hätten: ›Da gehst du zu weit. Da erwartest du von mir, dass ich dir deine schöne Idee hinrechne‹?

Schlaich: Das ist eine äußerst schwierige Frage. Wenn es ein Architekt wie Behnisch ist, vor dessen Architektur, Engagement und Überzeugung ich höchsten Respekt habe, kann ich meine Ansprüche an eine gute, ehrliche, saubere Konstruktion sehr stark zurücknehmen. Wenn ich andererseits spüre, dass einer etwas mit der linken Hand hinwirft, dann möchte ich raus.

Vor dem Fall, dass man anschließend rote Ohren bekommt, kann man sich natürlich nie schützen. Gelegentlich merkt man es eben erst zu spät, was man besser nicht (mit)gemacht hätte.

Dechau: Welchen Stellenwert hat es eigentlich für Sie, wie Sie mit Ihrem Gegenüber menschlich zurechtkommen?

Schlaich: Wenn ich weiß, in welchem subjektiven Kontext und in welcher Verfassung Vincent van Gogh ein Bild gemalt hat, sehe ich es doch ganz anders. Wenn ich weiß, in welcher Verfassung mein lieber Franz Schubert sein Quintett geschrieben hat, dann spiele ich eben nicht nur beim »opus 163« mit.

Dechau: Lassen Sie uns jetzt das Thema Zusammenarbeit auf das Feld Marg/Schlaich eingrenzen. Welches waren die gemeinsam angegangenen Projekte, die aufgrund der Zusammenarbeit gut gelungen sind – und womit fing es überhaupt an?

Schlaich: Unser erstes – aus meiner Sicht – fast das beste Projekt war das Dach über dem Innenhof des Museums für Hamburgische Geschichte.

Wir haben uns erst relativ spät kennengelernt, vor etwa zwölf Jahren auf einem Geburtstag von Walter Belz. Kurz danach hat er mich angerufen und mir erzählt, dass Freunde des Museums dessen Hof überdachen wollen und ob ich Lust auf diese Aufgabe hätte. Wir hatten uns seinerzeit sehr viel mit leichten Netzkuppeln nach dem »Salatsieb-Prinzip« beschäftigt – und die Neckarsulmer Kuppel war in Planung. Dann hat er mir den Hof gezeigt, der L-förmig um die Ecke geht, und von einer leichten Konstruktion geschwärmt. Ich habe die Chance erkannt, dort nicht zwei Zylinderschalen aufeinanderstoßen zu lassen, sondern die Form, die Konstruktion fließen zu lassen.

Dechau: Margs erster Entwurf sah ja eher so aus wie die Passage im Hanseviertel...

Schlaich: Er kam nicht mit einer fertigen Lösung, sondern ein paar Linien: ›Ich brauche ein leichtes Dach – schon deshalb, weil das alte Haus keine großen Lasten tragen kann (er denkt immer auch als Ingenieur) – und weil wir beweisen müssen, dass der Schumacher-Bau durch eine moderne Zutat keinen Schaden nimmt.‹ Und so haben wir genau den fließenden Übergang und die Speichenräder entworfen. Darauf hätte er allein gar nicht kommen können, und ich natürlich auch nicht. Ich finde, das war schon das Ideal der gleichgesinnten Zusammenarbeit, dass der Architekt – bei einer konstruktiv bedingten Bauaufgabe – nicht eine Lösung vorschlägt und dann fragt: ›Wie dick muss das werden?‹, sondern dass er den Charakter der Lösung, dass er das gewünschte Ambiente, die Stimmung, die er erzeugen will, beschreibt, aber nicht die Lösung. Damit wird der Ingenieur stimuliert, sein Wissen und seine Fantasie einzubringen.

Damit hat Marg – vielleicht ganz instinktiv – die Partnerschaft an der richtigen Stelle gepackt, die richtigen Grundlagen dafür gelegt.

Dechau: Gibt es – nach diesem ersten – auch Projekte, bei denen vieles oder manches danebenging?

Schlaich: Nein, mir fällt von den Projekten, die wir mit Marg gemacht haben, keines ein, bei dem ich sagen müsste, es sei gründlich misslungen. Ich kann natürlich an jedem einzelnen Bau manches aussetzen. Bei der insgesamt sehr schönen Halle 8/9 in Hannover z.B., bei der Messehalle mit den großen Hängedächern und Hängebrücken in Querrichtung, haben wir die technische Begeisterung wahrscheinlich etwas zu weit getrieben.

So gesehen, wird Sie's vielleicht wundern, wenn ich sage, dass mir persönlich die Halle 4 in ihrer Zurückhaltung, mit ihren einfachen addierten Fischbauchträgern fast lieber ist als die Halle 8/9, obwohl die sehr viel anspruchsvoller und sicher auch vom Innenraum her großzügiger als die Halle 4 ist.

Dechau: Haben Sie mit Marg eigentlich mal gestritten?

Schlaich: Leider nicht. Das liegt natürlich auch an Marg. Der hat wirklich kein Problem damit, wenn man ihm kritisch begegnet und sagt, was einem nicht so gut gefällt, während andere vielleicht beleidigt wären.

Dechau: Er hat etwas Entwaffnendes.

Schlaich: Ja, er ist offen und neugierig, er hat ein ausgesprochenes technisches Interesse und Verständnis. Sie müssen sich mit ihm bloß mal über Segelboote oder das Fliegen unterhalten. Und es befruchtet natürlich auch ein Gespräch, wenn man nicht ständig im Zweikampf ist. Gegenbeispiel: Kurt Ackermann. Das war nur Zweikampf. Bei Marg zählt das Ergebnis – und es ist egal, was von wem kommt. Und wir kommen – das ist seltsam – immer relativ schnell zu einer Lösung. Vielleicht sind wir manchmal auch zu schnell zufrieden. Vielleicht hätten wir auch hier oder da ein bißchen länger kämpfen müssen.

Dechau: Gibt es – über das bloße miteinander Arbeiten hinaus – so etwas wie eine Seelenverwandtschaft zwischen Ihnen und Volkwin Marg?

Schlaich: Ja, da ist schon was dran. Wenn ich jemanden mag, dann kann er fast alles mit mir machen, und wenn ich jemanden nicht mag, geht's halt nicht. Ich sehe vielleicht nicht so aus, aber ich bin (leider?) ein ziemlich emotionaler Typ. Beim Hamburger Dach kann das eigentlich noch keine so große Rolle gespielt haben. Aber danach haben wir eine längere Segeltour unternommen. Da ist man ja dicht aufeinander und lernt sich kennen. Dann haben wir eine vierzehntägige Jemen-Reise miteinander gemacht. Dabei habe ich erfahren, dass meine Frau und ich als Abenteurer mit Rucksack und Zelt doch keine so seltene Erscheinung sind. Mit Skorpionen in der Wüste zu schlafen machte Eva und Volkwin Marg überhaupt nichts aus.

Und noch etwas: Wir sind beide Pfarrerssöhne, von den Vätern stark geprägt.

Dechau: Haben Sie von Marg etwas gelernt?

Schlaich: Was ich viel schlechter kann als er, ist verlieren. Ich habe von ihm gelernt, dass man über einen verlorenen Wettbewerb lachen muss, im Wissen, dass man die Erfahrung später wieder nutzen kann.

Dechau: Gibt es schon so etwas wie eine automatische Zusammenarbeit bei Wettbewerben?

Schlaich: Nein. Bei jedem einzelnen Wettbewerb überlegen wir uns, mit wem – und umgekehrt ja genauso. Eine gewisse Regelmäßigkeit hat sich in letzter Zeit lediglich bei Sportstadien ergeben.

Dechau: Gibt es eine bestimmte Bauaufgabe, die sie mal mit Marg zusammen machen wollen?

Schlaich: Schwer zu sagen. Dieses Büro hat leider noch nie ein richtiges Hochhaus geplant. Wenn die Gelegenheit käme... Aber bitte keinen Unfug wie den 250 Meter hohen Trump-Tower am Pragsattel in Stuttgart. Aber wenn – wie gerade – der Süddeutsche Verlag mit von Seidlein im Preisgericht eines bauen will, überlegen wir natürlich schon, mit wem wir das gerne machen würden - und haben uns prompt mit Volkwin Marg zusammengetan.

Aber was ist das schon alles gegenüber einem rechten Aufwindkraftwerk? Das möchte ich noch erleben! Meinhard von Gerkan setzte sich vehement für das Expo-Modell ein, Volkwin Marg knüpft mir dafür auch immer wieder alle möglichen Kontakte.

Wenn Volkwin Marg (ungefragt) äußert, Jörg Schlaich »habe ein sicheres und viel größeres ästhetisches Gefühl als neunzig Prozent aller Architekten«, so ist das ja nur die Umkehrung der Reverenz, die der Ingenieur seinem Architektenkollegen erwies, indem er ihm ein »ausgesprochen technisches Verständnis« konzedierte.

Dass Volkwin Marg auf die Frage, welches denn die wichtigsten gemeinsamen Projekte gewesen seien, spontan zuerst den Messeturm in Leipzig erwähnt und dann erst auf das Hamburger Dach zu sprechen kommt, hat insofern keine Bedeutung, als er beide Entwurfsprozesse als »Heureka-Erlebnisse« kennzeichnet, bei denen er »dem Tragwerksplaner ungeheuer viel zu verdanken habe«. Volkwin Marg hat natürlich auch mit anderen Ingenieuren zusammengearbeitet (wie Schlaich selbstverständlich mit anderen Architekten). Und doch sieht auch Marg – genau wie Schlaich – das Besondere ihrer Beziehung, den großen Vorrat an Gemeinsamkeiten. Aus den Heureka-Erlebnissen ist nicht ohne Grund eine Freundschaft entstanden. Der »schwäbische Protestant« sei eben kein »vertüftelter Schwabe«, ganz im Gegenteil: Marg schätzt an Schlaich ganz besonders dessen »unerbittlichen Purismus«. Und er weiß: »Was bei ihm raus kommt, das ist immer die ›Concorde‹. Und das Schöne daran ist der Glanz der rationalen Logik.«

Gemessen daran, wie wichtig bei manchen Gebäuden eine fruchtbare Zusammenarbeit beider Disziplinen ist und wie sehr diese das Ergebnis positiv beeinflussen kann, scheint mir der Part, den die Ingenieure dazu beitragen, in der Öffentlichkeit immer noch nicht genug wahrgenommen zu werden. Doch daran sind die Ingenieure selbst nicht ganz unschuldig. In Sachen Öffentlichkeitsarbeit dürfen sie sich bei den Architekten noch viel mehr abgucken, als dies bislang der Fall war.

Wilfried Dechau

Gelassenheit als Programm
Ingenieur Kurt Stepan, Architekt Thomas Herzog

Kurt Stepan   Thomas Herzog

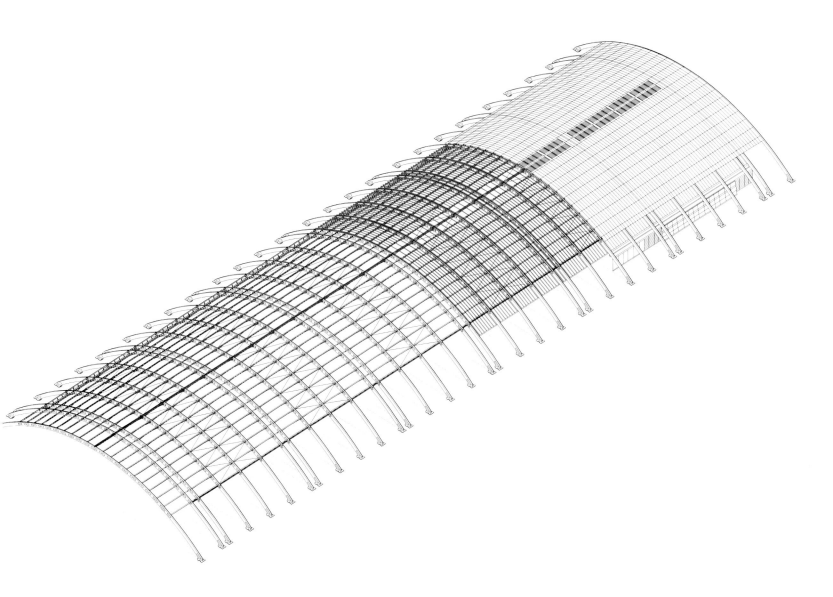

Kongresszentrum Linz: Die stakkatoartige Wiederholung eines stets gleichen Elements spart Kosten und Zeit bei der Planung und beim Bau.

Diese Seite oben: Die flache Bogenform lässt das Gebäude im städtebaulichen Kontext unaufdringlich erscheinen. Diese Seite **unten**: Längsschnitt durch den Scheitelpunkt des Daches. **Nächste Seite oben**: Die Bogenform ist funktional und ökonomisch: Stützenfrei überspannen die Bogenbinder 79 Meter und schaffen unterschiedlich hohe Raumbereiche für differenzierte Nutzungen. **Nächste Seite unten**: Schema der komplett transparenten Gebäudehülle

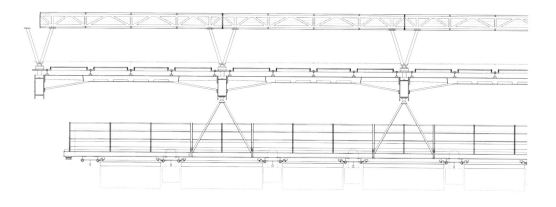

Gelassenheit als Programm

1 Shatterproof glass
2 Laminated shatterproof glass
3 Plastic grid - especular (Aluminium coated)
4 Parabolic surfaces
5 Even parts of the grid

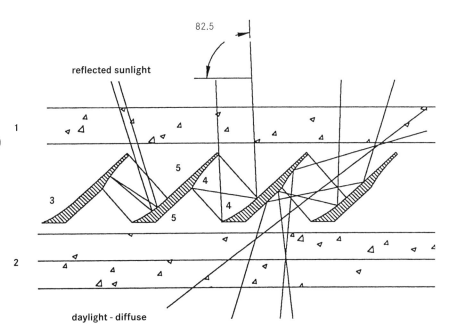

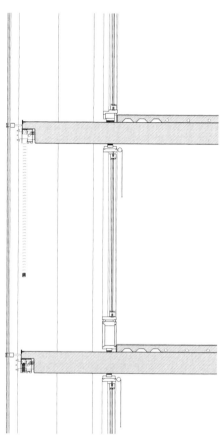
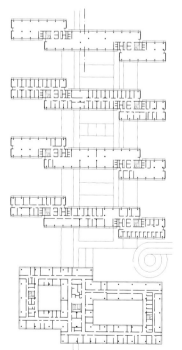

Oben links: Der Hannoveraner Messeturm: Die plastische Gestalt verrät die deutliche Trennung von Nutz- und Nebenflächen. **Oben rechts**: Ungewöhnlich, aber effektiv: Die Glasdoppelfassade ist geschossweise durch die auskragenden, durchlaufenden Massivdecken abgeschottet. **Unten links und rechts**: ZVK Wiesbaden: Die Erweiterung des Firmensitzes besteht aus vier parallel angeordneten schlanken Riegeln.

Erfolgreiche Arbeit erkennt man zunächst an ihrem Resultat. Man fragt einen Sänger nicht nach seiner Gesangstechnik, sondern man genießt seinen Gesang. Ebenso möchte ich die Arbeit von Kurt Stepan und Thomas Herzog anhand von drei ihrer gemeinsamen Projekte kommentieren: Kongresszentrum Linz, Messeturm Hannover, ZVK Wiesbaden.

Kongresszentrum Linz

Da es sich um den ersten Preis in einem kombinierten Architekten- und Ingenieurwettbewerb handelt, setzte die Zusammenarbeit zwischen beiden Autoren sehr frühzeitig, schon während der Konzeptfindung ein.

Der Gebäudekomplex beherbergt ein Kongresszentrum mit einem angegliederten Hotel und fügt sich selbstbewusst in eine eher vertrackte städtebauliche Situation ein, die es in einer kraftvollen Geste strafft und bereinigt. Sämtliche Funktionen des Kongresszentrums sind unter einem alles überspannenden Dach vereinigt. Diese Lösung war im Vergleich zu den übrigen eingereichten Arbeiten ungewöhnlich und trug mit Sicherheit wesentlich zum Erfolg des Konzepts bei.

Wie bei allen richtigen konzeptionellen, strategischen Entwurfsentscheidungen gab es nicht nur einen Grund für diese Wahl. Das Konzept erfüllt diverse Anforderungen gleichzeitig, was mir bezeichnend für die Leistungen dieser Partnerschaft zu sein scheint.

Aber nun zum Thema: Das hallenförmige Bauwerk bildet zunächst städtebaulich eine Großform, die dem Stellenwert des Kongresszentrums entspricht. Die einprägsame Gebäudeform folgt einem einfachen linearen Organisationsmuster: der stakkatoartigen Wiederholung eines stets gleichen Elements entlang einer Achse. Visuell verleiht dies dem großmaßstäblichen Bau Rhythmus und Struktur. Technisch erlaubt es, den Bau unter dem gegebenen hohen Termin- und Kostendruck rationell herzustellen.

Auch die Wahl der Bogenform für das Haupttragelement war von vielfältigen Überlegungen diktiert: Ein flaches bogenförmiges Gebäude lässt seine große Baumasse visuell unaufdringlich erscheinen, kleiner als sie in Wirklichkeit ist. Ein solcher Bau hat zunächst einmal keine Fassade, es wächst gleichsam flach aus dem Boden heraus.

Aber auch vordergründig quantitativ reduziert sich die Baumasse im Vergleich mit einem prismatischen Baukörper, was das Konzept auch besonders ökonomisch macht. Man hat die richtige Raumhöhe dort, wo man sie braucht: Hallenartige Bereiche mit großer Raumhöhe zum Aufstellen verschiedener Exponate liegen im Mittelfeld des Gebäudequerschnitts, niedrigere dienende Räume flankieren diese beidseitig nahe der Bogenansätze.

Die Bogenform erscheint auch statisch-konstruktiv als das geeignete Tragwerk, um eine derart große Spannweite (79 Meter) stützenfrei und dazu mit minimalem Materialaufwand zu überspannen. Die Bögen, fast vollständig biegemomentenfreie, druckbeanspruchte Tragelemente, sind äußerst schlank. Dies erscheint umso wichtiger, als die Gebäudehülle komplett transparent ausgeführt wurde, die Tragbauteile sich also beim Blick von innen scharf gegen die hell leuchtende Glashülle abzeichnen.

Bogenbinder und Längspfetten vereinigen sich zu einem mitwirkenden, symbiotischen Gefüge, bei dem einem Element mehrere Tragfunktionen zugewiesen werden: Der Bogen stellt das Haupttragwerk dar, das das Sekundärtragwerk der Pfetten trägt. Er wird jedoch vom Pfettenstrang selbst (der seinerseits an den ausgekreuzten Gebäudejochen hängt, die das Bauwerk horizontal aussteifen) seitlich gegen Kippen gesichert. Der Pfettenträger ist sprengwerkartig ausgebildet; sein Untergurt spreizt sich zu der Unterkante des Bogens hin ab, womit seine Trägerhöhe reduziert werden kann und zur gleichen Zeit der Bogenbinder gegen seitliches Ausweichen unter Druck gesichert wird, eine Gefahr, welcher der sehr schlanke Bogen mit flachem Stich besonders ausgesetzt ist.

Um die Maßstäblichkeit für den Betrachter zu wahren, entschied man sich, die Gebäudehülle nicht bis zum Bogenfuß zu führen, sondern in einigem Abstand dazu senkrecht abzusetzen. Die freistehenden Bogenansätze erlauben nicht, die aussteifenden Windverbände bis zum Bogenfußpunkt zu führen, was statisch zunächst sinnvoll wäre. Stattdessen übertragen diese ihre horizontale Beanspruchung auf ein steifes Rahmensystem. Dieses besteht aus den Bogenansätzen (die am Fußpunkt eingespannt sind) bis zur Traufe und einer verstärkten Randpfette in Trauflage.

Die sorgfältig austarierte Einheit aus Haupt- und Nebentragsystem – also Bogenbinder und Pfette – ist nicht nur eine formale, sondern – wie wir gesehen haben – auch eine konstruktive. Form und konstruktive Zweckbestimmung decken sich hier. Die bei gerichteten Tragsystemen ansonsten deutliche Differenzierung zwischen beiden Trägerhierarchien, ist hier zu einem einheitlichen, zusammenhängenden, gleichsam fließenden Ganzen verschmolzen.

Messeturm Hannover

Es galt, Verwaltungsflächen für die Messegesellschaft mit einem hohen Grad an Nutzungsqualität und Variabilität zu schaffen und dabei weitestmöglich Umweltenergien zu nutzen. Der Turm ist 18 Geschosse hoch und kann somit für hiesige Verhältnisse als ein Hochhaus mittlerer Höhe eingestuft werden.

Das gewählte Gebäudekonzept geht von einer deutlichen Trennung von Nutz- und Nebenflächen aus: Büroflächen finden im Hauptbaukörper, Treppen, Versorgungsschächte und Nasszellen in den ausgelagerten Kernen an der Peripherie Platz. Dies lässt sich deutlich an der plastischen Gestalt des Bauwerks ablesen. Man gewinnt damit fast vollständig hindernisfreie, beliebig unterteilbare Büroflächen, die sich jeder erdenklichen zukünftigen Büroorganisation oder sogar anderen Nutzungen anpassen lassen.

Das klimatisch-energetische Grundkonzept des Gebäudes basiert auf der Kombination einer vollständig verglasten, in diesem Fall doppelten Fassade mit einem Stahlbetontragwerk. Die Gebäudehülle ist thermisch wie auch schalltechnisch hochdämmend und bietet nutzungstechnische Vorteile wie passive Solarenergienutzung, gute Tageslichtversorgung, großzügigen Ausblick; das Tragwerk gleicht im Innern mit seiner Masse die unvermeidbaren Schwankungen der äußeren Temperatureinflüsse aus. Dies spielt insbesondere für die Kühlung eine bedeutende Rolle, die wegen der hohen internen Wärmelasten im Gebäude den eigentlich kritischen Fall darstellt.

Um Energie einzusparen und höchstmögliche Aufenthaltsqualität sowie individuelle Regelbarkeit zu bieten, wird das Gebäude mit einem ausgeklügelten System von gesteuerten Luftströmen konditioniert. Diese werden im Regelfall durch natürliche Einflüsse wie Thermik oder Windanströmung in Gang gesetzt. Die Bedarfsspitzen werden durch eine individuell steuerbare mechanische Be- und Entlüftung abgedeckt, die mit einer Wärmerückgewinnungsanlage gekoppelt ist. Die Glasdoppelfassade mit ihrem eingeschlossenen Pufferraum hat eine wichtige Verteilerrolle.

Städtebaulich befindet sich das Gebäude am Berührungspunkt zwischen zwei bedeutungsvollen Freibereichen des Messegeländes: dem Gelände des Nordeingangs und den zentralen Grünanlagen. Der Turm orientiert sich folgerichtig diagonal auf diese beiden Bereiche, eine Tatsache, die den gesamten Gebäude- und Tragwerksentwurf entscheidend bestimmt hat. Das im Grundriss quadratische Hauptgebäudeteil (24 x 24 Meter), in dem sich die Büros befinden, antwortet mit seiner punktsymmetrischen Geometrie auf diese Situation: Es berücksichtigt mit seinen beiden Hauptachsen (Nord und Süd) die anschließende Bebauung, mit der diagonalen Achse die angesprochene Orientierung. Dies gilt auch für die Kerne, die beidseitig dieser diagonalen Symmetrieachse angeordnet sind. Die daraus folgende Ost- und Südorientierung der geschlossenen Kernvolumina bietet einen wirksamen Sonnenschutz für diese kritischen Ausrichtungen.

Die quadratische Grundrissform und die folgerichtige Wahl eines ungerichteten Stützenrasters entspricht in idealer Weise dem gewählten Tragwerkskonzept der punktgestützten massiven Flachdecke. Diese Deckenkonstruktion nutzt infolge der zweiachsigen Lastabtragung und der strikt identischen Beanspruchungs- und Lagerungsbedingungen in beiden Hauptrichtungen das Material, also den kreuzweise mit Matten bewehrten Beton, maximal aus.

Die Grundrisse geben einen Eindruck davon, wie gut das Tragwerk auf die Nutzungsanforderungen im Gebäude abgestimmt ist: Die zwölf außen liegenden der insgesamt sechzehn Stützen befinden sich im »Korridorraum« der Glasdoppelfassade, jenseits der eigentlichen Nutzfläche und damit der Notwendigkeit entzogen, ggf. in eine Trennwand integriert werden zu müssen. Einzig die vier Mittelstützen verbleiben im Innern, einem Bereich, der eher selten mit Trennwänden belegt werden wird. Das Resultat ist eine innerhalb eines modularen Ausbausystems gestaltbare Nutzfläche.

Auch die nähere Betrachtung des Fassadenbereichs lässt erkennen, wie Nutzungsanforderungen durch eine durchdachte Abstimmung von Tragwerk und Gebäudehülle erfüllt werden. Die jeweils aus Zweischeiben-Isolierglas bestehende Doppelfassade ist mitsamt dem eingeschlossenen Luftraum geschossweise durch die auskragende, durchlaufende Massivdecke abgeschottet. Diese für Glasdoppelfassaden eher ungewöhnliche Lösung sieht eine Luftzirkulation nicht in senkrechter Richtung vor (Probleme: Brandübertragung und Schallleitung zwischen Geschossen, schwer kontrollierbare Luftzirkulation über größere Höhen), sondern in horizontaler: also in Höhe eines jeden Geschosses entlang der Peripherie des quadratischen Bürotrakts. Die Vorteile liegen auf der Hand: Die Geschosse sind brandtechnisch (Brandschürze gegen Feuerüberschlag) und schalltechnisch voneinander abgeschottet. Psychologisch bietet dieser Deckenstreifen einen gewissen »Halt« für Menschen, die bei fehlender Brüstung Absturzängste entwickeln. Die Decke selbst kann ohne thermische Trennung ausgeführt werden, da der Pufferraum gegenüber dem Außenraum stets abgedämpfte Temperaturen aufweist.

Die Decke dient auch Heiz- und Kühlzwecken. Die Speicherkapazität der massiven Platte wird im Sommer über ihre »passive« Wirkung hinaus durch Zusatzmaßnahmen wie Bauteilkühlung durch die Nachtluft stärker aktiviert. Die Oberflächen der Deckenplatte, also Boden und Deckenfläche, werden dank eingebautem Wasserkreislauf als Heiz- und Kühlfläche genutzt. Voraussetzung hierfür ist die Verwendung eines Verbundestrichs (statt eines auf Dämmstoff schwimmenden Estrichs), der zusammen mit der Rohdecke einen einschaligen Plattenquerschnitt erzeugt. Gleichzeitig erfüllt dieses Deckenpaket in Kombination mit einem federweichen Bodenbelag (Teppichboden) die wichtige Forderung des Luft- und Trittschallschutzes bei freier Versetzbarkeit von Trennwänden.

Abschließend die Gebäudeaussteifung: Je höher ein Gebäude, desto kritischer die Abtragung der horizontalen Beanspruchungen, besonders bei Wind. Dies wird bei großen Gebäudehöhen zum entwurfsbestimmenden Faktor. Wie oft bei vergleichsweise niedrigen Hochhäusern steifen auch hier die Kerne, die als massive, im Fundamentkörper eingespannte, biegesteife »Boxen« wirken, das ansonsten weiche Haupttragwerk aus Stützen und Flachdecken aus.

Das realisierte Aussteifungsprinzip ist nicht typisch für Hochhäuser. Da die Kerne konzeptbedingt nicht, wie sonst üblich, im Inneren liegen, erhalten sie wenig Auflast, um die durch Biegung der vertikalen Kernscheiben entstehenden Zugkräfte zu »überdrücken«. Auch die Diagonalanordnung der Kerne ist für die Aussteifung nicht ideal. Eine weitere Erschwernis ergab sich aus der starken Perforierung der Kernscheiben, insbesondere der gebäudeseitigen Längswände der Kerne, die ja nutzungsbedingt mit vielfältigen Öffnungen für Türen, Versorgungsleitungen etc. versehen sind. Das Konzept, das sich folgerichtig aus den bereits beschriebenen konzeptionellen Festlegungen ableitet, konnte aber aufgrund der vergleichsweise geringen Höhe dennoch realisiert werden. Dank einer sorgfältigen Berechnung und Dimensionierung konnte die Rissbildung im Beton auf ein zulässiges Maß begrenzt werden.

ZVK Wiesbaden
Die Baumasse des Erweiterungsbaus eines bestehenden Firmensitzes gliedert sich in vier zueinander und zum bestehenden Gebäude parallel angeordnete schlanke Riegel. In Anlehnung an den Altbau sind die Gebäude durch zwei z-artige Versprünge quer zu ihrer Längsachse gegliedert. An den Versatzpunkten liegen die Gebäudekerne, die jeweils zwei Gebäudeabschnitte bedienen. Die Geschosse sind zweihüftig organisiert. Dadurch entstehen zweierlei Zonen: zwei fassadennahe Bürobereiche und ein mittlerer Erschließungsstreifen.

Diese Gebäudeorganisation bietet verschiedene Vorteile: Sie erlaubt, das Gebäude in vielen Kombinationen horizontal und vertikal in einzelne getrennte Nutzungseinheiten zu untergliedern. Die drei voneinander differenzierten Gebäudeteile begünstigen die Bildung von Arbeitsgruppen und mildern ferner den Hauptnachteil zweihüftiger Konzepte: endlose dunkle Flure, Monotonie.

Ähnlich wie beim Messeturm in Hannover erfüllt auch hier das Tragwerk vielfältige nutzungsbezogene sowie energetische Aufgaben.

Als besonders interessant ist die Wahl der Stützenordnung zu erwähnen. Die geringe Gebäudetiefe von zwölf Metern erlaubt bei der gewählten Tragkonstruktion (ebenfalls punktgestützte Flachdecke) trotz der angesprochenen Dreiteilung der Gebäudebreite eine einzige innere Stützenreihe, also jeweils zwei asymmetrische Deckenfelder. In den stirnseitigen Gebäudeflügeln liegen diese Innenstützen in Fortsetzung der Kernwände, die ihrerseits in einer Bürozone liegen. Gegenüber den Kernen ist die Büro- und Flurzone dann stützenfrei. Im mittleren Gebäudebereich hingegen bleibt die Wahl offen, welche der beiden Flurseiten mit Stützen belegt wird. Man entschied sich hier für eine zickzackartig wechselnde Stützenstellung, die einer allzu scharfen Zonierung von Büro- und Flurbereich entgegenwirkt und durch den »tänzelnden« Rhythmus dem Innenraum ein unverwechselbares Merkmal verschafft. Dennoch widerspricht sie nicht der konstruktiven Logik der massiven Deckenplatte, die unregelmäßige Punktstützungen innerhalb bestimmter Grenzen ohne weiteres verträgt.

Die drei vorgestellten Projekte zeigen meiner Einschätzung nach, wie das Tragwerk und das Gesamtbauwerk, für die die Verantwortung jeweils bei den Berufsgruppen der Architekten und der Bauingenieure liegt, so entwickelt werden können, dass bei Wahl des richtigen Konzepts nicht nur systemeigene Aufgaben erfüllt werden, sondern gleichzeitig in intelligenter Weise andere (zunächst systemfremde) Funktionen potenziert oder unterstützt werden. Dies alles spielt sich im hochkomplexen technischen System des Hochbaus ab, das obendrein in einem Netzwerk von stadträumlichen Gegebenheiten und vielschichtigen kulturellen Bedeutungen eingebunden ist.

Dabei weisen diese Lösungen eine Entspanntheit und Selbstverständlichkeit auf, die das ungeschulte Auge zunächst über die Komplexität der Funktionen, die sie erfüllen, hinwegtäuscht. Sie stellen ein Beispiel dafür dar, wie man Bauaufgaben statt mit technischer Überinstrumentierung und angestrengten Konstrukten mit richtigen Konzepten löst. Man knüpft auf diese Art an eine mittlerweile fast vergessene Arbeits- und Denkweise der Problemlösung an, deren Ergebnisse wir heute noch an den überlieferten Bauweisen bewundern können.

In unserer hoffnungslos fragmentierten Bauwelt, wo zu oft medienwirksame Teilperspektiven oder vermeintliche Spitzenleistungen auf irgendeinem Spezialbereich im Vordergrund stehen, werden Beispiele wie die hier vorgestellten in ihrer ganzheitlichen Qualität (noch) nicht genug erkannt und in ihrer fein nuancierten Ausgewogenheit präsentiert. Diesem Ziel und der Würdigung der daran ablesbaren intellektuellen Leistung ist dieser Beitrag gewidmet.
José Luis Moro

Solidargemeinschaft neuen Denkens
Ingenieur Stefan Polónyi, Architekt Claude Vasconi

Stefan Polóny   Claude Vasconi

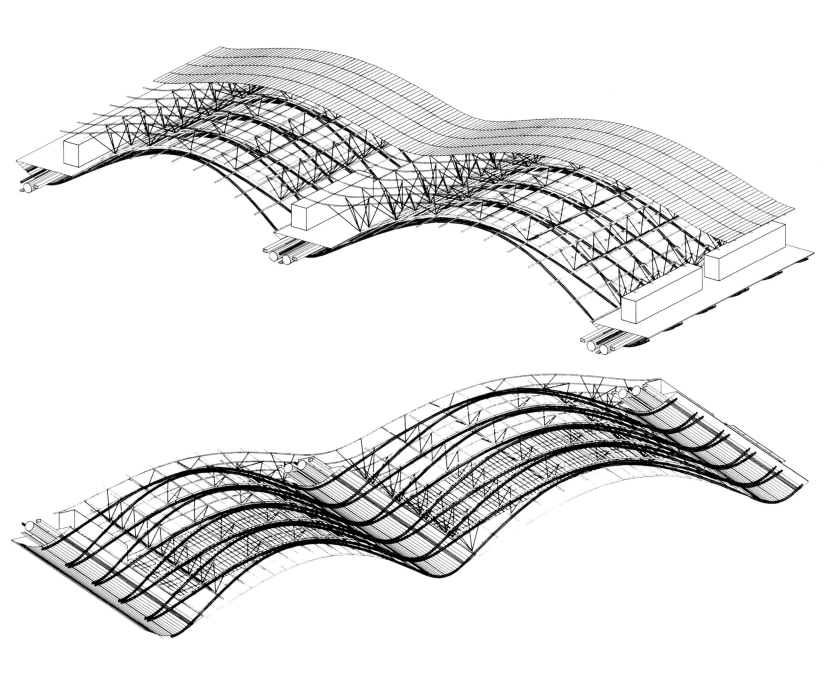

Hallen am Borsigturm in Berlin-Tegel: Dachstruktur in Auf- und Untersicht

Oben: Blick auf die Hallen am Borsigturm. Die technische Versorgung ist in den Dachsenken über den Stützen angebracht. **Unten:** Modellfoto der Südbrücke Oberhavel für Berlin-Spandau

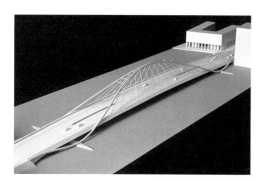

Alle Abbildungen auf dieser Seite: Fußgängerbrücken für die EXPO-Hannover

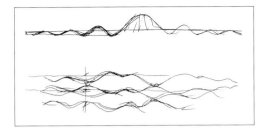

Oben: Entwurfsskizze des Architekten
Skizzen unten: Lösungsfindung des Ingenieurs

Variante mit nur einer »Rohrschlange«

Minimierung der Konstruktion der Brückenplatte: geringe Anstrengung der Nutzer; kurze Rampen/Treppen; Erfüllung der geforderten Durchgangshöhe. Daraus folgt: Die Haupttragkonstruktion liegt oberhalb der Wegplatte.

Keine Dämme, es sei denn, die räumliche Trennung ist gewünscht. Geringstmöglicher Eingriff in die Landschaft

Keine Einschränkung des Gesichtsfeldes, keine Raumtrennung durch Widerlager

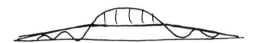

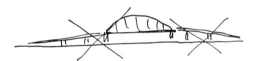

Brücke und Vorlandbrücke sollen eine Einheit bilden.

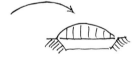 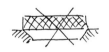

Das Tragwerk soll das Überbrücken symbolisieren: Der Weg des geworfenen Steins ist ein Bogen.

Bei schmalen Brücken ist ein Bogen ausreichend. Der Bogen in der Brückenachse ist störend. Also: Die Bogenebene liegt nicht parallel zur Brückenachse.
Die Geometrie des Bogens ist so zu bestimmen, dass er unter dominanter Belastung keine Bogenbeanspruchung bekommt (Gelenkstabkette). Daraus ergibt sich eine Raumkurve. So bildet der Bogen ein Portal, sowohl für die überbrückte Straße als auch für den Fußweg. Durch die räumliche Abspannung wird der Bogen seitlich gehalten und stabilisiert.
Da die Hänger nicht in einer Ebene liegen, ist der Bogen zweckmäßigerweise ein Rohr. Diese Ansätze ermöglichen eine Vielzahl von Varianten des Themas »tragende Raumkurve«. Die so gestalteten Brücken sind funktionsgebundene Kunstobjekte (begehbare Stahlplastiken).

 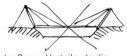

Auch statisch gesehen hat der Bogen Vorteile, da die Querkräfte durch den Bogen (Obergurt) direkt und nicht durch die Diagonalen aufgenommen werden.

So erst recht nicht

Messehalle 8/9 für die EXPO Hannover. **Oben**: Innenraumperspektive mit
Blick auf die Raumkurven des Dachtragwerks. **Unten links**: Längs- und Querschnitt.
Unten rechts: Transparenz und Leichtigkeit zur Darstellung gebracht

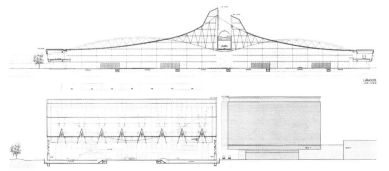

Der »Nuovo Palazzo Regionale« in Turin: Die zwei Gebäudescheiben haben eine Stahl-Vierendeel-Mantelkonstruktion und stützen sich auf den verglasten Erschließungsturm.

»Ich war immer der Meinung, dass Architekt und Ingenieur so früh wie möglich zusammenarbeiten müssen. Denn was ist Architektur? Eine städtebauliche Vision, die sich im Prozess entwickelt. Und dazu gehört der Ingenieur – die Kultur einer Sensibilität zwischen dem Architekten und ihm. Man muss dem Bauwerk anmerken, dass zwei Kräfte zusammenkommen.«

Was Claude Vasconi, angesehener Baumeister großer Projekte, in Frankreich schon als Student empfand, hat sich ihm in der Begegnung mit Stefan Polónyi als geradezu beglückende Erfahrung bestätigt. Polónyi seinerseits, selbst ausgewiesen durch die Arbeit an bedeutenden Bauten und ein wegweisender Hochschullehrer, hat für intensive Zusammenarbeit von jeher plädiert. In seinen Beiträgen für die Bauwelt etwa betonte er wiederholt die notwendige, aber auch eher zurückhaltend dienende Aufgabe des Ingenieurs: »Er ermöglicht die Realisierung der Vorstellung des Architekten. Er ›veredelt‹ den Grundgedanken. Er entwickelt den Entwurf gemeinsam mit dem Architekten.«

Polónyi äußert sich – wie Ulrich Conrads ihm bescheinigt – in »umwegloser Sachlichkeit«, Vasconi durchaus auch mit der Emphase umstandsloser Begeisterung. Dass sie ein überzeugendes Duo sind, merkt man sofort bei einer gemeinsamen Begegnung, im Nachvollzug gemeinsam geleisteter Arbeit. Die begann erst vor neun Jahren. Beide haben – erfolgreich – mit anderen Partnern an anderen Projekten gearbeitet, Erfahrungen gesammelt. Ein Rückblick auf ihre umfangreichen Œuvres kann nur einzelne Stationen, kennzeichnende Haltungen hervorheben. Beide, der gebürtige Ungar Polónyi wie der Elsässer Vasconi, haben Lebenswerke vorzuweisen, die auch in eigenen »Handschriften« erkennbar sind. Claude Vasconis Bauten sind überwiegend große öffentliche Einrichtungen wie Kultur-, Kongress- und Forschungszentren oder staatliche Gebäude z.B. für Verwaltung, Justiz und Polizei, Hospitäler, Müllverbrennungsanlagen. Er hat einen Radioturm, eine Radarstation, den Turm des World-Trade-Center (in Lille) gebaut, Fabriken wie »Métal 57« für Renault, Einkaufs- und Gewerbezentren und auch Wohnhäuser. Zu den problematischen Erfahrungen seiner Anfangsjahre gehört die Arbeit in den um Paris entstehenden Trabantenstädten (hoffnungsvolle Erfindungen der Sechzigerjahre überall in Europa) und das bittere Erlebnis mit seinem ersten Großauftrag. Das war, von Bauherrenwillkür erheblich beeinträchtigt und reduziert, das »Forum des Halles« in Paris. Er ist französischer Nationalpreisträger und unter anderem Ehrenmitglied des BDA.

Viele erste Preise in großen Wettbewerben – wie für eine Rockoper mit 10 000 Plätzen oder für die phantastischen metallenen Bergwände von Sport- und Hotelanlagen der Olympischen Winterspiele 2000 zeigen, ebenso wie andere Wettbewerbsaufgaben, seine Neigung und Befähigung zur Gestaltung großer Formen. Seine Gebäude sind »Landmarken« (nicht umsonst nennt er Architektur eine »städtebauliche Vision«). Ihre wirkungsmächtige, nie dekorative Vielgestaltigkeit offenbaren sie am besten, wenn man sie von allen Seiten, von weitem, von oben sieht, und sie dann aus der Nähe betrachtet: die einladenden Gesten der Zugänge (wie im sanft gekurvten Doppelschwung der Einfahrt zur Renault-Fabrik), die zuweilen abgerundeten Ecken eines Gebäudeteils, die auf Straßenführung und Landschaft Rücksicht nehmen, die halbrund auskragenden Pavillons eines Krankenhauses am Mittelmeer, in denen die Struktur der darunter liegenden Terrassen kulminiert, die kaum wahrnehmbar sich auswärts bauchenden Fensterwände der Shed-Dächer von »Métal 57« oder – in ganzer Höhe – des Turiner Hochhaus-Projekts einer Landeszentralverwaltung und, last but not least, die bergenden, schützenden – und innen viel Raum gewährenden – Hüllen seiner großen gewölbten und meist metallenen Dächer.

Fließende, aber immer wieder kraftvoll in Geraden gehaltene Baufluchtlinien, die sich bei großen Anlagen mit mehreren Bauteilen auch in unterschiedlichen Baumaterialien artikulieren: Sie lassen erkennen, was mit Claude Vasconis »eigener Handschrift« gemeint ist. Und auch ohne dass man es von ihm erführe, könnten eigene Assoziationen auf von ihm verehrte Baumeister verweisen: Erich Mendelsohn, Alvar Aalto, Hans Scharoun, Louis Kahn: dazu etwa Emil Fahrenkamps Shell-Haus in Berlin: Gefühl und Stärke. Seine Bauten beherrschen oder markieren einen Ort, eine Situation oder, weithin sichtbar, eine Landschaft. In gebauter Umgebung stellen sie sich dem Dialog, setzen entschiedene Grenzen oder beanspruchen die Steigerung eines Ensembles, eines ganzen Stadtteils, zu neuer Vitalität. Vor und in manchen seiner Gebäude verhält man sich unwillkürlich gestisch zum von ihnen umschriebenen Raum, den Biegungen und den Geraden; stimulierende Architektur, die man erleben kann wie Musik. Später wird sich etwas von diesem Gefühl bestätigen, wenn man mit dem Ingenieur zusammentrifft, der besondere Bauten und Projekte des Architekten in Deutschland begleitet, gestützt, miterfunden hat: Stefan Polónyi. Insgesamt achtmal hat Vasconi in Deutschland Beiträge zu wichtigen Aufgaben geleistet und Auszeichnungen erhalten. Das größte Vorhaben, der Gewerbepark der »Hallen am Borsigturm«, ist fertig gestellt; weitere sind im Bau. Die Borsighallen sind auch das größte in Zusammenarbeit mit Stefan Polónyi realisierte Projekt. Die Kooperation begann in den Neunzigerjahren – genau genommen, als Polónyi 1993 eine Auszeichnung der Academie d'Architecture in Paris für seine technischen Forschungsarbeiten erhielt. Das war nur eine weitere der zahlreichen Ehrungen, Preise, Mitgliedschaften, Ehrendoktorwürden, die ihm zuteil wurden, bevor er 1995, nach dreißigjähriger Lehrtätigkeit als ordentlicher Professor, emeritiert wurde. Im eigenen, zeitweilig großen Büro wurden die Tragsysteme anspruchsvoller Bauten entwickelt, Aufgaben ähnlich denen Vasconis in Frankreich, aber auch Bauten für Verkehr, für Sport-, Flugzeug- und Messehallen, Schulen und Hochschulen, Theater, Kirchen und Museen – und Brücken. Die Namen bedeutender Architekten – wie Oswald Mathias Ungers (Galleria, Frankfurt) oder Helmut Jahn (Eingangsgebäude der Messe Frankfurt oder die große Glashalle der Messe Leipzig mit Marg und Ritchie) deuten an, welche Ansprüche da konstruktiv zu bewältigen waren. Müßig, mit Namen zu beginnen, da es so viele von den Besten sind, die seiner Mitarbeit die gültige Realisierung ihrer Entwürfe schulden. Sein persönliches Lieblingsbauwerk ist das gemeinsam mit dem Architekten Peter Neufert geschaffene »Keramion« in Frechen, eine »kreisringförmige« Schale – Polónyi nennt die Lösung der Entwurfsidee als hautartige Schale die »Idealschale« – die sich über dem Rand von Glaswänden spannt. »Hier wurde«, heißt es in seiner, wie immer aufs Wesentliche reduzierten Erläuterung, »nicht das übliche Planungsverfahren angewendet, bei dem man die Form vorgibt und die Spannung ermittelt, sondern die Form wurde mit Hilfe der vorgegebenen Randbedingungen für einen idealen Spannungszustand bestimmt.«

Eine Aussage wie diese lässt sich eigentlich nicht aus der Gesamtheit ihrer Bedingungszusammenhänge lösen; das gilt für alle Arbeiten des Konstrukteurs in Kooperation mit dem Architekten. Stefan Polónyi hat in zahlreichen Untersuchungen diese Bedingungen klar herausgearbeitet und zur Grundlage seiner Lehrtätigkeit gemacht. Damit gab er den Aufgaben seines Berufs ein neues, tragfähiges und zugleich großräumige Öffnung ermöglichendes Fundament, das der »Erziehung zum komplexen Denken«.

Als Polónyi, der noch in Ungarn (das er nach dem blutig niedergeschlagenen Aufstand 1956 verließ) sein Ingenieurdiplom erworben hatte, 1965 an der Berliner TU zum Professor berufen wurde, nannte sich der ihm übertragene Lehrstuhl »Statik und Festigkeitslehre«. Er benannte ihn um in »Tragwerksplanung« – wie es inzwischen an allen Hochschulen üblich ist – und öffnete damit neue Horizonte innovativen Denkens. Man kann sie durch Fixsterne seiner Lehrsätze erhellen. Einige wurden eingangs schon genannt. Aber es gibt Hauptprinzipien: »Sicherheit, Funktion, Wirtschaftlichkeit«, die zu garantieren – in der Beherrschung aller Konstruktionsarten und ihrer Materialien – versteht er explizit als »ethische Verpflichtung«. Ein neues Buch über seine Arbeit beschreibt Methoden und Anwendungen – und es arbeitet auch die schöpferische Leistung des Ingenieurs und seinen Anteil an der ästhetischen Wirkung des Bauwerks heraus: »Die Tragkonstruktion ist ein Kunstwerk. Als räumliches Gebilde wird man sie der Bildhauerkunst zuordnen.«

Bei den gemeinsamen Arbeiten mit Claude Vasconi leuchtet dieser Anspruch umstandslos ein. Sie begannen mit einer Brücke über die Havel in Berlin-Spandau, der architektonischen Vision eines »ganz leichten, metallischen« Gebildes mit großer Spannweite, das nur auf zwei Pfeilern im Wasser ruhen sollte. Sie sollte als Fahrbrücke der Havellandschaft Raum lassen, die Uferpromenaden nicht beeinträchtigen, den Fußgänger in flacher, »behutsamer« Schwingung zum Gehen einladen, die Durchfahrt für Schiffe nicht beeinträchtigen und – als ein Hauptelement – für die Verbindung mit der künftigen »Wasserstadt Oberhavel« ein Signal setzen.

»Ich wusste noch nicht, wie«, sagt Vasconi enthusiastisch, »ich dachte, man muss enorm massive Stahlelemente und enorm viele Schrauben haben – und dann kam Stefan! Er sah die Skizze, er machte Berechnungen und Entwürfe, er kam wie ein Magier. Ich dachte nie, dass es so einfach und so elegant werden kann, in einer so dünnen Linie – wie eine Vibration. Das ist der Traum jedes Architekten. So haben wir diese Brücke zusammen entwickelt – und dann war es ganz natürlich, dass wir in anderen strukturellen Entwurfsaufgaben zusammengearbeitet haben.«

Die für Spandau gefundene Lösung besteht aus den Raumkurven zweier Stahlrohre (mit je 1220 Millimetern Außendurchmesser), die das Tragwerk bilden. Ihre vom Bogen abgehängten Längsträger tragen die Fahrbahn. Sie ruht auf den Widerlagern und zwei Strompfeilern. Die Brücke ist 260 Meter lang; ihre Spannweite beträgt im Mittelfeld 191,60 Meter.

Brückenkonstruktionen – ein Lieblingsthema Polónyis auch in eigenen Entwürfen – erfordern methodische Untersuchungen. Polónyi unternahm sie, als sich die Wettbewerbsaufgabe für unterschiedlich lange und breite Passerellen auf dem Expo-Gelände in Hannover stellte. Seine systematischen »Lösungsfindungen« bestätigen die architektonische Idee und das in Spandau erstmalig entwickelte System, das viele verblüffende Variationen erlaubte. Zwischen sechs und fünfzehn Meter schmal und bis zu zwei mal fünfzehn Meter breit sollten sie mit ihren freien Bögen und »Rohrschlangen« leitmotivisch das Expo-Gelände markieren und als »elegante Signale« in leichter Beweglichkeit auch symbolisieren. Ein Thema mit Variationen – in Vasconi-Polónyis Brücken findet sich etwas von der beiden gemeinsamen Liebe zur Musik wieder, die sich mit gleichen Begriffen definiert.

Die Passerellen in Hannover wurden nicht gebaut, sowenig wie die in Berlin: Dort wollte man Stein, massiv und mit Säulen. Aber das Thema der Raumkurven sollte die neue Solidargemeinschaft beim großen Werk des »Gewerbeparks« der ehemaligen Borsighallen weiter beschäftigen. Es war – in den fünf Jahren zwischen Wettbewerb und Fertigstellung – eine schwierige Aufgabe, nicht nur, weil neben den denkmalgeschützten Giebelfassaden auch die alte geschützte Tragstruktur erhalten werden, sondern auch, weil in die Innenräume mit ihren verschiedenen Ebenen möglichst viel natürliches Licht gebracht bleiben sollte. »Ich habe lange Angst gehabt, dass wir das nicht schaffen könnten«, bekennt Vasconi, »weil da Altes und Neues zusammenzubringen war und man räumlich gar nicht alles so entwickeln konnte, wie man wollte. Aber Stefan fand immer die Lösung, Punkt für Punkt: Wenn das so nicht geht, geht es vielleicht so.«

Die ganz besonderen Eigenarten der Hallen erkennt man nicht auf den ersten Blick. Der nostalgiebeschwerte Besucher nimmt in der Annäherung von Süden her einige der hundertjährigen Fassadenfronten mit ihren kunstvollen Ziegelornamenten wahr und dazwischen, zwei Fassadenbreiten weit, unter einem nach unten einschwingenden und mit großer Geste in seinen Schutz einladenden Dachmetallbogen, die gläserne Front eines modernen Baus, der seine

Zweckbestimmung auch in der Gestaltung kompromisslos zu erkennen gibt: Hier ist ein Kino.

Erst die vom Foto gewährte Sicht von oben verrät mehr. Eine große Welle wandert als dünne Haut aus Lochpaneelen über das breite Dach des Kino- und Freizeitzentrums wie über die schmaleren der rechts und links angrenzenden Hallen für Handel, Unterhaltung und Gewerbe. Sie signalisieren den räumlichen Zusammenhang, der aus der Struktur des alten und des neuen Gehäuses einen einheitlichen Bau macht, und dienen als Sonnenschutz über dem großflächig verglasten Inneren.

Drinnen entfaltet sich unter den filigranen Dachtragwerken, die in großen Bögen aufwärtskurven, räumliche Musik, ein Crescendo von Raum ins Licht. »Diese Bögen sind«, betont Polónyi, »nicht in vertikalen Ebenen. Das ist das, was ich meinen Studenten auch immer sage, dass wir nicht in vertikalen Ebenen denken, sondern in räumlichen Strukturen.«

Die Verbindungen, die Gelenke, die Zugbänder wie auch die gesamte Würdigung und Wertung der auch städtebaulich ambitionierten Anlage: Themen für die Fachliteratur. Aber selbst Fachleute dürften nicht auf den ersten Blick erkennen, wie hier die Unterbringung der Leitungen – Lüftung und Energie – gelöst wurde. Sie liegen, statt wie üblich im Keller, in den Dachsenken über den Stützen, eine ökonomische wie ökologische, Baumaterialien und Energie sparende Lösung.

Während der Bauzeit stellten Architekt und Ingenieur sich anderen Aufgaben. Dem Entwurf einer großen Messehalle für Hannover zum Beispiel, die – ein großes, wellenartig ansteigendes Doppelgebäude – auf zwei Seiten und mit Oberlichtern völlig verglast ist. Auch dort wurden Lüftungsaggregate, Kältemaschinen und Lichtleitungsbleche in einen Hauptträger so integriert, dass »die Luft auf natürliche Weise hineinströmt.« Konstruktion und Gestalt des Gebäudes führen zur Vision eines Kristallpalastes. Und wie dieser – der berühmte von 1851 – sind auch heutige Messehallen flüchtige Zeiterscheinungen. Leichtigkeit in der Wirkung wie in Montage und Demontage gehören zu ihrem Daseinsprinzip. Aber »Leichtigkeit«, wie Claude Vasconi sie als Hauptmerkmal von Stefan Polónyis struktureller Arbeit bewundernd rühmt, ist für diesen kein Postulat: Nicht alles muss »leicht« sein, sagt er auf Nachfrage.

Das jüngste Projekt des »Duos« gilt jedenfalls einem gewichtigen Unternehmen. Es ist der »Nuovo Palazzo Regionale« in Turin, also die Landeshauptverwaltung; an der Hauptachse der Stadt gelegen sei es, wie Vasconi sagt, vergleichbar etwa mit der städtebaulichen Bedeutung von »La Défense« in der Fortsetzung der Champs Elysées in Paris. Aus zwei Scheiben bestehend, die die Straßenachse zwischen sich aufnehmen und auf einen Platz führen, neigt sich das hundert Meter hohe Gebäude vornüber nach Süden. Es ist eine trapezartige Stadtskulptur, wie zwei gewaltige Flügel, die die Entwicklung der Stadt gen Süden signalisieren und sie gleichsam mit in die Höhe ziehen. Hier ist eine der Hauptaufgaben der Konstruktion die Verankerung des zum Enteilen oder Davonfliegen bereiten Bauwerks. Ein ansteigender Sockel trägt und balanciert die ungleichgewichtige Gebäudelast – und dient zugleich als öffentliche Aussichtsterrasse.

Auch dieses Projekt ist eine neue Herausforderung für den Architekten und den Tragwerksingenieur, der sie sich – voller Entdeckerlust – gemeinsam stellen. Für beide darf wohl gelten, was Stefan Polónyi als Maxime für sich selbst, seine Mitarbeiter und seine Studenten formulierte: »Um wirklich Neues zu denken (auch in der Statik und Konstruktion), reicht es nicht aus, das bisher Gedachte infrage zu stellen. Unsere eigene Denkart, uns selbst müssen wir infrage stellen. Ohne in die Vergangenheit zurückzukehren und das Werden unseres Denkens zu verfolgen, ist dies nicht möglich.«

Lore Ditzen

Entmaterialisierung denken und konzipieren
Ingenieur Werner Sobek, Architekt Helmut Jahn

Werner Sobek   Helmut Jahn

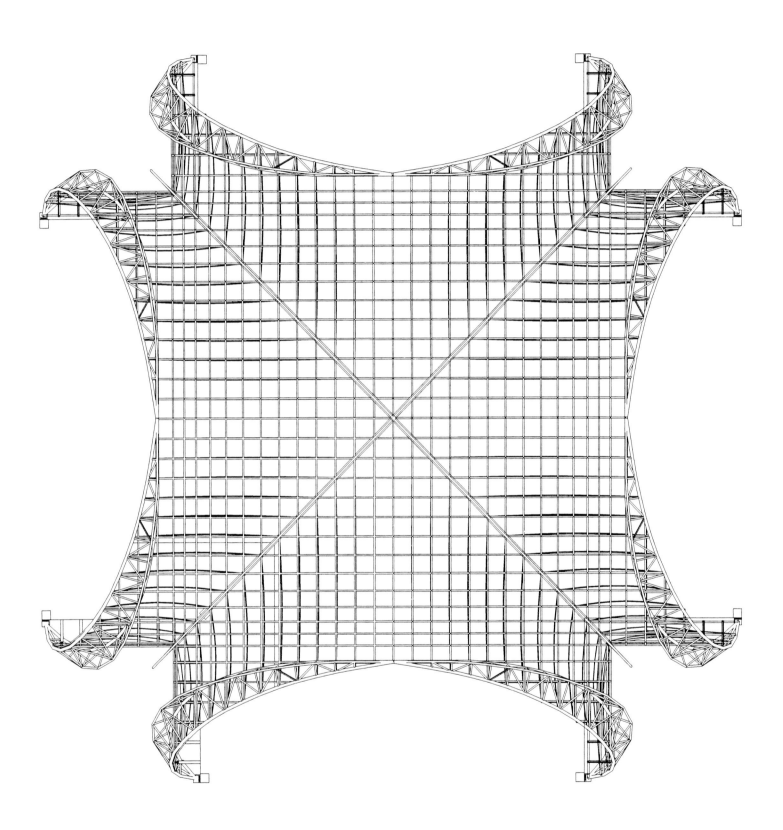

New Bangkok International Airport (NBIA): Aufsicht auf die Tragwerksstruktur einer Concourse-Kreuzung. Die »Concourses« genannten röhrenförmigen Gebäudeteile, über welche die Fluggäste die Flugsteige erreichen, bestehen aus räumlich angeordneten Dreigurtfachwerkträgern mit dazwischenliegenden Dachflächen aus PTFE-beschichtetem Glasfasergewebe sowie verglasten Seitenflächen.

NBIA: **Oben**: Concourse und das über 42 Meter auskragende Terminal-Dach.
Unten: Ansicht einer Concourse-Kreuzung

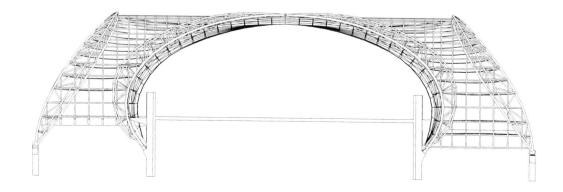

Flughafen Köln-Bonn (FKB): **Oben**: Garage mit vorgespanntem Edelstahlgewebe bei Nacht. **Unten**: Detailzeichnung der Einspannung der Edelstahlgewebe

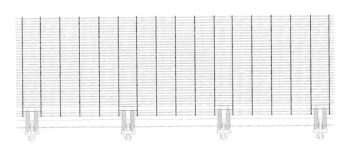

Trump Tower, Stuttgart: **Diese Seite**: Knotenpunkt des Exo-Skeletons im Zwischenbereich der zweischaligen Fassade. Das umlaufende System aus dreieckigen Maschen wirkt statisch wie eine Röhre. **Nächste Seite links**: Baufortschritt nach einer Woche, fünf Wochen, 15 Wochen und 34 Wochen (Abschluss der Fassadenmontage; Raumabschluss hergestellt). **Nächste Seite rechts**: Die transparente Turmspitze mit dem Panorama-Restaurant

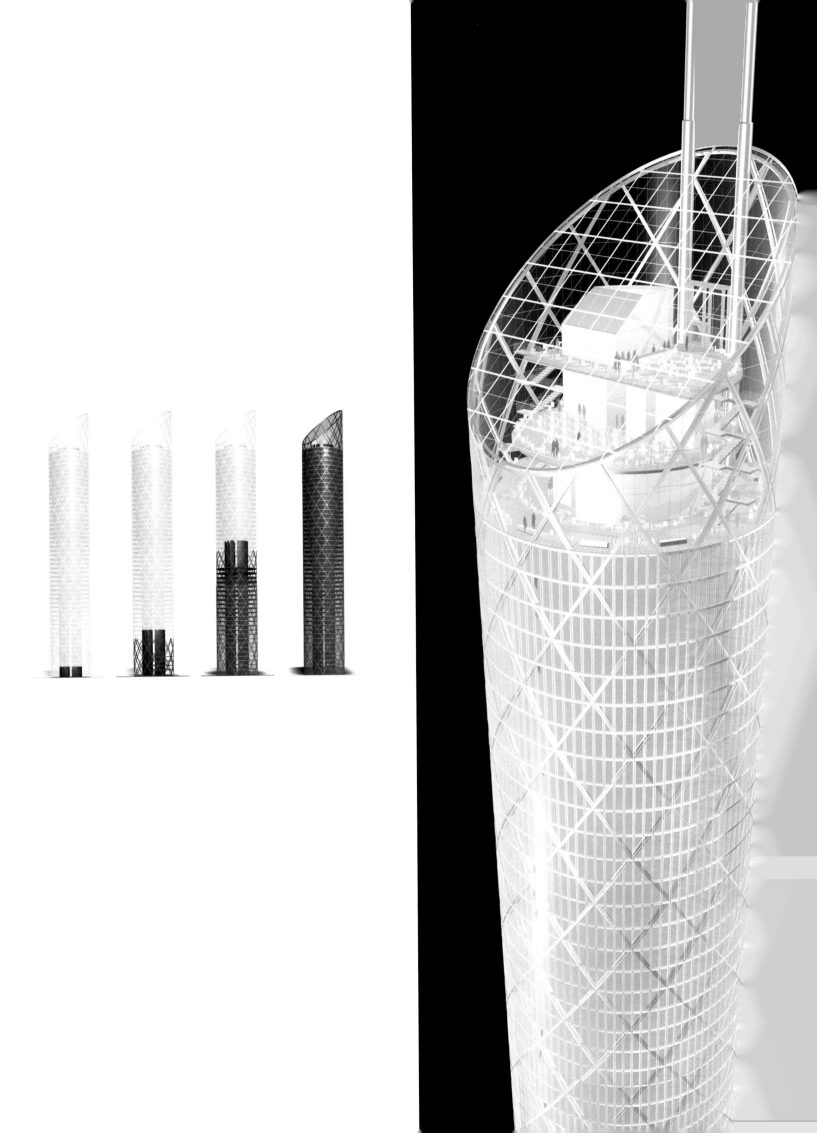

HA-LO Headquarters, Chicago: **Oben**: Außenansicht mit unterspanntem Gitterrost.
Unten: Außenansicht mit Aluminium-Screen

Entmaterialisierung denken und konzipieren

Sony Center Berlin: **Oben**: Fassade des Sky-Gartens. **Unten**: Dach des Sky-Gartens mit Auflagerungsdetail

175

Helmut Jahn und Werner Sobek haben in den vergangenen Jahren viele wichtige Bauten gemeinsam konzipiert, entworfen und entwickelt, wie das Sony-Center in Berlin, das Terminal 2 des Flughafens Köln-Bonn, das neue Kranzler-Eck in Berlin oder die Generaldirektion der Deutschen Post in Bonn. Der folgende Beitrag porträtiert die Zusammenarbeit der beiden Planer und bietet einen Ausblick auf ihre Ideen für die Zukunft.

1994 wurde der deutsch-amerikanische Architekt Helmut Jahn aus Chicago auf die Arbeiten des Stuttgarter Ingenieurbüros von Werner Sobek aufmerksam. Kurz danach, bei einer Exkursion nach Chicago, die Werner Sobek für Studenten seines Instituts organisiert hatte, lernten sich die beiden persönlich kennen. Aufgrund der äußeren Umstände war dieses Treffen nur kurz, es wurde aber trotzdem zum Beginn einer außergewöhnlichen Zusammenarbeit und Freundschaft. Bereits wenige Wochen nach dem ersten Treffen bat Helmut Jahn Werner Sobek nach Berlin, es begann die erste Kooperation bei den Stahl-Glas-Konstruktionen des Sony-Centers in Berlin. Aus diesen Anfängen entwickelte sich über die Jahre eine immer engere Zusammenarbeit, aber auch eine tiefe Freundschaft. Prägendes Merkmal der Zusammenarbeit ist die stete Kommunikation und Rücksprache zu allen Aspekten der gemeinsamen Projekte: Der Entwurfsprozess findet stets integral, in gemeinschaftlicher Entwicklung zwischen den beteiligten Planern statt. Die Trennung zwischen architektonischer Gestaltung und ingenieurmäßiger Bearbeitung des Tragwerks ist aufgehoben – deshalb bezeichnen die beiden ihre Zusammenarbeit auch als »Archi-Neering«.

Helmut Jahn und Werner Sobek sind sich der Außergewöhnlichkeit ihrer Zusammenarbeit wohl bewusst. Beide beklagen die inhaltliche und räumliche Trennung der Ausbildung von Ingenieuren und Architekten: Diese hat zur Folge, dass das gegenseitige Verstehen der Sprache und der Denkweise der dem Bauschaffen am engsten verbundenen Berufsgruppen stark beeinträchtigt ist. Bauingenieure, die im Entwerfen von Tragwerken nicht ausreichend ausgebildet wurden, können die Entwurfsarbeit eines Architekten kaum in aktiver Weise beeinflussen. Folglich entwickeln die meisten Ingenieure den Tragwerksentwurf eines Architekten nur in Richtung der Standsicherheit hin, ohne jedoch die vorgegebene Konzeption selbst zu hinterfragen bzw. diese grundlegend zu verändern. Der Architekt hingegen ist aufgrund seiner Ausbildung oft nicht in der Lage, Tragwerke mit einem gewissen Grad an Komplexität sinnvoll zu gestalten. Die Folge davon ist, dass die heutigen Bauschaffenden einen erheblichen Teil des vorhandenen Potenzials gar nicht nutzt. Die Stärke des Teams Jahn/Sobek liegt nicht zuletzt in der Überwindung dieses Grabens: Ihre Zusammenarbeit führt zu beeindruckenden Synergieeffekten, die Bauwerke von bisher unbekannter Transparenz und Weite ermöglichen.

Bei den ersten Projekten, dem Sony-Center, dem Kranzler-Eck in Berlin und dem Köln-Bonner Flughafen, war die Zusammenarbeit zwischen Helmut Jahn und Werner Sobek

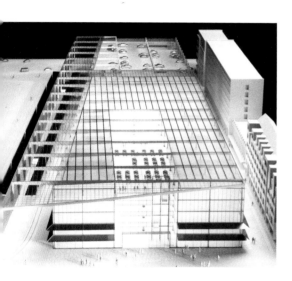

Modell des Galeria Kaufhofs in Chemnitz. Das ca. 180 mal 60 Meter große Glasdach kragt an der im Bild linken Gebäudeseite dreizehn Meter über die Gebäudekante aus.

- Baukosten (Erstinvestition), Unterhalts- und Erneuerungskosten
- Energieverbrauch für Heizung, Warmwasseraufbereitung und Stromverbrauch
- Energieverbrauch für die Erstellung, Erneuerung und Entsorgung der Gebäude
- Umweltbelastungen, vor allem Luft- und Wasserbelastung sowie Bauschuttaufkommen
- Ergänzende Hinweise zum Thema Komfort
- Gebäudepässe

Prozessketten – Datengrundlage: GEMIS

GEMIS steht für »Globales Emissions-Modell Integrierter Systeme« und wurde vom Öko-Institut Freiburg und Darmstadt im Auftrag der Hessischen Landesregierung realisiert.

Die Datenbank mit Bilanzierungs- und Analysemöglichkeiten für Lebenszyklen ist seit der Version 3.0 kostenlos erhältlich.

GEMIS 4.0 umfasst Grunddaten zur Bereitstellung von Energieträgern (Prozessketten- und Brennstoffdaten) sowie verschiedener Technologien zur Bereitstellung von Wärme und Strom. Neben fossilen Energieträgern, regenerativen Energien, Hausmüll und Uran werden dabei auch sog. nachwachsende Rohstoffe sowie Wasserstoff behandelt. Dazu enthält die Datenbasis verstärkt Daten zu Stoff-Prozessketten (vor allem Baumaterialien), neue Prozesse für Verkehrsdienstleistungen, d.h. Personenkraftwagen, öffentliche Verkehrsmittel, Flugzeuge sowie für den Gütertransport. Mit GEMIS können die Ergebnisse von Umwelt- und Kostenanalysen auch bewertet werden. Die Datenbasis enthält für alle diese Prozesse Kenndaten zu Nutzungsgrad, Leistung, Auslastung, Lebensdauer, direkte Luftschadstoff-Emissionen, Treibhausgas-Emissionen, feste und flüssige Reststoffe sowie zum Flächenbedarf.

Informationssystem: GISBAU

GISBAU das »Gefahrstoff-Informationssystem der Berufsgenossenschaften der Bauwirtschaft« ist »eine Serviceeinrichtung der Berufsgenossenschaften der Bauwirtschaft für ihre Mitgliedsunternehmen« [GIS95]. Sie bietet: umfassende Informationen über Gefahrstoffe am Bau, Entwürfe von Betriebsanweisungen gemäß § 20 der Gefahrstoffverordnung sowie Handlungsanleitungen und Broschüren zur Gefahrstoffproblematik in den verschiedenen Baubereichen WINGIS ist ein Gefahrstoff-Informationssystem mit den von GISBAU erarbeiteten verfahrens- und verwenderbezogenen Informationen über Bau-Chemikalien. Außer den Produktinformationen und Betriebsanweisungsentwürfen (in dreizehn Sprachen) bietet WINGIS die Möglichkeit, ein Gefahrstoffverzeichnis zu erstellen und zu verwalten.

6. Zusammenfassung:

Lebenszyklusbetrachtungen und die dafür notwendigen Verfahren und Werkzeuge sind heute in einer Übergangsphase zwischen Forschung, Entwicklung und Anwendung. Durch die verstärkte internationale Zusammenarbeit und Vernetzung läuft dieser Prozess in den grundlegenden Standardisierungsaspekten international ab. Die Entwicklung und Validierung von Methoden und Werkzeugen wird auch im Rahmen von europäischen und internationalen Forschungs- und Demonstrationsprojekten gefördert. Auch in Deutschland ist mit einer verstärkten Verbreitung dieser Verfahren über das Internet zu rechnen.

Die Anwendung in realen Planungs- und Bauprojekten hat zur Zeit noch prototypischen Charakter. Das Interesse ist bei Bauherrn und Herstellern von Bauprodukten größer als bei Planern und Beratern. Das wird sich jedoch schnell ändern, wenn Planer und Berater die Vorteile des in den Lebenszyklusbetrachtungen enthaltenen umfassenden Ansatzes entdecken. Die bis jetzt getrennten Welten von Entwurf, Kostenplanung, Energieberechnung, Umweltbelastung, Ausschreibung, Komfort und Abklärungen für Gesundheitsrisiken etc. werden in dieser neuen Betrachtungsweise von Anfang an verknüpft und erlauben so eine laufende Optimierung und beträchtlich verbesserte Kontrolle des Planungsprozesses. Diese Dienstleitungen werden unter dem Druck von anspruchsvollen Bauherren sehr bald zu den Standardleistungen jeder Planung gehören und den qualitativen Wettbewerb unter Planern und Beratern fördern.

Niklaus Kohler / Martina Klingele

Baccini, P.; Bader, H.-P.: *Regionaler Stoffhaushalt,* Berlin 1996.
Hassler, U. Kohler, N. Wang. W. (Hrsg.): *Umbau – Die Zukunft des Gebäudebestandes,* Tübingen 1999.
Hofstetter, P.: *Perspectives in Life Cycle Impact Assessment.* A structured approach to Combine Models of the Technosphere, Ecosphere and Valuesphere, Boston 1998.
ISO/TC207/SC5: *Life cycle assessment – principles and guide lines* (ISO CD 14 040.2)
Klingele, M.: *Integration von lebenszyklusbezogenen Bewertungsmethoden in den Planungsprozess.* Dissertation Universität Karlsruhe, 1999.
Kohler, N.; Lützendorf, Th.: *Energie- und Stoffströme in Gebäuden und Gebäudebeständen.* Workshop an der Bauhausuniversität Weimar, März 1998.
Kohler, N.; Hassler, U.; Paschen, H. (Hrsg.): *Stoffströme und Kosten im Bereich Bauen und Wohnen.* Studie im Auftrag der Enquete Kommission zum Schutz von Mensch und Umwelt des Deutschen Bundestages, Berlin 1999.
SETAC (Society of Environmental Toxicology and Chemistry): *Towards a Methodology for Life-Cycle Impact Assessment.* Brüssel 1996.

Lebenszyklusanalyse (Werkzeuge):
www.umberto.de
www.legoe.de
www.gisbau.de
www.oeko.de/service/gemis
www.uni-weimar.de/ANNEX31

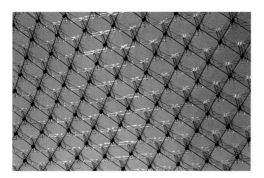

1. Verglastes Seilnetz
Rhönklinik Bad Neustadt

2. Anpassung eines
Chamäleons an die Umgebung

3. »Wachstum«
eines technischen Systems

Neue Entwicklungen im Leichtbau: Adaptive Tragwerke

Leichtbau

Leichte Baubarkeit ist Voraussetzung für Konstruktionen, die bewegt werden, die große Spannweiten zu überbrücken haben oder die große Höhen erreichen sollen. Ganz allgemein bedeutet Leichtbau eine Reduktion der eingebauten Massen, was zumeist mit einer Ersparnis an eingesetzter Energie einhergeht. Leichtbau ist somit eine Forderung unserer Zeit.

Es gibt drei grundlegend unterschiedliche Kategorien im Leichtbau, die beim Entwerfen von leichten Konstruktionen auf unterschiedliche Weise kombiniert werden: Materialleichtbau, Strukturleichtbau und Systemleichtbau.

Bei der Anwendung von Strukturleichtbau im Bauwesen bestimmte man die optimale Geometrie und Topologie von tragenden Strukturen bisher unter Zuhilfenahme verschiedener experimenteller oder mathematisch-numerischer Verfahren, so-genannter »Formfindungsmethoden«. Im Bauwesen wird normalerweise als dabei zugrunde zu legender »Formbestimmender Lastfall« der Lastfall »Eigengewicht« eingesetzt.

Je geringer allerdings das Eigengewicht einer Struktur ist, desto fragwürdiger wird es, dieses als formbestimmenden Lastfall heranzuziehen. Da die maßgeblichen Belastungen im Leichtbau typischerweise zeitversetzt sowie mit veränderlicher Größe und Richtung auftreten, stellt sich damit die Notwendigkeit einer Multiparameteroptimierung, bei der unterschiedliche Lastfallkombinationen zugrunde zu legen sind. Derartige Ansätze scheiterten allerdings bisher allesamt an der durch die Vielzahl der möglichen Lastkombinationen und deren häufig durch subjektive Festsetzung entstehende Unübersichtlichkeit und Komplexität.

Wenn es also nicht gelingt, ein Tragwerk in seiner Geometrie und Steifigkeitsbelegung für eine Vielzahl von Lastfällen gewichtsmäßig zu minimieren, liegt es nahe, Tragwerke mit variabler Geometrie und/oder Steifigkeit zu entwickeln, die sich in Abhängigkeit von der auftretenden Lastkombination so verändern, dass Gewichtsminimalität erreichbar wird. Dies bedeutet die Einführung des Prinzips der Adaptivität von tragenden Strukturen. Das durch Adaption erreichbare Gewichtsminimum liegt dabei typischerweise deutlich unter dem nicht-adaptiver Systeme.

Adaption

In natürlichen Systemen sind adaptive Prozesse infolge veränderlicher äußerer Einflüsse selbstverständlich. Hierzu zählen veränderliche Materialeigenschaften und eine Variation der Form und der Topologie. Diese Prozesse können auf drei zeitlichen Ebenen betrachtet werden:

Kurzzeitadaption: Eine Anpassung durch sofortige Reaktion auf externe Einflüsse ist zum Beispiel die Farbveränderung eines Chamäleons analog zur jeweiligen Umgebung.

Langzeitadaption: Wachstumsprozesse treten über Teile oder die Gesamtheit der Lebensspanne (von Minuten bis Jahrzehnten) eines natürlichen Systems auf und verbessern so diese Systeme; zum Beispiel werden in Bäumen Spannungsspitzen durch lokales Wachstum der hoch beanspruchten Bereiche abgebaut.

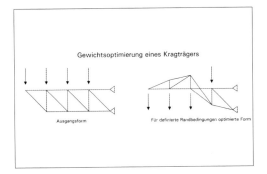 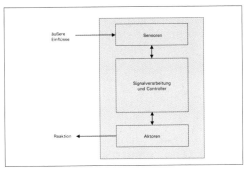 

4. Evolutionäre Anpassung eines Kragträgers

5. Adaptives System

6. Piezoelektrische Sensoren (Physik Instrumente, Waldbronn)

Evolutionäre Adaption: Die Evolution ist ein Prozess, der über mehrere Generationen die Fähigkeiten und die Überlebenschance natürlicher Systeme erhöht. Durch Mutation und Selektion verändert sich das System und kann sich so neuen Umgebungsbedingungen anpassen. Derartige Vorgänge können mit Hilfe von Evolutionsalgorithmen numerisch simuliert werden, beispielsweise um so die gewichtsoptimale Geometrie eines Fachwerkkragträgers zu bestimmen.

Technische Systeme: Im Vergleich zu vielen natürlichen Systemen sind die in der Architektur bekannten technischen Systeme statisch – sie reagieren nicht auf Veränderungen ihrer Umwelt, obwohl es eigentlich naheliegend ist, durch adaptive Prozesse die Funktion dieser technischen Systeme zu verbessern oder ihre Lebensdauer zu erhöhen. An diesem Punkt setzen unsere Forschungsarbeiten an. Beim Entwerfen von Tragwerken steht die Abtragung der Lasten im Vordergrund oder – bezogen auf adaptive Systeme – die Reaktion des lastabtragenden Systems auf äußere Einflüsse. Letzteres kann dadurch erreicht werden, dass durch adaptive Prozesse entweder die äußeren Lasten oder die dadurch verursachten Beanspruchungen manipuliert werden, um maximale Beanspruchungen im Tragwerk abzubauen und die auftretenden Verformungen oder Schwingungen zu kontrollieren.

Ähnliche Gedanken können auch auf andere Aspekte des Bauens übertragen werden: So werden adaptive Gebäudehüllen mit veränderlichen physikalischen oder chemischen Eigenschaften entwickelt. Somit kann auf Veränderungen der Umgebungsbedingungen oder des Innenraums, Veränderungen von Licht, Wärme oder Lärm, reagiert werden. Dadurch kann das Innenraumklima an verschiedene Bedingungen angepasst werden; dies erhöht den Nutzerkomfort und reduziert die Betriebskosten und den Energieverbrauch.

Adaptive Systeme

Adaptronik

Die Adaptronik beschäftigt sich mit allen Aspekten, die bei der Entwicklung, Herstellung und Anwendung adaptiver Systeme anfallen. Ziel ist die Integration von Sensoren (Nerven), Aktoren (Muskeln) und einem Steuerungs-Regelungssystem (Gehirn) in einer Einheit.

Idealerweise können Aktoren und Sensoren in einem multifunktionalen Material vereint werden. Interdisziplinäre Forschung in den Bereichen Mechanik, Materialwissenschaft, Elektronik, Informationstechnologie und Bionik ist hierfür erforderlich. In diesem Zusammenhang wird auch oft von intelligenten bzw. von smarten Strukturen und Materialien gesprochen. Hierbei handelt es sich um Materialien mit veränderlichen physikalischen oder chemischen Eigenschaften. Ob der Begriff »intelligent« zutreffend ist, muss jedoch in Frage gestellt werden.

Sensoren

Sensoren sind ein wesentlicher Bestandteil jeder Art adaptiver Systeme. Sie müssen in der Lage sein, verschiedene Parameter an verschiedenen Punkten zu unterschiedlichen

7. Pneumatischer Aktor
(Festo, Esslingen)

8. Hydraulikzylinder

9. Piezokeramische Aktoren
(Physik Instrumente, Waldbronn)

Zeiten zu messen. Die Aufgabe der Sensoren besteht darin, Eingangsgrößen wie Dehnungen oder Temperatur in elektrische Ausgangssignale umzuwandeln.

Piezoelektrische und faseroptische Sensoren: Es gibt verschiedene Sensorsysteme. Die wichtigsten Arten von Sensoren zur Tragwerksüberwachung sind Dehnmessstreifen, faseroptische Sensoren und Sensoren, die auf dem piezoelektrischen Effekt basieren. Die Fähigkeit eines Materials, mechanische Dehnung in eine elektrische Spannung umzuwandeln, wird als Piezoelektrizität bezeichnet und kommt in Keramiken (PZT) und Polymeren (PVDF) vor.

Sensorische Faserverbundwerkstoffe: Eine weitere interessante Entwicklung ist die Integration dieser Sensoren in Verbundwerkstoffe. Durch das so geschaffene Bauwerkskontroll- und Diagnosesystem, das wie ein künstliches Nervensystem funktioniert, können Schäden wie z.B. Risse in der Struktur überwacht und bewertet werden.

Aktoren

Bei Aktoren handelt es sich um Elemente, die Änderungen im kontrollierten System herbeiführen, um den gewünschten Sollzustand zu erreichen. Sie dienen dazu, die elektrischen Ausgangssignale der Kontrolleinheit in Verschiebungen oder Verdrehungen umzuwandeln.

Hydraulische, pneumatische und elektrische Aktoren: Für tragwerkstechnische Anwendungen kommen pneumatische, hydraulische oder elektrische Aktoren zum Einsatz; sie erfüllen Aufgaben wie das Anheben von Lasten oder das Verändern der Geometrie. Diese Elemente sind bereits bekannt, aber neuere Entwicklungen zeigen, dass die Anwendung von Smart Materials ein großes, bisher ungenutztes Potenzial bietet.

Neben den oben genannten konventionellen Aktorsystemen werden in letzter Zeit daher immer mehr neuartige Systeme auf der Basis von Smart Materials entwickelt. Verschiedene Smart Materials können für diese Aufgaben verwendet werden.

Piezoelektrische Aktoren: Piezoelektrische Aktoren verwenden den umgekehrten piezoelektrischen Effekt – das Anlegen einer elektrischen Spannung verursacht eine Dehnung in dem Material. In den meisten Fällen werden hierbei Keramiken (wie PZT) verwendet. Der Betrag der Dehnung ist abhängig von der angelegten Spannung, den äußeren angreifenden Lasten und den spezifischen Eigenschaften des verwendeten Materials. Aufgrund der Sprödheit der Keramiken, die hierbei verwendet werden, ist die aufnehmbare Druckspannung wesentlich höher als die zulässige Zugspannung. Für den Fall einer Zugbeanspruchung werden die Aktoren vorgespannt, vergleichbar mit Spannbeton oder mechanisch vorgespanntem Glas. Ein Vorteil der piezoelektrischen Aktoren liegt in der Tatsache, dass diese in Quasi-Echtzeit reagieren.

Formgedächtnis-Legierungen: Formgedächtnis-Legierungen (FGL) besitzen ebenfalls eine interessante Eigenschaft: Sie können sich an ihre ursprüngliche Form erinnern und diese bei einer spezifischen Transformationstemperatur wiederannehmen. Dieser Effekt kann bei Aktoren verwendet werden, die die Aufgabe haben, Verformungen (Translation und Rotation) auszuführen. Aufgrund der notwendigen Temperaturerhöhung bzw. -abkühlung sind diese Aktoren aber vergleichsweise langsam.

Im Gegensatz zu den herkömmlichen Formgedächtnis-Legierungen reagieren magnetische Formgedächtnis-Legierungen (MFGL) auf Magnetfelder, wodurch eine wesentlich schnellere Reaktionszeit ermöglicht wird.

Aktive Faserverbundwerkstoffe: Neue Möglichkeiten bietet zudem die Integration von aktiven Materialien in Faserverbundwerkstoffe: Piezoelektrische Materialien oder Formgedächtnis-Legierungen können relativ problemlos in Faser-

10. Formgedächtnis-Legierungen

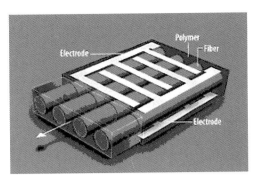
11. Aktiver Faserverbundwerkstoff (Continuum Control, Billerica, USA)

12. Elektroaktiver Polymer

verbundwerkstoffe integriert werden und dort sensorische und aktorische Aufgaben übernehmen.

Elektro- und magnetorheologische Dämpfer: Ein weiteres für tragwerkstechnische Anwendungen relevantes Smart Material sind die elektro- und magnetorheologischen Fluide. Sie ändern ihre Viskosität in Abhängigkeit von einer angelegten elektrischen Spannung oder von einem magnetischen Feld. Technische Anwendungen reichen von Erdbebendämpfungssystemen in Gebäuden bis hin zu Kupplungen in Fahrzeugen.

Elektroaktive Polymere: Ebenso zu der Gruppe der formveränderlichen Materialien gehören die elektroaktiven Polymere, die infolge einer elektrischen Spannung ihre Länge verändern. Im Vergleich zu den piezoelektrischen Materialien sind die möglichen Verformungen um ein Vielfaches höher, allerdings bei einer wesentlich geringeren Steifigkeit.

MEMS und NEMS: Weitere interessante Entwicklungen bieten Mikro- und Nanoelektromechanische Systeme (MEMS bzw. NEMS). Sie vereinen alle Komponenten adaptiver Systeme auf Mikro- bzw. Nanoebene. Denkbare Einsatzmöglichkeiten als intelligente Oberflächen sind zum Beispiel Beschichtungen von Seilen, um windinduzierte Schwingungen bei Schrägseilbrücken zu reduzieren.

Steuerung – Regelung – Signalverarbeitung

Die Steuer- bzw. Regeleinheit spielt eine wesentliche Rolle für adaptive Systeme. Basierend auf den Eingangssignalen, die von den Sensoren kommen, müssen diese Informationen verarbeitet und Signale an die Aktoren gegeben werden, die dann die Eigenschaften des Systems verändern. Die Komplexität, die beim Entwurf dieser Kontrollsysteme auftritt, entsteht durch das notwendige Echtzeitverhalten des Systems, die Unvorhersehbarkeit der externen Einflüsse und die große Anzahl der Sensoren und Aktoren im System.

Definition: Adaptive Systeme

Neben der oben erwähnten induktiven Herangehensweise – der Definition eines adaptiven Systems über die Einzelkomponenten Aktor, Sensor und Regelung – lassen sich adaptive Systeme auch über eine Formulierung des Ziels der Anpassung definieren, d.h. über die Zielsetzung, mit weniger Material und Energie eine höhere Funktionalität zu erreichen. Daher sollen im Folgenden auch passive Systeme, die ohne Sensoren und Steuerungs-Regelungseinheit auskommen, beschrieben werden.

Adaptive Strukturen

Konzept

Adaptive Strukturen sind in der Lage, die inneren Kraft- und Verformungszustände oder die äußeren Lasten zeitabhängig zu beeinflussen. Verschiedene Prinzipien sind hierbei möglich und werden in den folgenden Abschnitten erläutert und diskutiert. Die möglichen Systeme für die Kontrolle von Tragwerken können in vier Gruppen eingeteilt werden: passive, aktive, semi-aktive sowie hybride Systeme.

Passive Systeme

Konzept: Passive Systeme sind dadurch gekennzeichnet, dass keine Zufuhr von externer Energie notwendig ist, um die Anpassung zu verwirklichen.

Formadaption: Durch eine Formänderung besteht die Möglichkeit, äußere Lasten – etwa Windlasten – zu reduzieren. Natürliche Systeme wie zum Beispiel Sanddünen verändern ihre Form solange, bis ein Gleichgewicht mit den angreifenden Lasten gefunden ist. Ähnliche Überlegungen können auf architektonische Probleme übertragen werden. Hierbei sind Türme, die sich wie Wetterhähne entsprechend der Windrichtung ausrichten, denkbar.

13. Mikroelektromechanisches System – MEMS (Sandia, Albuquerque, USA)

14. Öldämpfungselement (Kajima, Tokyo)

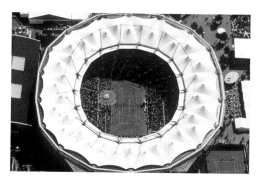
15. Wandelbare Überdachung der Tennisanlage am Rothenbaum in Hamburg

Schwingungstilger: Passive Schwingungstilger werden vielfältig benutzt, etwa um personen-, maschinen-, wind- oder erdbebeninduzierte Schwingungen zu kontrollieren. Das Grundkonzept besteht aus einem Feder-Masse-System, oftmals in Kombination mit Dämpfungselementen. Verschiedene Hochhausprojekte (vor allem in Japan) wurden mit passiven Schwingungstilgern (TMD – Tuned Mass Damper) realisiert. Ebenso kommen diese Schwingungstilger, oftmals in Kombination mit viskosen Dämpfern bei flexiblen Brücken – wie z.B. der Millennium Bridge in London – zum Einsatz, um exzessive Schwingungen, die durch Fußgänger entstehen, zu reduzieren.

Weitere Systeme zur Energiedissipation: Hier werden verschiedene Systeme – wie plastische Hysteresedämpfer, Reibungsdämpfer, Base Isolation sowie Dämpfungssysteme basierend auf viskoelastischen oder viskofluiden Materialien – verwendet.

Aktive Systeme

Konzept: Aktive Systeme sind in der Lage, ihre Geometrie und/oder ihre physikalischen Eigenschaften als eine Reaktion auf externe Einflüsse zu verändern, um die Systemantwort wie den inneren Kräfteverlauf, Verformungen oder Schwingungen zu manipulieren und zu optimieren. Hierbei ist eine Zufuhr von externer Energie notwendig, um die entsprechenden Kräfte zu erzeugen.

Funktionale Adaption: Die Adaption des Tragwerks muss nicht notwendigerweise durch tragwerkstechnische Anforderungen erfolgen, sondern kann auch infolge funktionaler Aspekte eingeführt werden. Beispiele hierfür sind wandelbare Dächer, die als Regen- oder Sonnenschutz zum Einsatz kommen, so z. B. die wandelbare Überdachung für den Center Court der Tennisanlagen Rotherbaum in Hamburg (Ing.: Werner Sobek Ingenieure, Stuttgart; Arch.: Schweger & Partner, Hamburg).

Ebenso in den Bereich der funktional-adaptiven Systeme fallen Zug- und Klappbrücken, die durch eine Geometrieadaption eine Durchfahrt ermöglichen.

Schwingungskontrolle: Das erste realisierte Gebäude mit einer aktiven Kontrolle ist das von Kajima 1989 erstellte Kyobashi Seiwa Hochhaus in Tokyo. Dort wurde ein Active Mass Driver eingesetzt, mit dem wind- und erdbebeninduzierte Schwingungen kontrolliert werden können.

Active Tendon Systems: Eine weitere Möglichkeit, erdbebeninduzierte Schwingungen zu kontrollieren, wird von Reinhorn untersucht. Hierfür wurden in Tokyo in einem Versuchsbau mit sieben Geschossen aktive Aussteifungselemente eingebaut, deren Kraft über hydraulische Aktoren geregelt wird.

Semi-aktive Systeme

Konzept: Im Gegensatz zu aktiven Systemen üben semiaktive Systeme keine Kräfte auf die Struktur aus, sondern beeinflussen die Systemantwort über eine Manipulation der Eigenschaften, wie die Variation der Steifigkeit oder der Dämpfung. Ein Beispiel für ein semi-aktives System ist ein Dämpfer, der mit Hilfe magnetorheologischer oder elektrorheologischer Fluide seine Eigenschaften variieren kann. Die Vorteile gegenüber aktiven Systemen liegen in dem wesentlich geringeren Energiebedarf sowie in der bedingten Funktionsfähigkeit im Falle eines Ausfalls der Steuerung bzw. Regelung. Semi-aktive Systeme werden auch als regelbare passive Systeme bezeichnet.

Active Variable Stiffness: Das in Japan realisierte Versuchsgebäude mit dem *Active Variable Stiffness System* (AVS) ermöglicht das Abstimmen der Eigenfrequenz des Gebäudes auf verschiedene Erregerfrequenzen, indem die Aussteifungselemente ein- bzw. ausgeschaltet werden können.

Active Tuned Mass Dampers: Bei den Active Tuned Mass Dampers (ATMD) handelt es sich ebenfalls um semi-aktive

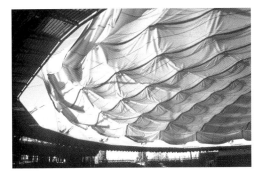
16. Dach der Tennisanlage am Rothenbaum während des Fahrvorgangs

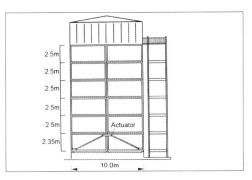
17. Active Tendon System (Janocha 1999)

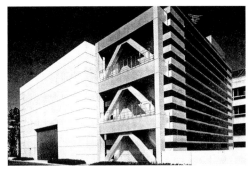
18. Active Variable Stiffness System (Kajima, Tokyo)

Systeme. Ihre Eigenschaft kann durch variable Dämpfer – wie z. B. elektro- oder magnetorheologische Fluide – auf verschiedene Eigenfrequenzen abgestimmt werden.

Aerodynamische Maßnahmen: Ebenso zu den semi-aktiven Systemen gehören aerodynamische Maßnahmen wie verstellbare Leitwerke, die die aerodynamischen Eigenschaften eines Gebäudes beeinflussen. Die Übertragung dieser Überlegungen auf eine Brücke könnte zu einem variablen Querschnitt führen, der durch Spoiler eingestellt werden kann. Vorbild hierfür ist die Entwicklung adaptiver Flügel im Flugzeugbau.

Hybride Systeme

Weitere neuere Entwicklungen, die die Vorteile von aktiven und passiven Systemen kombinieren, sind die hybriden Systeme, wie zum Beispiel hybride aktiv-passive Schwingungstilger. Hierbei handelt es sich um ein System, das aus zwei sich bewegenden Teilsystemen besteht – ein Tuned Mass Damper (TMD) sowie ein Active Mass Damper (AMD). Der TMD ist über Elastomerlager und hydraulische Dämpfer mit dem Gebäude verbunden, während der AMD auf dem TMD befestigt ist und mit Elektromotoren, relativ zu ihm, bewegt wird.

Forschungsarbeiten am Institut für Leichtbau Entwerfen und Konstruieren

Im Rahmen des Forschungsgebietes »Adaptive Systeme« werden an der Universität Stuttgart am Institut für Leichtbau Entwerfen und Konstruieren Untersuchungen zu verschiedenen Konzepten von adaptiven Tragwerken durchgeführt. Neben den aktiven Systemen, einer direkten Steuerung bzw. Regelung des Kraft- bzw. Verformungszustandes über längenvariable Elemente werden auch semi-aktive Systeme entwickelt, bei denen durch eine Variation der Elementsteifigkeit der Kraftzustand im Tragwerk geregelt werden kann. Ziel der Manipulationen ist eine Umlagerung der Beanspruchungen innerhalb der tragenden Struktur, um hochbeanspruchte Bereiche zu entlasten und eine homogene – idealerweise eine vollkommen gleichmäßige Spannungsverteilung, ein Isotensoid – zu erreichen.

Aktive Systeme

In einem statisch unbestimmten System ist es möglich, innere Kraftzustände durch die Veränderung der Elementlängen zu erreichen. Dies kann auf verschiedene Arten erreicht werden, zum Beispiel durch hydraulische oder piezoelektrische Aktoren, die in die Struktur integriert sind. Dadurch kann eine aktive Kraftkontrolle durchgeführt und die maximalen Beanspruchungen in den Elementen reduziert werden. Das Ziel besteht darin, die Bemessungslasten bei verschiedenen Lastfällen für die Elemente zu reduzieren. Hierbei können bei einzelnen Elementen höhere Lasten auftreten, aber die Betrachtung am Gesamtsystem führt zu einem geringeren Gewicht.

Aktive Kraftkontrolle: Anhand verschiedener Beispiele kann gezeigt werden, wie durch den Einsatz von längenvariablen Elementen der Kraftfluss gezielt manipuliert und die maßgebenden Bemessungslasten drastisch reduziert werden können.

Anhand einer Schrägseilbrücke soll die Adaption des Kraftzustands erläutert werden. In diesem Beispiel werden aktive Schrägseile eingeführt, die aufgrund ihrer veränderlichen Länge auf variable Lasten – wie Verkehrslasten –, reagieren können. Die maximalen Seilkräfte am Ausgangs- und am adaptiven System sind in Abb. 22 dargestellt. Es ist deutlich zu erkennen, dass die optimierten Seilkräfte, d.h. die Überlagerung aus Verkehrslast und den Beanspruchungen infolge der aktiven Seile eine deutliche Reduktion der

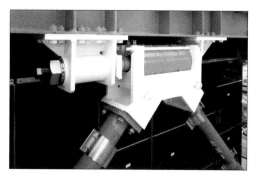  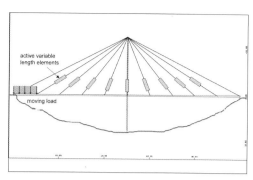

19. Active Variable Stiffness System (Kajima, Tokyo) **20.** Active-Passive Tuned Mass Damper – APTMD (Kajima, Tokyo) **21.** Aktive Schrägseilbrücke

Bemessungswerte ergeben. In diesem Beispiel sind alle Seilelemente aktiv und in der Lage, ihre Länge zu ändern – die Fragestellung der optimalen Anzahl und Position der Aktoren wird in weiteren Studien untersucht.

Aktive Verformungskontrolle: Die aktive Kontrolle der Verformungen der lastabtragenden Struktur ist ein weiteres Ziel der Untersuchungen. Das oben erwähnte Konzept der Kraftkontrolle kann auch hierzu verwendet werden; es handelt sich im Wesentlichen um eine andere Zielgröße für den Adaptionsalgorithmus. Verformungssensitive Tragwerke wie Brücken für Hochgeschwindigkeitszüge, Masten für Richtfunkantennen oder Produktionsanlagen für die Nanotechnologie sind mögliche Anwendungsgebiete für adaptive Systeme. Der Nutzungskomfort von Hochhäuser, die durch Wind in Schwingungen versetzt werden, kann gesteigert werden, wenn adaptive Systeme verwendet werden.

Semi-aktive Systeme

Neben aktiven Systemen werden am Institut für Leichtbau Entwerfen und Konstruieren auch semi-aktive Systeme untersucht, bei denen durch eine Variation der Steifigkeiten im Tragwerk der Kraftfluss beeinflusst wird.

Semi-aktive Kraftsteuerung: Verschiedene Konzepte für steifigkeitsvariable Elemente sind denkbar. Formgedächtnis-Legierungen wie Ti-Ni können Ihren Elastizitätsmodul um bis zu 300 Prozent zwischen der austenitischen und der martensitischen Phase verändern. Hydraulische Elemente mit Ventilen, um diese ein- oder auszuschalten, können ebenso dazu verwendet werden, die Steifigkeit der Elemente oder des Gesamtsystems zu variieren.

In einem statisch unbestimmten System beeinflusst die Steifigkeitsverteilung die Kräfteverteilung, daher kann durch eine aktive Steifigkeitsveränderung die Kraftverteilung in der Struktur verändert werden. Hoch beanspruchte Elemente können entlastet werden und die Lasten auf weniger beanspruchte Bauteile umgelagert werden. Auch bei diesen Untersuchungen zeigt sich ein großes Gewichtseinsparpotenzial.

Entwerfen adaptiver Systeme

Die erwähnten Studien zeigen das große Potenzial der Gewichtsreduktion für Leichtbaustrukturen durch die Einführung der aktiven Kraft- oder Steifigkeitskontrolle. So ergeben sich neue Chancen im Bereich des Leichtbaus.

Die Entwicklung leichter Strukturen, zuverlässiger Systeme oder das Entwerfen wirtschaftlicher Gebäude ist ein wichtiges Ziel – aber die Frage, wie die Einführung adaptiver Systeme den Entwurfsprozess oder die Entwurfskonzepte beeinflusst, ist bisher nicht beantwortet. Momentan ist das Erscheinungsbild adaptiver Strukturen, z.B. Hochhäuser mit aktiven Kontrollsystemen, unverändert gegenüber konventionellen Tragwerken. Aber es besteht kein Zweifel, dass sich dies ändern wird – auch wenn die Auswirkungen momentan nicht bekannt sind und intensiver studiert werden müssen. Dies bezieht sich nicht nur auf technische Aspekte, sondern auch auf Fragen der Mensch-Gebäude-Interaktion, wenn das Gebäude »lebendig« wird.

Anhand eines einfachen unterspannten Trägers soll gezeigt werden, wie das Tragverhalten durch adaptive Prozesse nicht nur quantitativ verbessert werden kann, sondern auch einen qualitativen Unterschied ermöglicht. In diesem Beispiel soll die Verformung des Lastangriffspunktes kontrolliert und auf null reduziert werden, d.h. es wird eine virtuelle unendliche Steifigkeit das Balkens erreicht. Eine Begrenzung der Verformungen wäre zwar mit einem konventionellen System durch die Verwendung eines steiferen, aber auch schwereren Trägers möglich; eine komplette Elimination der Verformung wäre aber unmöglich. Nur durch

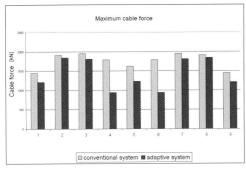
22. Schrägseilkräfte

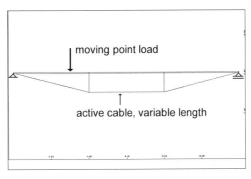
23. Unterspannter Träger

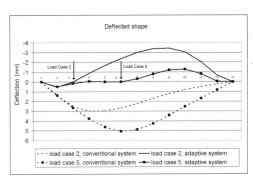
24. Tragwerksverformungen

das Ersetzen von Masse durch Energie wird diese – auf den Lastangriffspunkt bezogen – vollkommen verformungsfreie Struktur realisierbar. In den Abb. 23 und 24 ist das Tragsystem und die verformte Struktur dargestellt.

Sicherheitskonzept: Beim Entwurf und der Konstruktion adaptiver Strukturen kommt den Fragen der Ausfallsicherheit des Systems insgesamt oder einzelner Bauteile eine große Bedeutung zu. Hierbei muss differenziert werden, ob die Adaptivität des Systems die Standsicherheit der Konstruktion erst herbeiführt oder ob sie lediglich zum Aufbau der erforderlichen Sicherheitsmargen oder zur Gewährleistung oder Steigerung der Gebrauchsfähigkeit dient. Davon abhängig kann entschieden werden, ob unbedingte Ausfallsicherheit im Sinn einer Safe-Life-Auslegung herbeigeführt werden muss oder ein teilweiser und temporärer Systemausfall im Sinn einer Fail-Safe-Auslegung möglich ist.

Ausblick

Adaptive Systeme müssen bestimmte Kriterien wie Funktionalität, Effizienz, Dauerhaftigkeit, Wirtschaftlichkeit und Sicherheit genauso gut wie oder besser als konventionelle Systeme erfüllen. Nur dann werden sie in Zukunft unser tägliches Leben in verschiedenen Bereichen wie zum Beispiel in der Luft- und Raumfahrt, im Fahrzeugbau oder in der Medizin beeinflussen.

Momentan werden am Institut für Leichtbau Entwerfen und Konstruieren verschiedene Strategien untersucht, inwieweit adaptive Gebäudehüllen und Tragwerke im Bauwesen zur Anwendung kommen können. Der Einsatz anpassungsfähiger Fassadensysteme wie zum Beispiel elektrochromer Gläser ist heutzutage schon machbar, während die Realisierung adaptiver Tragwerke im größeren Umfang noch einiger Forschungs- und Entwicklungsarbeit bedarf.

Werner Sobek/Patrick Teuffel
Universität Stuttgart, Institut für Leichtbau Entwerfen und Konstruieren

Literatur

I **Sobek**, W.: *Entwerfen im Leichtbau*, Bauingenieur 70 (1995), 323 – 329.

II **Leonhardt**, F.: *Leichtbau – eine Forderung unserer Zeit*, Bautechnik 18 (1940), H. 36/37, 413-423.

III **Sobek**, W.; **Bauer**, B.: *Planung und Ausführung: Das Bild des Veränderlichen*, Der Architekt (2000), H. 10, 51-55.

IV **Sobek**, W.; **Teuffel**, P.: *Adaptive Structures in Architecture and Structural Engineering*, Smart Structures and Materials – Smart Systems for Bridges, Structures, and Highways (SPIE Vol. 4330): Proceedings of the SPIE 8th Annual International Symposium on Smart Structures and Materials, 4-8 March 2001, Newport Beach, CA, USA. Ed. Liu, S. C., Bellingham: SPIE (2001), 36-45.

V **Janocha**, H. Ed.: *Adaptronics and Smart Structures*, Berlin: Springer (1999).

VI **Sobek**, W.; **Haase**, W.; **Teuffel**, P.: *Adaptive Systeme*, Stahlbau 69 (2000), H. 7, 544-555.

VII **Culshaw**, B.: *Smart Structures and Materials*, Boston: Artech House (1996).

VIII **Srinivasan**, A. V.; **McFarland**, D. M.: *Smart Structures – Analysis and Design*, Cambridge: Cambridge University Press (2001).

IX **Jet Propulsion Lab**: *Electroactive Polymer Actuators - JPL's NDEAA Technologies Website*, http://eis.jpl.nasa.gov/ndeaa/nasa-nde/lommas/aa-hp.htm (2001).

X **Korvink**, J.-G.; **Schlaich**, M.: *Autonome Brücken – ein Blick in die ferne Zukunft des Brückenbaus*, Bauingenieur 75 (2000), 29 - 34.

XI **Clark**, R. L.; **Saunders**, W. R.; **Gibbs**, G. P.: *Adaptive Structures*, New York: John Wiley & Sons (1998).

XII **Housner**, G. W. et. al.: *Structural Control: Past, Present, and Future*, Journal of Engineering Mechanics 123 (1997), No. 9, 897 – 971.

XIII **Soong**, T. T.; **Dargush**, G. F.: *Passive Energy Dissipation Systems in Structural Engineering*. Chichester: John Wiley & Sons (1997).

XIV **Reinhorn**, A. M.; **Soong**, T. T.: *Bracing with muscle*, Progressive Architecture 74 (1993), No. 3, 38-40.

XV **Sakamoto**, M.; **Koshika**, N.; **Kobori**, T.: *Development and applications of structural control systems*, Stahlbau 69 (2000), H. 6, 455-463.

XVI **Zuk**, W.; **Clark**, R.H.: *Kinetic Architecture*, New York: Van Nostrand Reinhold Company (1970).

Autoren

Bachmann, Wolfgang, Dr. Ing.; geb. 1951; Studium der Architektur an der RWTH Aachen; Mitarbeit in verschiedenen Architekturbüros; seit 1982 Redakteur des *Bauwelt*; seit 1991 Chefredakteur des *Baumeister*

Baus, Ursula, Dr. Ing.; geb. 1959; Studium der Kunstgeschichte, Philosophie und Klassischen Archäologie in Saarbrücken; Architekturstudium in Stuttgart und Paris; Promotion; Redakteurin der *db*; Buchveröffentlichungen und Beiträge für *FAZ, FR, Berliner Zeitung, Monuments Historiques, Centrum-Jahrbuch*

Binder, Bernd, Dr. Ing., Dipl. Wirt.-Ing.; geb. 1962; Studium Bauwesen Universität GH Essen; 1989-95 Assistent am Lehrstuhl für Stahlbau Universität GH Essen; Promotion; Studium der Wirtschaftswissenschaften an der FH Bochum; seit 1989 Projektleiter Brückenbau im Krupp Stahlbau; 1995-96 Leitung Biege Thyssen/Krupp für den Neubau der Wuppertaler Schwebebahn; seit 1996 Projektleiter Konsortium El-Ferdan Bridge; seit 1997 Gruppenleiter

Blaser, Werner, geb. 1924; Fachklasse für Innenausbau der Kunstgewerbeschule Basel; seit 1960 eigenes Architekturbüro in Basel

Briegleb, Till, geb. 1962; Studium der Politik und Germanistik in Hamburg; ab 1991 Kulturredakteur der *taz Hamburg*; freie Mitarbeit bei diversen Zeitungen und Zeitschriften; seit 1997 Kulturredakteur der Wochenzeitung *Die Woche*

Bugaj, Stephan Vladimir; war Technischer Mitarbeiter mehrerer Unternehmen aus dem Bereich Künstliche Intelligenz und Bioinformatik. Zurzeit ist Bugaj als Berater in den Bereichen Software-Anforderungen, Design, Technisches Projektmanagment und Marktanalyse für Unternehmen der K.I., Bioinformatik und Computersicherheit tätig

Dechau, Wilfried, geb. 1944; Architekturstudium an der TU Braunschweig, 1973-80 wissenschaftlicher Assistent am Lehrstuhl für Baukonstruktionen und Industriebau, Prof. W. Henn, TU Braunschweig; seit 1980 Redakteur bei der *db*, seit 1988 dort Chefredakteur; seit 1995 Lehrauftrag an der FH Biberach; zahlreiche Veröffentlichungen sowie Buchprojekte

Ditzen, Lore, Studium der Kunstgeschichte, Literatur und Publizistik; Kultur-Redakteurin des SFB; Mitarbeiterin diverser Zeitungen und Zeitschriften; Redaktionsmitglied von *Werk und Zeit*; zahlreiche Fernsehsendungen; 1975 Deutscher Denkmalschutzpreis; Arbeitsfelder: Architektur, Stadterhaltung, Wohnen, Leben

Eich, Gerd, geb. 1942; Studium der Anglistik und Romanistik; 1975-85 in Hamburg; 1985-93 Leiter Öffentlichkeitsarbeit der Stadtreinigung Hamburg; seit 1993 Leiter Öffentlichkeitsarbeit der Hamburger Stadtentwässerung

Ekardt, Hanns-Peter, Prof. Dr., geb. 1934; Maurerlehre; Studium des Bauingenieurwesens an der Ingenieurschule Erfurt und an der TH Darmstadt; Praxis als Statiker; Studium der Soziologie in Frankfurt und Darmstadt; 1977 Promotion Soziologie; Professor für Ingenieursoziologie am Fachbereich Bauingenieurwesen der Universität Kassel 1980-99; zahlreiche Veröffentlichungen

Feist, Wolfgang, Dr., geb. 1954; bis 1981 Studium der Physik in Tübingen; danach Aufbau des »Weiterbildenden Studiums Energietechnik« in Kassel; Promotion in Bauphysik 1985-96 am Institut Wohnen und Umwelt in Darmstadt; seit 1996 als Gründer und Geschäftsführer des Passivhaus Instituts tätig.

Geipel, Kaye, studierte Architektur und Philosophie in Stuttgart, Paris und Frankfurt; Architekt und Architekturhistoriker; seit 1995 Redakteur der *Bauwelt*

Grimm, Friedrich, Dipl.-Ing., geb. 1954; 1976-81 Architekturstudium an der Uni Stuttgart; 1983-89 Assistent am Institut für Baukonstruktion und Entwerfen der Uni Stuttgart; seit 1989 eigenes Büro für Architektur, Design und Entwicklung; seit 1992 Lehrtätigkeit am Institut für Baukonstruktion; seit 1994 zahlreiche Fachbücher und Publikationen; seit 1995 Chefredakteur *Architektur und Wettbewerbe*; seit 2001 freier Redakteur der *Bau-Zeitung*

Haller, Jürgen, Dr.-Ing., geb. 1938; Studium Bauingenieurwesen in Braunschweig und Karlsruhe; Bürotätigkeit als Tragwerksplaner 1967-75 in Münster; Promotion 1981; seit 1982 Partner im Büro Wenzel, Frese, Pörtner, Haller; Haupttätigkeit: Gutachten und statisch-konstruktive Sanierung historischer Bauten

Heinlein, Frank, Dr., geb. 1953; 1989-95 Studium der Geschichte in Berlin, Edinburgh, Straßburg und Freiburg i. Br., 1995-99 Promotion am Europäischen Hochschulinstitut in Florenz; 1999-2000 Mitarbeiter am Institut für Zeitgeschichte in Bonn; seit 2000 Mitarbeiter bei Werner Sobek Ingenieure (persönlicher Referent von Prof. Dr. Sobek)

Hillmer, Angelika, geb. 1961; Ausbildung zur Betriebswirtin; 1989 Wechsel in den Journalismus mit Arbeitsschwerpunkt Umweltthemen; seit 1994 Betreuung der Umweltseite sowie Berichterstattung über aktuelle Themen beim *Hamburger Abendblatt*

Jaeger, Falk, Prof. Dr., geb. 1950; Studium Architektur und Kunstgeschichte in Braunschweig, Stuttgart und Tübingen; Freier Architekturkritiker; 1983-88 Wissenschaftlicher Mitarbeiter am Institut für Architektur- und Stadtgeschichte der TU Berlin; 1993-2000 Hochschuldozent für Architekturtheorie an der TU Dresden; mehrere Buchveröffentlichungen

Käpplein, Rudolf, geb. 1954; Studium des Bauingenieurwesens an der TH Karlsruhe; Tätigkeit als Bauingenieur in einem Ingenieurbüro, Mitarbeit im Sonderforschungsbereich »Erhalten Historisch Bedeutsamer Bauwerke«; 1990 Promotion; seit 1992 ltd. Angestellter bei Wenzel . Frese . Pörtner . Haller Büro für Baukonstruktionen, Karlsruhe

Klingele, Martina, Dr.-Ing.; geb. 1965; Architekturstudium an der Uni Karlsruhe; 1992 Dipl.-Ing.; 1993-97 Arbeit im Architekturbüro und wissenschaftliche Angestellte an der Uni Karlsruhe, FB Architektur; 1999 dort Promotion

Kohler, Niklaus, Prof. Dr., Dipl.-Arch. EPFL-SIA, Dr.ès.sc.techn.; geb. 1941; Architekturstudium in den USA und in der Schweiz; Diplom 1969 an der ETH Lausanne; 1970-78 F&E in Fassadenindustrie; Lehrbeauftragter und Forscher an der ETHL und an der Ecole Speciale d`Architecture, Paris; 1985 Promotion; seit 1993 Professor an der Uni Karlsruhe; Leiter des Instituts für Industrielle Bauproduktion

Küffner, Georg, geb. 1947; Studium der Volkswirtschaftslehre an der Uni Mannheim und des Maschinenbaus in Darmstadt; Tätigkeit beim VDMA; seit 1984 Redakteur der *FAZ*, zunächst beim Spezialdienst »Blick durch die Wirtschaft«; dann im Ressort »Technik und Motor«; Themen: alle Gebiete der Technik

Lorenz, Werner, Prof. Dr-Ing., geb. 1953; Studium Bauingenieurwesen an der TU Berlin; 1980-84 Tätigkeit als Statiker und Tragwerksplaner; 1984-89 Wissenschaftlicher Mitarbeiter am Fachgebiet TWL der TU Berlin; Dissertation; Gastprofessur an der École Nationale des Ponts et Chausées, Paris; seit 1993 Leitung des Lehrstuhls Bautechnikgeschichte der TU Cottbus

Moro, José Luis, Prof. Dipl.-Ing., geb. 1955; Studium an der ETSA Madrid und an der Uni Stuttgart; Projektpartnerschaft mit Thomas Herzog; Büroleiter bei Santiago Calatrava in Zürich; seit 1995 Professur für Grundlagen der Planung und Konstruktion in Stuttgart; dort auch eigenes Büro

Redecke, Sebastian, geb. 1957, 1979-87 Architekturstudium an der TU Braunschweig und der Universität Rom; 1987-90 Architekt in München und Berlin; seit 1990 Redakteur bei der *Bauwelt*; Mitherausgeber mehrerer Bücher

Rißler, Peter, geb. 1941; 1963-68 Studium Bauingenieurwesen TU München; 1969-74 Wissenschaftlicher Mitarbeiter der Uni Karlsruhe; 1974-77 Akademischer Rat RWTH Aachen; Promotion; 1977-89 Leiter Entwicklungsabt. des Ruhrtalsperrenverein; seit 1989 Leiter Hauptabt. Talsperren beim Ruhrtalsperrenverein und beim Ruhrverband; seit 1995 Honorarprofessor an der Ruhruniversität Bochum

Sauer, Hans Dieter, geb. 1941; Studium der Geophysik in Göttingen und München; Zusatzausbildung in Entwicklungspolitik, Tätigkeit in Nepal und Afrika; 1981 bis 1989 Mitglied der Arbeitsgruppe »Nutzung solarer Energie« am Lehrstuhl für Physik der Universität München; seit 1989 freier Journalist mit den Schwerpunkten Energie, Umwelt, Wasserbau in China

Sayah, Amber, geb. 1953; Redakteurin bei der *Stuttgarter Zeitung*; zahlreiche Veröffentlichungen; 1996 Kritikerpreis der Bundesarchitektenkammer

Schmal, Peter Cachola, geb. 1960; Architekturdiplom 1989; 1992-97 Wissenschaftlicher Mitarbeiter TU Darmstadt; Lehrauftrag FH Frankfurt 1997-2000; Tätigkeit als Architekturkritiker; seit 2000 Kurator am DAM Frankfurt

Sobek, Werner, Prof. Dr., geb. 1953; 1974-80 Bauingenieur- und Architekturstudium an der Uni Stuttgart; 1980-86 Wissenschaftlicher Mitarbeiter am Sonderforschungsbereich »Weitgespannte Flächentragwerke« der Uni Stuttgart; 1987-91 Mitarbeiter bei Schlaich, Bergermann & Partner; 1991 Gründung eines eigenen Ingenieurbüros; Professor an der Uni Hannover und Leiter des Instituts für Tragwerksentwurf; seit 1995 Professor an der Uni Stuttgart; Direktor des Instituts für Leichte Flächentragwerke und des Zentrallabors des Konstruktiven Ingenieurbaus; seit 1998 Mitglied des Vorstands der IK Baden-Württemberg; Ernennung zum Prüfingenieur für Baustatik für alle Fachrichtungen; 2000 Übernahme des Lehrstuhls von Prof. Dr. Jörg Schlaich; 2000/2001 Gastprofessor an der Universität Graz; Vielzahl von Veröffentlichungen und Auszeichnungen im In- und Ausland

Teuffel, Patrick, geb. 1970; 1991-96 Bauingenieurstudium an der Universität Stuttgart; 1997-99 Mitarbeit bei Ove Arup & Partners, London; seit 1999 Mitarbeit am Institut für Leichtbau Entwerfen und Konstruieren

Weyer, Ulrich, Prof. Dr. Ing., geb. 1950; Studium des Bauingenieurwesens an der TU-Berlin; Wissenschaftlicher Assistent an der Ruhr-Universität Bochum; 1975-82 Lehrstuhl für Stahl- und Verbundbau; Promotion; seit 1982 eigenes Ingenieurbüro mit Schwerpunkt Brückenbau

Bildnachweis

avcommunication/Günther Ahner 89 o.r. + o.m.
BBI Ingenieurgesellschaft 72, 73
Burg, Barbara und Schuh, Oliver/Palladium 59, 61 m.
Büro für Baukonstruktionen 183
CargoLifter AG/Lindner 60
Cinetext GmbH 106, 108, 111
Continuum Control 195 m.
DB Projekt Verkehrsbau GmbH 82-87
Dechau, Wilfried 134, 135 o., 136, 137 o., 137 m., 138 m., 139, 168 l.
DESY 62-67
Erni, P.; Huwiler, M.; Marchand, C. 192 r.
Esch, H.G. 15, 17, 146 o., 171 o., 175 o.
Festo 194 l.
Fischer+Friedrich Ingenieure 126, 128 o., 129
Foster and Partners 38, 39
Foto Schüler 69 u., 71
Frahm, Klaus/artur 145 oben, 146 u. l.
Grassl, Ing. Büro und Wasserstraßen-Neubauamt Magdeburg 103 u. r.
Hamburger Stadtentwässerung 45 u. l., 47 u.
Hofer, Joachim 51 u. l.
Hoffmeister Leuchten 51 o. r.
Hohmuth, Jürgen 160 o.
Inovatec 92 o. l. + r.
Institut für Leichtbau Entwerfen und Konstruieren 192 l., 193 l. + m., 196 r., 197 l., 198 r., 199
Janocha, H. 197 m.
Jet Propulsion Lab 195 r.
Kaiser, Eckhard, Frankfurter Allgemeine Zeitung vom 28.07.99 104, 105 u.
Kajima 194 m., 196 m., 197 r., 198 l. + m.
Kandzia, Christian 130 o.
Kanicki, Pawel 43, 45 u. r., 46, 47 o.
Krupp Stahlbau Hannover 32-37
Leiska, Heiner/artur 143
Leistner, Dieter/artur 152, 153, 154 o.
Lorenz, Werner/Archiv 112-119
Luftbild & Pressefoto Berlin 101 o., 103 o., 105 o.
Moses, Stefan 150 r.
Müller-Naumann, Stefan 49
Murphy/Jahn 168 r., 170 o., 176
Müther, Ulrich/Archiv 135 u., 137 u., 138 u.
Nikolic, Robertino/artur 154 u.
Ouwerkerk, Erik-Jan 127 u.
Passivhaus Institut 90, 92 u. l. und r.
Peter Andres Lichtplanung 50
Physik Instrumente Waldbronn 193 r., 194 r.
Premium Bildagentur 192 m.
PWE Kinoarchiv 109
Ray, Roman 91
Ruhrverband 77-81
Sailer, Stepan & Partner GmbH 150 l.
Sandia 196 l.
Schink, Christian/Punctum 94, 95, 97
Schlaich, Bergermann & Partner 142
Schmidt, Jürgen 146 u. r.
Schöttle, Ines 128 unten
Schüßler-Plan Ingenieurgesellschaft 69 o.
Seggelke, Ute Karen 142
Snower, Doug 174
Talsperren-Neubauamt Nürnberg 52-57
Topware CD Service 74
TU Darmstadt 99
urban-filter.com, Visualisierung 19 o., 23
Claude Vasconi architecte 160 u., 161 o. r.
Vasconi, L. 158 r.
Walochnik, Wolfgang 158 l.
Wasserstraßen-Neubauamt Magdeburg 101 u., 102, 103 o. + u. l.
Werner Sobek Ingenieure 14, 175 u.
Wismut GmbH 28, 29, 31 o.
Wurzer, Burkhard 25-27, 30, 31 u.
Zöllner, Rolf 138 o.
Zülch, A.K. 178, 184, 185